普通高等院校"十四五"计算机基础系列教材
河南省课程思政样板课程配套教材
河南省线上一流本科课程配套教材

U0184085

大学计算机

姬朝阳　张铃丽◎主　编
于　妍　赵艳杰　汪　凯◎副主编

中国铁道出版社有限公司
CHINA RAILWAY PUBLISHING HOUSE CO., LTD.

内 容 简 介

本书按照教育部高等学校大学计算机课程教学指导委员会编制的《高等学校大学计算机教学基本要求》中的面向"四新"专业建设需求，依据大学生对计算机知识的实际需要编写。全书共分 9 章，包括计算机基础知识、计数制与信息编码、计算机硬件、计算机软件、办公软件的操作与应用、计算机网络与信息安全、数据库技术基础、Python 程序设计基础和计算机新技术。

本书适合作为各类高等院校大学计算机课程教材，也可作为各类计算机培训班和计算机二级等级考试教材。

图书在版编目（CIP）数据

大学计算机/姬朝阳，张铃丽主编.—北京：中国铁道出版社有限公司，2023.1（2025.1 重印）
普通高等院校"十四五"计算机基础系列教材
ISBN 978-7-113-23055-5

Ⅰ.①大… Ⅱ.①姬… ②张… Ⅲ.①电子计算机-高等学校-教材 Ⅳ.①TP3

中国版本图书馆 CIP 数据核字（2022）第 225998 号

书　　名：**大学计算机**
作　　者：姬朝阳　张铃丽

策　　划：韩从付　　　　　　　　　　　　编辑部电话：（010）63549501
责任编辑：贾 星 许 璐
封面制作：刘　颖
责任校对：安海燕
责任印制：赵星辰

出版发行：中国铁道出版社有限公司（100054，北京市西城区右安门西街 8 号）
网　　址：https://www.tdpress.com/51eds
印　　刷：北京联兴盛业印刷股份有限公司
版　　次：2023 年 1 月第 1 版　2025 年 1 月第 5 次印刷
开　　本：787 mm×1 092 mm 1/16　印张：16.5　字数：444 千
书　　号：ISBN 978-7-113-23055-5
定　　价：46.00 元

前　言

　　大学计算机是面向大学非计算机专业开设的公共必修课程，该课程既要保持与中学信息技术课程的衔接性，又要为后续其他计算机基础课程的学习打下扎实的基础，是大学计算机教学的基础和重点。通过本课程的学习，学生应理解计算机的基本原理、技术和方法；了解计算机的新技术和发展趋势；拓宽计算机基础知识面；掌握计算机的基本使用技能，以及网络、数据库等技术的基本知识和应用；理解信息安全方面的基本知识，提高计算机的综合应用能力；掌握程序设计的一般方法；通过实践培养创新意识和动手能力，为后续课程的学习夯实基础；培养学生在各自专业领域中应用计算机解决问题的意识和能力。

　　党的二十大报告指出，"推动战略性新兴产业融合集群发展，构建新一代信息技术、人工智能、生物技术、新能源、新材料、高端装备、绿色环保等一批新的增长引擎。" 当今以计算机和网络技术为核心的现代信息技术正在飞速地发展，其已成为经济社会转型发展的主要驱动力。信息时代大学生对大学计算机课程教学也提出了更新、更高、更具体的要求。

　　本书按照教育部高等学校大学计算机课程教学指导委员会编制的《高等学校大学计算机教学基本要求》中的面向"四新"专业建设需求，依据大学生对计算机知识的实际需要编写，定位准确、概念清晰、实例丰富，突出了教材内容的针对性、系统性和实用性，注重学生基本技能、创新能力和综合应用能力的培养，体现了大学计算机基础教育的特点和要求。全书内容丰富，通俗易懂，其主要特色如下：

　　本书以学生为中心，突出体现应用性，从学习者视角去构思、设计和组织学习内容，紧紧抓住学生的学习主体地位和学习内容的客体属性，突出体现"以学生为中心"。本书总体设计以 OBE 产出为目标导向，通过举例和案例充分体现"学""做"结合，学习者可以达到活学活用、学以致用的目的。

　　本书以精品在线开放课程（MOOC）为依托，适合开展混合式教学，考虑到不同的专业需求，充分利用现代教育技术手段，配合教材开发了微视频和实验案例，辅以在线开放课程，强化自主学习。本书与"大学计算机"在线开放课程（课程已在"中国大学MOOC"网站上线）无缝衔接，以最大限度地发挥在线开放课程的优势。

本书内容融入课程思政，在内容的设计上，以"做人做事的基本道理""社会主义核心价值观的要求"和"实现民族复兴的理想和责任"为基本依据，深入挖掘教学内容中的思政元素。为了更好地呈现思政元素，我们与思政专业教师合作交流，提炼课程知识与育人元素的结合点，对教材内容进行重构与优化，最终形成符合教育数字化转型发展要求且具有课程思政特色的教材，充分发挥教材的思政育人作用。

本书由姬朝阳、张铃丽任主编，于妍、赵艳杰、汪凯任副主编，黄晓巧、李俊强参与编写，全书由姬朝阳统稿。本书在编写过程中参考了大量的文献资料，在此向这些资料的作者表示衷心的感谢。

本书得到 2022 年度河南省本科高校课程思政项目（教高〔2022〕400 号项目 121），以及许昌学院 2022 年度教育教学研究项目（院政教〔2022〕8 号项目 XCU-YB-39）的支持。

由于编者水平有限，时间仓促，书中难免存在不足之处，敬请专家及读者批评指正。

编　者

2023 年 7 月

目 录

第1章
计算机基础知识

 本章导读

从第一台电子数字计算机的诞生至今已过去了近80年，在这期间，计算机硬件从最早的以电子管为主要元件发展到如今采用超大规模集成电路作为主要元件。同时，计算机的应用领域也由最初的数值计算扩展到人类社会生活的各个领域。在当今信息社会中，计算机已成为最基本的信息处理工具，因此，掌握计算机基础知识，是高效地获取信息和处理信息的基本要求。本章首先简要介绍计算机的产生与发展，然后介绍计算机的应用与特点，最后阐述计算机文化与计算思维。

学习目标

◎了解计算与计算工具、计算机的产生与发展、未来新型计算机。
◎理解计算机的特点与分类及其具体应用。
◎理解计算机文化与计算思维。

1.1　计算机的产生与发展

计算机（Computer）是一种能够存储程序和数据、按照程序自动、高速处理海量数据的现代化智能电子设备。计算机可以模仿人的一部分思维活动，代替人的部分脑力劳动，按照人们的意愿自动地工作，所以人们把计算机称为"电脑"。计算机的产生和发展经历了漫长的历史过程，在这个过程中，科学家们经过艰难的探索，发明了各种各样的计算机，推动了计算机技术的发展。从1946年第一台计算机问世以来，其应用渗透人们生活、工作、学习和生产的各个领域，推动了人类社会的发展和人类文明的进步，把人类带入信息时代。

1.1.1　计算与计算工具

计算（Computation）并非指纯粹的算术运算（Calculation），而是指根据已知的输入通过算法来获得一个问题的答案。计算机的发明过程，其实也是人类对计算机的本质认识的不断深入和持续发展的过程。

1. 计算

计算含义很广，很难对计算下一个确切的定义。计算的基本含义是计数、运算等，也就是核算数目。《史记·平准书》："于是以东郭咸阳、孔仅为大农丞，领盐铁事；桑弘羊以计算用事，侍

中。"也可以是运用数学方法求出算式的结果，或者根据已知数求未知数。例如，已知圆的半径 r，根据公式 $L=2\pi r$ 就可以计算出圆的周长 L。计算也可以引申为"谋划""考虑"，这个含义不是表面的计算，而是谋略的策划与权衡。此外，计算也有"演算""推理"之义，例如棋局中的对弈，案情分析推理等。例如，在象棋比赛中，如图 1-1 所示，下棋者对棋局的推演也是一种"计算"，计算能力越强，胜算越大。

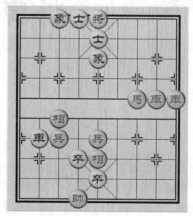

图 1-1　象棋比赛中的"计算"

"计算"伴随着人们的学习、工作和生活，例如数学计算题有很多条件，计算路径有多远、需要多长时间，等等。这些问题有一个共同点：凡是可计算的前提是事物之间存在某种联系。例如爸爸今年 30 岁，小明今年 5 岁，求爸爸比小明大多少岁。因为小明爸爸和小明年龄之间存在联系，所以计算时只需要用 30 减 5 就可以了。所以计算是有前提的，事物之间存在某种联系。

既然可计算的前提是事物之间存在某种联系，这种联系是什么呢？很多数学问题，如计算面积、周长等，都是按照某种规则来进行的，这种规则或者联系就是计算公式。在解决实际复杂问题时，有人称为数学建模，可以看到数学建模一般是方程式的集合，方程式可以看作一种公式。

广义上，计算包括数学计算、逻辑推理、文法的产生式、集合论的函数、组合数学的置换、变量代换、图形图像的变换和数理统计等；人工智能方面的空间遍历、问题求解、图论路径的问题、感知推理和智能空间等；甚至包括数字系统设计、软件程序设计、机器人设计、建筑设计等设计问题。

计算是根据一定的规则对有关符号串进行变换的过程。人们对计算本质的真正认识来源于数学的形式化过程。首先认识到计算手段应该器械化，发明了算筹、算盘、手摇计算机、微分机等机械装置来代替人的工作；后来，又进一步认识到计算过程应该形式化，图灵提出了图灵机模型，科学地定义了什么是计算，为现代计算机的发明提供了重要的思想；最终认识到计算执行应该自动化，冯·诺依曼给出了现代计算机体系结构，为计算执行的自动化提供了解决方案。

2. 计算工具

计算工具是指从事计算所使用的器具或辅助计算的实物及思想和方法。计算工具将基本的计算方法和计算步骤予以实现，先进的计算工具可以极大地提高计算效率。计算工具的发展和计算技术的发展相互促进，计算工具体现了计算方法和计算技巧，代表了计算技术的水平，并促进了计算技术的发展，而计算技术的提高又能促进更先进计算工具的发明。

1）算筹

人类社会最早使用手指、石块、结绳等方式进行计算。英语里"calculus"（计算）一词来源于拉丁语，既有"算法"的含义，也有"石块"的意思。远古的人们用石头来计算捕获的猎物，石头就是他们的计算工具。著名科普作家阿西莫夫说，人类最早的计算工具是手指，英语"digit"既表示"手指"又表示"整数数字"。中国古人常用"结绳"来帮助记事，绳子就是中国古人的计算工具。

算筹是中国古代最早的计算工具之一。算筹可能起源于周朝，发明的具体时间虽然不能确定，但是在春秋战国时算筹已经非常普遍了。根据史书记载和考古材料的发现，古代的算筹实际上是一些差不多长短和粗细的小棍子，多用竹子制成，也有木头、兽骨、象牙、金属等材料。

在算筹计数法中，以纵横两种排列方式来表示数目，其中，数字 1~5 分别采用纵、横方式排列相应数量的算筹（棍子）来表示，而 6~9 则以上面的算筹再加下面相应数量的算筹（棍子）来表示，上面的算筹当作 5，如图 1-2 所示。如果要表示多位数，个位就采用纵式、十位采用横式、百位又采用纵式、千位采用横式，以此类推，遇零则空出位置。这种计数法遵循一百进位制，据《孙子算经》记载，算筹计数法则是：凡算之法，先识其位，一纵十横，百立千僵，千十相望，万百相当。《夏阳侯算经》说：满六以上，五在上方。六不积算，五不单张。

南北朝科学家祖冲之（429—500）借助算筹作为计算工具，成功地将圆周率计算到了小数点后第 7 位，这一纪录保持了近千年。汉高祖刘邦说张良是"运筹帷幄之中，决胜千里之外"，以后就有了成语"运筹帷幄"，这里的"筹"就是指算筹。

	1	2	3	4	5	6	7	8	9	
纵式	│	││	│││	││││	│││││	┬	┬┬	┬┬┬	┬┬┬┬	
横式	—	=	☰	☰	☰	⊥	⊥	⊥	⊥	

图 1-2　算筹

2）算盘

算筹对我国古代数学的发展功不可没，但是算筹在使用中，一旦遇到复杂运算常常繁杂混乱，后来中国人民发明了算盘。

中国的穿珠算盘起源于何时，至今未有定论。珠算一词最早见于东汉时期徐岳的《数术记遗》，书中有"珠算控带四时，经纬三才"（注：三才指天、地、人）。后来北周数学家甄鸾对这段文字做了注释，称："刻板为三分，其上下二分以停游珠，中间一分以定算位（见图 1-3）。位各五珠，上一珠与下四珠色别，其上别色之珠当五，其下四珠，珠各当一。至下四珠所领，故云'控带四时'。其珠游于三方之中，故云'经纬三才'也"。这些文字被认为是最早的关于珠算的记载。

算盘萌芽于汉代，定型于南北朝，如图 1-3 所示。算盘的新形状为长方形，周为木框，内贯直柱，俗称"档"。一般从九档至十五档，档中横以梁，梁上两珠，每珠作数五，梁下五珠，每珠作数一，运算时定位后拨珠计算，可以做加减乘除等算法。

算盘利用进位制计数，通过拨动算珠进行运算。打算盘必须记住一套口诀，口诀相当于算盘的运算规则，例如"三下五去二"。算盘本身还可以存储数字，使用起来很方便，在人类计算工具史上具有重要的地位，几千年来一直是我国古代劳动人民普遍使用的计算工具，并且陆续流传到日本、朝鲜和东南亚等国家和地区。北宋画家张择端《清明上河图》长卷中，在"赵太丞家"药铺柜台上，有一个十五档的算盘。经中日两国珠算专家将画面摄影放大，确认画中之物是与现代使用算盘形制类似的穿珠算盘。

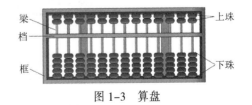

图 1-3　算盘

1.1.2 早期计算机的发展

算盘的计算需要人熟记运算规则，并且只能进行四则运算，因此在应用上有极大的功能及计算速度限制。15世纪以后，随着天文、航海的发展，计算工作日益繁重，迫切需要新的计算方法和新的计算工具。

计算机的发展经历了机械式计算机、机电式计算机和电子计算机3个阶段。

1630年，英国数学家威廉·奥特雷德使用当时流行的对数刻度尺做乘法运算，根据两根相互滑动的对数刻度尺发明了"机械化"计算尺，威廉·奥特雷德及其发明的计算尺如图1-4所示。

图1-4 威廉·奥特雷德及其发明的计算尺

18世纪末，以发明蒸汽机闻名于世的瓦特，成功制造出了第一把名副其实的计算尺。他在尺座上多设计一个滑标，用来"存储"中间结果，更为实用。

1850年以后，对数计算机迅速发展，成了工程师们必不可少的随身携带的"计算机"，直到20世纪五六十年代，它仍然是代表工科大学生身份的一种标志。

法国科学家布莱斯·帕斯卡（Blaise Pascal）是目前公认的机械计算机制造第一人。帕斯卡先后做了三个不同的模型，1642年所做的第3个模型"加法器"获得成功。1642年，帕斯制造了第一台能进行6位十进制加法运算的机器，如图1-5所示。帕斯卡加法器由一系列齿轮组成，利用发条作为动力装置。帕斯卡加法器主要的发明在于：某一位小齿轮或轴完成了10个数字的转动，才使下一个齿轮转动一个数字，从而解决了机器计算的自动进位问题。1971年发明的一种程序设计语言——Pascal语言，就是为了纪念这位先驱而命名。

图1-5 帕斯卡及其发明的加法器

德国数学家莱布尼茨（Gottfried Wilhelm Leibniz, 1646—1716）因独立发明微积分而与牛顿齐名。1674年，在帕斯卡加法器的思想和工作的影响下，制造出一台更加完美的机械计算机，如图1-6所示。该机器采用了一种名叫"步进轮"的装置，能够进行四则运算。

步进轮是一个有 9 个齿的长圆柱体，9 个齿依次分布于圆柱表面；旁边另有一个小齿轮可以沿着轴向移动，以便逐次与步进轮啮合。每当小齿轮转动一圈，步进轮可根据它与小齿轮啮合的齿数，分别转动 1/10 圈，2/10 圈，……直到 9/10 圈，因此能够连续重复地做加法。通过连续重复计算加法就可以完成乘除运算。

图 1-6　莱布尼茨及其发明的机械计算机

莱布尼茨的另一重大贡献是提出了"二进制"数的计算机的设计思路，提出了二进制运算法则。他在哲学上也有突出的成就，莱布尼茨、笛卡儿和巴鲁赫·斯宾诺莎被认为是 17 世纪三位最伟大的理性主义哲学家。

1822 年，英国剑桥大学著名科学家查理斯·巴贝奇（Charles Babbage）研制出了第一台差分机半成品（差分机最终未全部完成），1834 年，巴贝奇又提出了分析机的概念，它是现代程序控制式计算机的雏形，其设计理论非常超前，限于当时的技术条件而未能实现，但为现代计算机的出现奠定了坚实的基础。

1.1.3　现代计算机的发展

现代计算机是指利用电子技术代替机械或机电技术的计算机，现代计算机经历了近 80 年的发展，其中最重要的代表人物有英国科学家阿兰·图灵和美籍匈牙利科学家冯·诺依曼。图灵在 1936 年发表了著名的论文《论可计算数及其在判定问题中的应用》，提出了图灵机模型，从理论上阐述了现代计算机存在的可能性。冯·诺依曼在 1945 年提出了现代计算机体系结构。

微　课

现代计算机的发展

1946 年 2 月，世界上第一台电子计算机 ENIAC（Electronic Numerical Integrator And Calculator，ENIAC，电子数字积分计算机）由美国宾夕法尼亚大学研制成功，如图 1-7 所示。这台电子计算机从 1946 年 2 月开始投入使用，到 1955 年 10 月切断电源，服役 9 年多。

ENIAC 体积庞大，约 90 m^3，占地面积约 180 m^2，使用了 18 000 多只真空电子管，质量达 30 t，功耗近 140 kW，运算速度 5 000 次/秒，但它预示了科学家们将从计算中解脱出来。ENIAC 的研制成功，表明了计算机时代的到来，具有划时代意义。ENIAC 程序采用外部插入式，每当进行一项新的计算时，都需要重新连接线路，此外，它的存储量太小，至多只能存储 20 个 10 位的十进制数。ENIAC 在通用性、简单性和可编程性上取得了巨大的成功，使现代计算机成为现实。

人们根据计算机所使用的电子元器件，将计算机的发展划分为电子管、晶体管、集成电路、大规模与超大规模集成电路 4 个阶段。每一个阶段的变革在技术上都是一次新的突破，在性能上都是一次质的飞跃。

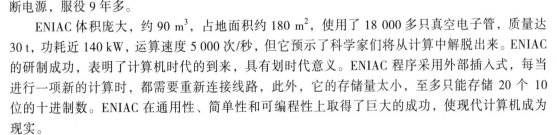

图 1-7 第一台电子计算机 ENIAC

1. 电子管计算机（1946—1954 年）

ENIAC 的逻辑器件采用电子管，所以称为电子管计算机，它的内存容量小、运算速度低、可靠性低且成本较高。1950 年问世的离散变量自动电子计算机（Electronic Discrete Variable Automatic Computer，EDVAC），是典型的第一代电子计算机，它首次实现了冯·诺依曼体系"存储程序和二进制"这两个重要设想。EDVAC 使用了大约 6 000 个真空管和 12 000 个二极管，占地 45.5 m^2，质量达 7 850 kg，功耗为 56 kW。EDVAC 是二进制串行计算机，具有加减乘和软件除的功能。一条加法指令约 864 μs，乘法指令 2 900 μs。使用延迟线存储器，具有 1 000 个 44 位的字。

1945 年 5 月，剑桥大学数学实验室根据冯·诺依曼的思想，支撑了电子延迟存储自动计算器（Electronic Delay Storage Auto-matic Calculator，EDSAC），这是第一台带有存储程序结构的电子计算机。EDSAC 使用了约 3 000 个真空管，排在 12 个柜架上，占地 5×4 m^2，功耗为 12 kW。EDSAC 的内存槽长 1.524 m，内含 32 个内存位置。使用水银延迟线作存储器，分布在 32 个 1.524 m 长的槽中，每个槽里面包含 32 个内存位置，共有 1 024 个位置。EDSAC 的后继机型 EDSAC2 于 1958 年投入使用。EDSAC2 引入了微程序（microprogram）和位片（bit-slice）的概念。

从 1953 年起，IBM 公司开始批量生产用于科研的大型计算机，从此电子计算机走上了工业生产阶段。

电子计算机的基本元器件是电子管，内存储器采用水银延迟线或磁鼓，外存储器采用纸带、磁带、卡片等。其特点是：体积大，功耗高，速度慢，可靠性差且价格昂贵。第一代计算机主要用于军事研究和科学计算。

1946 年，剑桥大学数学实验室的莫里斯·威尔克斯教授和他的团队受冯·诺伊曼的 First Draft of a Report on the EDVAC 的启发，以 EDVAC 为蓝本，设计和建造 EDSAC，1949 年 5 月 6 日正式运行，是世界上第一台实际运行的存储程序式电子计算机。

在这个时期，没有系统软件，只能用机器语言和汇编语言编程。计算机只能在少数尖端领域中得到应用，一般多用于科学、军事和财务等方面的计算。

2. 晶体管计算机（1955—1964 年）

由于电子管有许多明显的缺点，使计算机发展受到了限制，于是晶体管开始被用来作为计算机的元器件。晶体管不仅能实现电子管的功能，又具有尺寸小、质量小、寿命长、效率高、发热少、功耗低等优点。1951 年，当时尚在哈佛大学的华人留学生王安发明了磁芯存储器，这项技术彻底改变了继电器存储器的工作方式和其与处理器的连接方法，也大大缩小了存储器的体积，为第二代计算机的发展奠定了基础。

贝尔实验室于 1954 年研制成功第一台使用晶体管的第二代计算机（Transistor Digital Computer，TRADIC），装有 800 个晶体管，主要增加了浮点运算，计算能力得到了一次飞跃。1955 年，美国在阿塔拉斯洲际导弹上装备了以晶体管为主要元器件的小型计算机。1958 年，IBM 公司制成了第一台全部使用晶体管的计算机 RCA501 型。1959 年，IBM 公司又生产出了全部晶体管化的电子计算机 IBM 7090。

第二代计算机采用晶体管作为元器件，使用快速磁芯存储器，计算速度从每秒几千次提高到几十万次。由于增加了浮点运算，使数据的绝对值可达到 2 的几十次方或几百次方。同时，用晶体管代替电子管使计算机的体积大大减小，寿命延长，价格降低。

与此同时，计算机软件技术也有了较大的发展，一些高级程序设计语言相继出现，如科学计算用的 FORTRAN、商业事务处理用的 COBOL、符号处理用的 LISP 等高级语言开始进入实用阶段。操作系统也初步成型，使计算机的使用方式由手工操作变为自动作业处理。

晶体管计算机与第一代计算机相比运算速度大幅提高，体积也大大减小，功耗减小，成本降低，可靠性增加，应用范围扩大到数据处理和事务处理。代表机型有 IBM 7090、IBM 7600。

3．中、小规模集成电路计算机（1965—1970 年）

1958 年，世界上第一个集成电路诞生时，只有一个晶体管、两个电阻和一个电阻——电容网络。后来集成电路工艺日趋完善，集成电路所包含的元件个数飞速增长。与晶体管相比，集成电路体积更小、功耗更低、可靠性更高、价格更便宜。

1964 年 4 月，IBM 公司制成了第一个采用集成电路的通用计算机系列 IBM 360 系统，计算机从此进入集成电路时代。随着半导体技术的发展，半导体存储器淘汰了磁芯，作为内存储器，而外存采用高速磁盘，从而使计算机体积进一步减小，功耗降低，可靠性也得到了提高。

系统软件也有了很大发展，出现了操作系统和 BASIC、Pascal 等高级语言。第三代计算机体积越来越小、价格越来越低、软件越来越完善，同时计算机向标准化、多样化、通用化方向发展，计算机开始广泛应用在各个领域。

4．大规模和超大规模集成电路计算机（1971 年至今）

从 1970 年至今的计算机基本上都属于第四代计算机，采用大规模集成电路和超大规模集成电路。内存储器采用集成度很高的半导体存储器，外存储器采用大容量磁盘和光盘，计算机的速度达到了每秒几百万次甚至万亿次。

ILLIAC-IV 计算机是第一台全面使用大规模集成电路作为逻辑元件和存储器的计算机，它标志着计算机的发展已到了第四代。ILLIAC 采用 64 个处理单元在统一控制下进行处理的阵列机。ILLIAC 的中央处理装置分成了四个可以执行单独指令组的控制器，每个控制器管理数个处理单元，总共有 256 个处理单元。1975 年，美国阿姆尔公司研制成 470V/6 型计算机，随后富士通公司生产出 M-190 机，是比较有代表性的第四代计算机。

第四代计算机采用大规模、超大规模集成电路作为基本逻辑部件，计算机的各种硬件性能都空前提高；软件方面出现了数据库、面向对象等技术。计算机的应用范围渗透社会的各个角落，计算机开始分成巨型机、大中型机、小型机和微型机。随着微处理器的问世和发展，微型计算机开始普及，使得计算机走进了千家万户。

1.1.4　新型计算机

集成电路上可容纳元器件的数目，约每隔 18～24 个月便会增加一倍，性能也将提升一倍，但价格不变。这一定律称为摩尔定律，是由英特尔（Intel）的创始人戈登·摩尔提出来的，它揭示

了信息技术进步的速度。

当晶体管之间的最小距离缩小到 50 个原子时，半导体材料的物理、化学性质将发生质的变化，致使采用现行工艺的半导体器件不能正常工作。这时计算能力将无法维持指数级的增长，摩尔定律将走到尽头，这会对计算机的性能提高产生重大影响。这些物理因素促使科学家进行新型计算机方面的研究与开发。

1. 超导计算机

超导是指导体在接近绝对零度（-273.15 ℃）时，电流在某些介质中传输时所受的阻力为零的现象。1962 年，英国物理学家约瑟夫逊（Josephson）提出了"超导隧道效应"，即由超导体-绝缘体-超导体组成的元件（约瑟夫逊元件），当对两端施加电压时，电子就会像通过隧道一样无阻挡地从绝缘介质中穿过，形成微小电流，而该元件的两端电压为零。利用约瑟夫逊元件制造的计算机称为超导计算机，这种计算机的功耗仅为半导体元件制造的计算机功耗的几千分之一，它执行一个指令仅需十亿分之一秒，比半导体元件快 10 倍。

但现在这种组件计算机的电路还一定要在低温下工作，要在常温状态下获得超导效果，还有很多困难需要克服。科学家发现了一种陶瓷合金在零下 238 ℃时，出现了超导现象。已发现 28 种元素和几千种合金和化合物可以成为超导体。若将来发明了常温超导材料，计算机的整个世界将改变。

2. 量子计算机

量子计算机（quantum computer）是一类遵循量子力学规律进行高速数学和逻辑运算、存储及处理量子信息的物理装置。在现有计算机中，每个晶体管存储单元只能存储一位二进制数据，非 0 即 1。在量子计算机中，数据采用量子位存储。由于量子的叠加效应，一个量子位可以是 0 或 1，也可以既存储 0 又存储 1。所以，一个量子位可以存储 2 位二进制数据，就是说同样数量的存储单元，量子计算机的存储量比晶体管计算机大。量子计算机的优点有：能够实行并行计算，加快了解题速度；大大提高了存储能力；可以对任意物理系统进行高效率的模拟；能实现发热量极小的计算机。

量子计算机也存在一些问题：①量子消相干，在实际应用中无法避免量子比特与外界的接触，量子的相干性也就不易得到保持，所以，量子消相干问题是目前需要解决的重要问题之一，它的解决将在一定程度上影响着量子计算机未来的发展道路；②量子纠缠，即使在空间上，量子之间可能是分开的，但是量子间的相互影响是无法避免的；③对微观量子态的操作太困难；④受环境影响大，量子并行计算本质上是利用了量子的相干性，遗憾的是，在实际系统中，受到环境的影响，量子相干性很难保持；⑤量子不可克隆性，任何未知的量子态不存在复制的过程，既然要保持量子态不变，则不存在量子的测量，也就无法实现复制。对于量子计算机来说，无法实现经典计算机的纠错应用以及复制功能。

2007 年，加拿大 D-Wave System 公司宣布研制了世界上第一台 16 量子位的量子计算机样机，2008 年又提高到 48 量子位。2020 年 12 月 4 日，中国科学技术大学宣布该校潘建伟等人成功构建 76 个光子的量子计算原型机"九章"。2021 年 7 月 27 日，东京大学与 IBM 宣布，商用量子计算机已开始投入使用。2021 年 11 月 15 日，据英国《新科学家》杂志网站报道，IBM 公司宣称，其已经研制出了一台能运行 127 个量子位的量子计算机"鹰"，这是迄今全球最大的超导量子计算机。

3. 光子计算机

光子计算机是一种由光信号进行数字运算、逻辑操作、信息存储和处理的新型计算机。它由激光器、光学反射镜、透镜、滤波器等光学元件和设备构成，靠激光束进入反射镜和透镜组成的阵列进行信息处理，以光子代替电子，光运算代替电运算。光的并行、高速，天然地决定了光子计算机的并行处理能力很强，具有超高运算速度。1990 年初，美国贝尔实验室制成世界上第一台光子计算机。

一台光子计算机只需要一小部分能量就能驱动，从而大大减少了芯片产生的热量。光子计算机的优点是：并行处理能力强，具有超高速运算速度。目前，超高速电子计算机只能在常温下工作，而光子计算机在高温下也可工作。光子计算机信息存储量大，抗干扰能力强。光子计算机具有与人脑相似的容错性，当系统中某一元件损坏或出错时，并不影响最终的计算结果。

光子计算机也面临一些困难：①随着无导线计算机能力的提高，要求有更强的光源；②光线严格要求对准，全部元件和装配精度必须达到纳米级；③必须研制具有完备功能的基础元件开关。

4. 生物计算机

生物计算机又称仿生计算机，主要原材料是生物工程技术产生的蛋白质分子，并以此作为生物芯片来替代半导体硅片，利用有机化合物存储数据。信息以波的形式传播，当波沿着蛋白质分子链传播时，会引起蛋白质分子链中单键、双键结构顺序的变化。生物计算机的运算过程是蛋白质分子与周围物理化学介质的相互作用过程。计算机的转换开关由酶来充当。生物计算机的信息存储量大，能够模拟人脑思维。

蛋白质分子比硅晶片上的电子元件要小得多，生物计算机完成一项运算，所需的时间仅为 10 ps（皮秒）。由于生物芯片的原材料是蛋白质分子，所以生物计算机有自我修复的功能。

生物计算机也有自身难以克服的缺点。其中最主要的便是从中提取信息困难。一种生物计算机 24 h 就完成了人类迄今全部的计算量，但从中提取一个信息却花费了 1 周。这也是目前生物计算机没有普及的最主要原因。

5. 神经网络计算机

神经网络计算机的信息不是存在存储器中，而是存储在神经元之间的联络网中。若有节点断裂，计算机仍有重建资料的能力，它还具有联想记忆、视觉和声音识别能力。神经网络计算机是模仿人的大脑神经系统，具有判断能力和适应能力，具有并行处理多种数据功能的计算机。神经网络计算机可以同时并行处理实时变化的大量数据，并得出结论。以往的信息处理系统只能处理条理清晰、经络分明的数据。而人的大脑神经系统却具有处理支离破碎、含糊不清信息的能力。神经网络计算机将具有类似于人脑的智慧和灵活性。

目前神经网络计算机已取得重要的进展，但仍存在许多亟待解决的问题。如处理精确度不高，抗噪声干扰能力差，光学互联的双极性和可编程问题以及系统的集成化和小型化问题等。这些问题直接关系到神经网络计算机的进一步发展、性能的完善及广泛的实用化。

基于集成电路的计算机短期内还不会退出历史舞台，未来的计算机技术将向超高速、微型化、网络化和智能化发展。目前，芯片的集成度越来越高，也越来越接近工艺甚至物理的极限。因此，在传统计算机的基础上大幅提高计算机的性能将遇到难以逾越的障碍。计算机制造技术已经在体系结构、工艺材料上取得了一些成果，例如超导计算机、量子计算机、光子计算机、生物计算机和神经网络计算机等。随着新技术的发展，未来计算机的功能将越来越多，处理速度也将越来越快。

1.2　计算机的分类、特点与应用

计算机科学技术的飞速发展与计算机的广泛应用彻底改变了人们的工作、学习和生活，推动着人类社会的发展与人类文明的进步，把人类带入信息时代。随着计算机技术的发展与应用，尤其是微处理器的发展，计算机的类型越来越多样化。计算机的应用领域也越来越广泛，应用水平也越来越高，已经深入人们生活的方方面面。

1.2.1　计算机的分类

根据计算机的用途和使用范围，计算机可以分为通用计算机和专用计算机。通用计算机适用于科学运算、工程设计和数据处理等，通常所说的计算机就是指通用计算机。专用计算机是为处理某种特殊应用需要而设计的计算机，其运行程序不变，速度快、效率高、精度高。从计算机的运算速度和性能等指标来看，计算机主要有高性能计算机、微型计算机、工作站、服务器、嵌入式计算机等。分类标准不是固定不变的，现在的高性能计算机，若干年后可能就成了小型机。

1．高性能计算机

高性能计算机又称超级计算机（Super Computer），是指能够执行一般个人计算机无法处理的大量资料与高速运算的计算机。就超级计算机和普通计算机的组成而言，构成组件基本相同，但在性能和规模方面却有差异。超级计算机的主要特点包含两个方面：极大的数据存储容量和极快的数据处理速度，因此它可以在多个领域进行一些人们或者普通计算机无法进行的工作。

2019 年 6 月 17 日上午，第 53 届全球超算 TOP500 名单在德国法兰克福举办的"国际超算大会"（ISC）上发布。部署在美国能源部旗下橡树岭国家实验室及利弗莫尔实验室的两台超级计算机"顶点"（Summit）和"山脊"（Sierra）仍占据前两位，中国超算"神威·太湖之光"和"天河二号"分列三、四名，高性能计算机"顶点"和"神威·太湖之光"如图 1-8 所示。2022 年全球超级计算机 500 强榜单中，美国橡树岭国家实验室的"Frontier"成为全球第一款 E 级超级计算机（百亿亿次），紧随其后的是日本超级计算机"富岳"（Fugaku），中国超级计算机"神威·太湖之光"，本次排名第六位。

图 1-8　高性能计算机"顶点"和"神威·太湖之光"

超级计算机是计算机中功能最强、运算速度最快、存储容量最大的一类计算机，多用于国家高科技领域和尖端技术研究，是国家科技发展水平和综合国力的重要标志。一个国家高性能的超级计算机，直接关系到国民民生、关系到国家的安全。在军事上，可用于战略防御系统、大型预警系统、航天测控系统等。在民用方面，可用于大区域中长期天气预报、大面积物探信息处理系统、大型科学计算和模拟系统等。

2．微型计算机

微型计算机简称"微型机""微机"，由于其具备人脑的某些功能，所以又称"微电脑"。微型计算机是由大规模集成电路组成的、体积较小的电子计算机。它是以微处理器为基础，配以内存储器及输入、输出（I/O）接口电路和相应的辅助电路而构成的裸机。微型计算机的特点是体积小、灵活性大、价格便宜、使用方便。由微型计算机配以相应的外围设备（如打印机）及其他专用电路、电源、面板、机架以及足够的软件构成的系统叫作微型计算机系统（microcomputer system）。

1971 年 11 月，英特尔公司推出一套芯片：4001 ROM、4002 RAM、4003 移位寄存器、4004 微处理器，英特尔公司将这套芯片称为"MCS-4 微型计算机系统"，这是最早提出的"微机"概念。但是，这仅仅是一套芯片而已，当时并没有组成一台真正意义上的微型计算机。以后，人们将装有微处理器芯片的机器称为"微机"。微机的种类有很多，主要分为三类：台式微机、笔记本微机和平板微机。

（1）台式微机的主机、显示器等设备一般都是相对独立的，一般需要放置在电脑桌或者专门的工作台上，因此命名为台式机。台式微机主要用在企业办公和家庭应用，台式微机应用广泛，应用软件也最为丰富，这类计算机有很好的性价比。

（2）笔记本微机主要用于移动办公，要求机器具有短小轻薄的特点。在与台式微机相同的配置下，笔记本微机的性能要低于台式微机，价格也要高于台式微机。

（3）平板微机是一种小型、方便携带的个人计算机。平板微机最早由微软公司 2002 年 11 月推出。目前平板微机最典型的产品是苹果公司的 iPad。平板微机在外观上只有杂志大小，目前主要采用苹果和安卓操作系统，它以触摸屏作为基本输入设备，所有操作都通过手指或手写笔完成，而不是传统的键盘或鼠标。

3．工作站

工作站是一种高端的通用微型计算机。它是为了单用户使用并提供比个人计算机更强大的性能，尤其是在图形处理能力、任务并行方面的能力，通常配有高分辨率的大屏、多屏显示器及容量很大的内存储器和外部存储器，并且具有极强的信息和高性能的图形、图像处理功能。另外，连接到服务器的终端机也可称为工作站。工作站的应用领域有：科学和工程计算、软件开发、计算机辅助分析、计算机辅助制造、工程设计和应用、图形和图像处理、过程控制和信息管理等。

自 1980 年 Appolo 公司推出世界上第一个工作站 DN-100 以来，工作站迅速发展，成为专门处理某类特殊事务的一种独立的计算机类型。例如，国产大型客机 C919 的设计研发、模拟训练、装配验证是在工作站中完成的。许多厂商都推出了适合不同用户群体的工作站，比如 IBM、联想、DELL（戴尔）、HP（惠普）、wiseteam、正睿等，HP-Z200 工作站和 ZR22w 专业显示器如图 1-9 所示。而工业级一体化工作站的生产厂家有诺达佳（NODKA）和研华等。

4．服务器

服务器是一种在网络环境中对外提供服务的计算机系统。从广义上讲，一台微机也可以充当服务器；从狭义上讲，服务器是指通过网络对外服务的那些高性能计算机。服务器比普通计算机运行更快、负载更高、价格更贵。服务器在网络中为其他客户机（如 PC、智能手机、ATM 等终端甚至是火车系统等大型设备）提供计算或者应用服务。服务器具有高速的 CPU 运算能力、长时间的可靠运行、强大的 I/O 外部数据吞吐能力以及更好的扩展性。

根据服务器所提供的服务，一般来说服务器都具备承担响应服务请求、承担服务、保障服务的能力。服务器作为电子设备，其内部结构十分复杂，但与普通的计算机内部结构相差不大，如CPU、硬盘、内存、系统、系统总线等。根据服务器提供的服务，服务器可以分为Web服务器、FTP服务器、文件服务器、数据库服务器等。根据服务器外形又分为机架式服务器、刀片服务器、塔式服务器和机柜式服务器，新华三刀片服务器HPE Synergy如图1-10所示。

图1-9　HP-Z200工作站和ZR22w专业显示器　　图1-10　新华三刀片服务器HPE Synergy

5. 嵌入式计算机

嵌入式计算机是指作为一个信息处理部件，嵌入应用系统之中的计算机。嵌入式系统是以应用为中心，以计算机技术为基础，并且软硬件可裁剪，适用于应用系统对功能、可靠性、成本、体积、功耗有严格要求的专用计算机系统，它一般由嵌入式微处理器、外围硬件设备、嵌入式操作系统以及用户的应用程序等四部分组成。

由于嵌入式系统一般应用于小型电子装置，系统资源相对有限，所以内核软件比计算机的操作系统要小得多。嵌入式系统的专业性较强，其中软件与硬件的结合非常紧密。即使在同一品牌、同一系列的产品中，也需要根据系统硬件的变化，对软件进行增减或修改。嵌入式系统一般没有系统软件和应用软件的明显区分，要求其功能设计及实现上不要过于复杂，这样一方面利于控制产品成本，同时也利于实现产品安全。为了提高嵌入式系统的运行速度和系统可靠性，操作系统和应用软件一般固化在嵌入式系统的计算机ROM（只读存储器）芯片中，在没有特殊设备的情况下，这些核心软件不能修改和删除。嵌入式计算机应用广泛，其应用领域包括：工业控制、交通管理和各种家用电器。

1.2.2　计算机的特点

计算机技术飞速发展，具有强大的生命力，渗透社会生活的各个领域，是因为计算机具有许多的特点和优势，具体体现在以下几个方面：

1. 运算速度快

运算速度是衡量计算机性能的指标之一，通常使用计算机1s内所能执行加法运算的次数来衡量计算机的处理速度。微机一般采用主频来描述运算速度，主频越高，运算速度就越快。从计算机发展过程的特点可以知道，现在的计算机已经可以达到每秒执行几十万次，对于巨型机，每秒可以运行百亿次、千亿次，这样的速度对于过去用手工需要几年或几十年才能完成的运算可以在几小时或更短的时间内得出结果。

随着计算机技术的发展，计算机的运算速度还将不断提高。正是因为运算速度快，如天气预报、卫星轨道计算、大地测量的高阶线性代数方程的求解，导弹和其他飞行体运行参数的计算等大量复杂的科学计算问题得到解决。

2．运算精度高

由于数字计算机采用二进制进行运算，运算精度主要取决于计算机的字长，字长越长，运算精度越高。目前计算机的精度已达到小数点后上亿位的精度，并且计算机的计算精度可以根据人们的需要来设定。如圆周率 π 的计算，在瞬间就能精确计算到 200 万位以上。

随着处理器字长的增加和计算技术的发展，计算精度不断提高，可以满足各类复杂计算对精度的要求，例如使用计算机计算圆周率，计算到小数点后的百万位都不是困难的事。现代计算机提供多种表示数的能力，如单精度浮点数、双精度浮点数等，以满足对各种计算精度的要求。

3．存储容量大

计算机的存储设备可以把原始数据、中间结果、计算结果、程序等数据存储起来以备再次使用。存储容量的大小表示了存储设备可以保存（记忆）信息的多少，随着微电子技术的发展，计算机的存储容量越来越大。

当前的计算机不仅提供了大容量的内存来存储计算机运行时的数据，同时还提供各种外部存储设备，用来长期保存数据，如硬盘、光盘和 U 盘等。目前，微型计算机的内存容量多为 4～16 GB，常用的外存中，光盘容量可达 4 GB，硬盘容量可达 1～4 TB。外存是内存的延伸，配置多少外存取决于个人需要。

在某种程度上，计算机的存储能力是海量的，只要存储介质不被破坏，数据可以永远保存。随着技术的进步，存储器容量会越来越大，存取速度越来越快。计算机所能存储的信息也由早期的文字、数据、程序发展到如今的图形、图像、声音、动画、视频等数据。

4．具有逻辑判断能力

计算机不仅能进行算术运算，还能进行各种逻辑运算，实现推理和证明。计算机在执行程序的时候能够根据各种条件来判断和分析，并根据分析结果自动地确定下一步该做什么，从而解决各种各样的问题。例如，百年数学难题"四色猜想"（任何一张地图只用四种颜色就能使具有共同边界的国家着上不同的颜色）已经利用计算机得以验证。

计算机的逻辑判断能力是计算机智能化的基本条件，需要注意的是计算机的逻辑判断能力是在人的设计与安排下进行的。

5．自动执行的能力

由于完成任务的程序和数据存储在计算机中，一旦向计算机发出运行命令，计算机就按照人们预先编制好的程序控制下自动进行的，不需要进行人工干预，直到完成任务为止。这一切都是计算机自动完成的，也是计算机区别于其他计算工具的本质特征。

1.2.3　计算机的应用

随着计算机技术的不断发展，计算机的应用领域越来越广泛，从日常生活到社会各个领域无所不至。计算机的应用主要在科学计算、信息处理、过程控制、实时控制、计算机辅助教育、计算机辅助设计、人工智能与机器人等方面，其中最早的应用是在数值计算上，而现在的计算机应用在非数值计算方面要远比数值计算的领域广泛得多。

1．科学计算

科学计算即数值计算，是指计算机应用于完成科学研究和工程技术中的科学计算，科学计算是计算机最早的应用领域，在这个领域要求计算机速度快、精度高，存储容量大。第一台电子计

算机研制的目的就是用于军事计算，计算机发展的初期也主要用于科学计算。

今天，虽然计算机在其他方面的应用不断加强，但仍然是科学研究和科学计算的最佳工具。例如，人造卫星和宇宙飞船轨道的计算、机械建筑和水电等工程方面的数值求解、生物医学中的人工合成蛋白质技术、天气预报等。

2．信息处理

信息处理又称数据处理，是计算机应用最广泛的领域，处理的信息有文字、图形、声音、图像等各种非数值的信息形式，信息处理主要是指对信息的收集、存储、加工、分类、排序、检索和发布等一系列工作。科学计算的数据量不大，但计算过程比较复杂，计算精度要求高且要绝对准确。而数据处理的计算方法较为简单，但数据量很大。

在信息处理中，需要利用计算机来加工、管理和操作任何形式的数据资料，信息处理的领域包括办公自动化（OA）、企业管理、情报检索、报刊编排处理等，对于处理结果，通常要求以表格或文件的形式存储、输出，信息处理常常要和数据库技术密切结合。

3．过程控制

过程控制又称实时控制，用计算机采集检测数据，按一定的算法进行处理，用处理的结果对控制对象进行自动控制或自动调节。利用计算机进行过程控制，不仅提高了控制的自动化水平，而且大大提高了控制的及时性和准确性，从而改善劳动条件，提高质量，节约能源，降低成本。

过程控制所涉及的领域非常广泛，如冶金、机械、石油化工、交通、国防等部门，通常要求计算机可靠性高、响应及时。

4．计算机辅助系统

计算机辅助设计（Computer Aided Design，CAD），计算机辅助设计是利用计算机的计算、逻辑判断等功能，帮助人们进行产品设计和工程技术设计。由于计算机具有快速的数值计算、较强的数据处理以及模拟能力，使 CAD 技术得到广泛应用，如飞机设计、船舶设计、建筑设计、机械设计、大规模集成电路设计等。

在设计中可通过人-机交互方式更改设计和布局，反复迭代设计直至满意为止。它能使设计过程逐步趋向自动化，大大缩短设计周期，增强产品在市场上的竞争力，同时也可节省人力和物力，降低成本，提高产品质量。

计算机辅助制造（Computer Aided Manufacturing，CAM），是指利用计算机进行生产设备的管理、控制和操作的过程。在机器制造业中，利用计算机通过各种数值来控制生产设备，自动完成产品的加工、装配、检测、包装等制造过程的技术。使用 CAM 可提高产品的质量、降低成本、缩短生产周期、减轻劳动强度。

计算机集成制造系统（Computer Integrated Manufactured System，CIMS），是指以计算机为中心的现代化信息技术应用于企业管理与产品开发制造的新一代制造系统，通过计算机技术把分散在产品设计制造过程中各种孤立的自动化子系统有机地集成起来，形成适用于多品种、小批量生产，实现整体效益的集成化和智能化制造系统。

随着人工智能、多媒体、虚拟现实等技术的进一步发展，CAD/CAM/CIMS 技术正朝着集成化、智能化、协同化、柔性化、绿色化的方向发展。

计算机辅助教学（Computer Aided Instruction，CAI），是指用计算机帮助或代替教师执行部分教学任务，向学生传授知识和提供技能训练的教学方式。计算机辅助教学最大的特点是交互式教学和进行个别的指导，它改变了传统的教师在讲台上讲课而学生在课堂内听课的教学方式，克服了传统教学情景方式上单一、片面的缺点。它的使用能有效地缩短学习时间、提高教学质量和教学效率，实现最优化的教学目标。

近年来迅速发展起来的在线开放教育，更是在教学的各个环节大量使用了各种计算机系统。CAI 为学生提供一个良好的个人化学习环境。综合应用多媒体、超文本、人工智能、网络通信和知识库。

5．人工智能

人工智能（Artificial Intelligence，AI）是研究、开发用于模拟、延伸和扩展人的智能的理论、方法、技术及应用系统的一门新的技术科学。它企图了解智能的实质，并生产出一种新的能以与人类智能相似的方式做出反应的智能机器，该领域的研究包括机器人、语言识别、图像识别、自然语言处理和专家系统等。目前一些智能系统已经能够代替人类的部分脑力劳动。

人工智能最典型的应用案例是"深蓝"。"深蓝"是 IBM 公司生产的世界上第一台超级国际象棋计算机，是一台 RS6000SP2 超级并行处理计算机，计算能力惊人，平均每秒可计算棋局变化200 万步。1997 年 5 月 11 日，仅用一个小时便轻松战胜俄罗斯国际象棋世界冠军卡斯帕罗夫，这是在国际象棋上人类第一次败给计算机。

6．网络应用

计算机网络是用物理链路将各个孤立的工作站或主机相连在一起，组成数据链路，从而达到资源共享和通信的目的。目前，因特网（Internet）通过 TCP/IP 网络协议将各种不同类型、不同规模、位于不同地理位置的物理网络连接成一个整体，从而实现世界范围内的资源共享。

随着网络技术的发展，计算机的应用进一步深入社会的各行各业，通过互联网实现远程教育、娱乐、电子商务、远程医疗等。随着互联网的快速发展，信息传递越来越方便，使得地球成为"地球村"。

1.3　计算机文化与计算思维

文化概念的内涵极为广泛和深刻，精神方面包括语言、文字、思想、道德、传统、宗教信仰、风俗习惯等，物质方面渗透生产、生活、住房、饮食、交通、旅游、娱乐、体育等领域。文化是人类在社会历史发展中所创造的物质财富和精神财富的总和。而计算机对人类社会全方位的渗透已使许多领域日新月异，形成了一种崭新的信息时代文化。

面对信息与知识爆炸的时代，大数据无处不在，数据处理的核心是计算；计算已不再只和计算机有关，它在每个人的身边。计算思维是人人都要掌握的一种解决问题的能力，是大数据时代人人必备的一种思维文化。人们可以利用自己的计算思维指挥计算机解决问题、构造系统，更好地利用计算机的功能为人类的生活带来奇妙而又神奇的力量。

1.3.1　计算机文化

文化一般意义上指能对人类的生活方式产生广泛影响的事务，严格意义上指具有信息传递和知识传授的功能，并对人类社会从生产方式、工作方式、学习方式到生活方式都能产生广泛而深刻影响的事物。

1．计算机文化的发展

世界上有关"计算机文化"的提法最早出现在 20 世纪 80 年代初。1981 年在瑞士洛桑召开的第三次世界计算机教育大会上，苏联学者伊尔肖夫首次提出："计算机程序设计语言是第二文化"。

这个观点几乎得到所有与会者的支持，从此"计算机文化"的说法就在世界各国流传开来。20世纪80年代中期以后，国际上的计算机教育专家逐渐认识到"计算机文化"的内涵并不等同于计算机程序设计语言。随着多媒体技术、校园网和Internet的普及，"计算机文化"的说法又被重新提了出来。

目前，计算机技术已经融入各个学科当中，出现了云计算、物联网等交叉学科，再度把计算机作为一种"文化"，其意义更加深远。计算机技术的应用领域几乎无所不在，成为人们工作、生活、学习不可或缺的重要组成部分，并由此形成独特的计算机文化。因此，计算机文化是人类社会的生存方式因使用计算机而发生根本性变化所产生的一种崭新的文化形态。

当人类进入21世纪，又迎来了以网络为中心的信息时代。网络文化是计算机文化的一个重要组成部分，网络文化深刻地影响着人们的生活，同时也给人类社会带来了前所未有的挑战。信息时代是互联网的时代，围绕互联网，实现计算机网络、有线电视网和电话网的三网合一，极大地丰富了计算机文化的内涵。

目前，计算机文化已成为人类现代文化的一个重要组成部分，理解并运用计算机科学及其社会影响，已成为当代大学生的基本素养。

2. 网络文化

网络文化是以网络信息技术为基础，在网络空间形成的文化活动、文化方式、文化产品、文化观念的集合。网络文化是计算机文化的重要组成部分，计算机文化在网络文化中表现得最为充分。网络文化是现实社会文化的延伸和多样化的展现，同时也形成了其自身独特的文化行为特征、文化产品特色和价值观念和思维方式的特点。网络技术的发展使人们在信息交流时在时间和空间上的距离大大缩小。

网络文化具有虚拟性，它依赖于虚拟的网络空间而存在，这是网络文化一切特性的基础。在计算机网络诞生前，人们生活在一个实体空间。计算机网络诞生后，人们的生存空间发生了全新的变化。人们在实体空间建立起来的生活准则和生活习惯正在被打破，取而代之的是一个全新的网络虚拟空间。当人们在网络环境中把虚拟现实作为一种真实存在时，人们的虚拟意识也由此产生。

网络文化具有匿名性，网络交往表现为计算机与计算机之间数据的交换，相互交往的人并不知道对方的真实身份。在网络交流中，人们可以隐藏自己的相貌、年龄、地位等在实体空间里不能隐藏的东西。更重要的是，人们在网络空间中完全摆脱了在真实社会中受到的各种约束、规范和心理压力，可以完全按照自己希望的方式表现自我，所表现的东西往往是隐藏在内心深处的一些思想观念和价值观等，它们可能是个人感情的真实流露，也可能是一种虚假表象。

网络文化具有平等性，与报纸、广播、电视等传播媒体相比，计算机网络更富有平等性。人们在面向庞杂的网络资源时，可以根据个人的兴趣、爱好、需要进行信息选择或信息交流，每个人都能够从容地选择和吸收信息。网络文化中最彰显个性的是各种"客"文化，如博客、播客、闪客等。多种多样的"客"充分展示了网络文化的平等性和互动性，也显示出网络平台非常适合个性的生存与发展。

网络文化管理是一个崭新的课题。如何通过创新与规范，促进网络文化的和谐发展，已经成为文化发展和创新的要求。加强网络文化管理，就是要充分适应信息技术的发展和形势的变化，积极实施网络文化管理的监督职能、引导职能、规范职能、惩戒职能，加快建立法律规范、行政监督、行业自律、技术保障相结合的网络文化管理体制和机制，推动网络文化健康发展。

1.3.2　计算思维

科学研究的三大方法是理论、实验和计算，对应的三大科学思维分别是理论思维、实验思维和计算思维。理论思维又称推理思维，以推理和演绎为特征，以数学学科为代表。实验思维又称实证思维，以观察和总结自然规律为特征，以物理学科为代表。计算思维又称构造思维，以设计和构造为特征，以计算机学科为代表。三大思维都是人类科学思维方式中固有的部分。其中，理论思维强调推理，实验思维强调归纳，而计算思维希望能自动求解。三大思维以不同的方式推动着科学的发展和人类文明的进步。

计算思维古已有之，无处不在。从古代的算筹、算盘，到近代的加法器，到现代的计算机，计算思维的内容在不断拓展。直到 2006 年，周以真教授对计算思维进行了清晰、系统的阐述，这一概念才得到人们的广泛关注。周以真教授认为计算思维是运用计算机科学的基础概念进行问题求解、系统设计，以及人类行为理解等涵盖计算机科学之广度的一系列思维活动。

计算机科学家在用计算机解决问题时，有自己独特的思维方式和解决方法，人们把它统称为计算思维。从问题的分析、数学建模到算法设计，再到计算机编程直至程序运行实现，计算思维贯穿于计算的全过程。计算思维的本质是抽象和自动化。计算思维中的抽象完全超越了物理的时空观，并完全用符号来表示。自动化就是机械地一步一步自动执行，其基础和前提是抽象。

1. 计算思维的特征

计算思维是人的思维，不是计算机的思维。计算思维是人类求解问题的一条途径，计算机之所以能求解问题，是因为人将计算思维的思想赋予了计算机。例如，递归、迭代、黎曼积分的思想都是在计算机发明之前人类早已提出，人类将这些思想赋予计算机之后计算机才能进行这些计算。

计算思维的过程可以由人执行，也可以由计算机执行。不管是递归、迭代，还是黎曼积分，人和机器都可以计算，只不过人计算的速度慢。借助计算机这个计算工具，人类就能用智慧去解决那些在计算时代之前不敢尝试的问题。

计算思维是概念化，不是程序化。计算机科学不是计算机编程，像计算机科学家那样去思维意味着远远不止能进行计算机编程，还要求能够在抽象的多个层次上思维。

计算思维是数学思维和工程思维的相互融合。计算机科学本质上来源于数学思维，但是受计算设备的限制，迫使计算机科学家必须进行工程思考，不能只是数学思考。图灵和冯·诺依曼是"数学思维"和"工程思维"的典型代表人物。

2. 计算思维求解问题的基本方法

计算思维是计算的思维，因而研究计算思维需要回答的第一个问题是：什么问题是可计算的？计算的复杂性如何度量？一个问题的近似解是否就足够了，是否可以利用一下随机化，以及是否允许误正或误负？

一个问题是可计算的是指可以使用计算机在有限步骤内解决。本质上，计算机的计算是数值计算，但是很多非数值计算是通过转化成数值问题而计算的。但是，并不是所有问题都是可计算的，如哥德巴赫猜想，因为计算机没有办法给出数学意义上的证明。因此，没有任何理由期待计算机能解决世界上所有的问题。

计算复杂性就是用计算机求解问题的难度，其度量标准有两个：时间复杂度和空间复杂度。汉诺塔问题：只有 3 个盘子的汉诺塔，3 个盘子的搬移次数为：$2^3 - 1 = 7$。有 64 个盘子的汉诺塔，移动盘子的次数为：$2^{64} - 1 = 18\,446\,744\,073\,709\,551\,615$。如果计算机以每秒 1 000 万个盘子的速度

进行计算，则需要花费大约 58 490 年的时间才能完成计算，这还不包括将结果打印出来的时间。从汉诺塔问题可以看出，理论上可以计算的问题，在实际中并不一定能行。

除了有效地求解一个问题，可能要进一步提问：一个近似解就够了吗（如 Excel 中的计算精度是否需要 16 位以上）？是否允许漏报和误报（如视频播放时的数据丢失）？计算思维就是通过简化、转换和仿真等方法，把一个看起来困难的问题，重新阐释成一个人们知道怎样解决的问题。

随着现代科学的形成与发展，人们对计算思维的作用和意义的认识也越来越提升。使用计算思维思考和陈述问题，已经越来越被人们所熟悉和接受。计算思维成为一个现代人所必须具备的素质。在不久的将来，计算思维会像普适计算一样成为现实，对科学的进步产生举足轻重的影响。

1.3.3 计算机文化教育与计算思维能力培养

在大数据时代，计算机科学技术影响社会的各个方面。无论一个人从事什么职业，无论何时何地做何事，都会越来越强烈地感受到计算机的存在，应用计算机对数据进行处理已经遍布于人类工作、学习和生活之中。计算机是问题求解与数据处理的必备工具，可以有效地构建与提升人类的计算思维模式。

1. 计算机文化教育

计算机文化是一种崭新的文化形态，其所产生的思想观念以及计算机文化教育的普及，推动了人类社会的进步与发展。计算机文化教育是通过对计算机的学习实现人类计算思维能力的构建，包括基本的信息素养与学习能力，使人们会利用计算机解决实际问题，从而终身受益。

计算机文化教育有助于培养学生的抽象思维。计算机教学中的程序设计是以抽象思维为基础的，要通过程序设计解决实际问题。首先，要对问题进行分析，选择合适的算法，通过对实际问题的分析研究，归纳出一般性的规律，构建数学模型；然后，通过计算机语言编写源程序，描述与解决算法；再经过对源程序的调试与运行，验证算法，并通过试算得到问题的最终正确结果。在程序设计的过程中大量使用判断、归纳、推理等思维方法，将一般规律经过高度抽象的思维过程表述出来，形成计算机程序，这些过程有助于锻炼和发展学生的抽象思维。

计算机文化教育有助于提高学生的创造性思维。在程序设计教学中，算法描述既不同于自然语言，也不同于数学语言，其描述的方法也不同于人们通常对事物的描述方法。在计算机程序设计解决实际问题时，摒弃了常规思维模式。在编程解决问题中所使用的各种算法和策略，如排序算法、搜索算法、穷举算法等，都打破了以往常规的思维方式，既有新鲜感，又能激发学生的创造欲望。

计算机能力是指利用计算机解决实际问题的能力，如文字处理能力、数据分析能力、各类软件的使用与应用开发能力、资料数据查询与获取能力、信息的检索与筛选能力等。信息已经成为社会发展的重要战略资源和决策资源。信息化水平已成为衡量一个国家现代化程度和综合国力的重要标志，人人都需要具有信息处理能力。在信息化社会，学习计算机科学技术将会更好地培养学生的思维能力和综合素质，以适应社会发展的需要，为今后走进社会奠定坚实的基础。

2. 计算机思维能力培养

大学计算机教学应培养学生的三种能力：计算机使用能力、计算机系统认知能力和计算思维能力。大学计算机的教学总体目标是：普及计算机文化、培养专业应用能力及训练计算思维能力。周以真教授认为，计算思维是 21 世纪中叶每个人都要用的基本工具，会像数学和物理那样成为人类学习知识和应用知识的基本组成和基本技能。陈国良教授认为，当计算思维真正融入人类活动的整体时，它作为一个问题解决的有效工具，人人都应当掌握，处处都会被使用。

计算思维反映了计算机学科最本质的特征和最核心的解决问题的方法。计算思维旨在提高学生的信息素养，培养学生发明和创新的能力及处理计算机问题时应有的思维方法、表达形式和行为习惯。信息素养要求学生能够对获取的各种信息通过自己的思维进行深层次的加工和处理，从而产生新信息。在大学里推进"计算思维"这一基本理念的教育工作是十分必要的。

探讨人的计算局限性和机器的计算局限性，使用计算机科学家常用的分析和解决问题的思维方式，将计算思维与问题解决绑定在一起，构建一个从计算的策略和计算的过程两方面对计算思维能力进行评估的模型，分析基于问题的计算策略与计算过程。大学计算机课程是大学中众多课程中的一门，该课程是培养计算思维的第一步，需要通过一系列后续课程和训练使大学生真正像计算机科学家一样思考。

习　题

一、选择题

1. 微型计算机体积小，适合放在办公桌上使用，又称（　　）。
    A. 工作站　　　　B. 个人计算机　　　　C. 服务器　　　　D. 终端
2. 第二代电子计算机的主要元件是（　　）。
    A. 继电器　　　　B. 晶体管　　　　C. 电子管　　　　D. 集成电路
3. 以下不属于电子数字计算机特点的是（　　）。
    A. 通用性强　　　B. 运算速度快　　　C. 形状粗笨　　　D. 计算精度高
4. 计算机科学的奠基人是（　　）。
    A. 阿塔索诺夫　　B. 冯·诺依曼　　　C. 巴贝奇　　　　D. 图灵

二、填空题

1. 1946 年 2 月，世界上第一台电子计算机_____在美国宾夕法尼亚大学研制成功。
2. 人们根据计算机所使用的电子元器件，将计算机的发展划分为_____、_____、集成电路、大规模与超大规模集成电路 4 个阶段。
3. 科学研究的三大方法是理论、实验和计算，对应的三大科学思维分别是_____、_____和_____。

三、简答题

1. 简述计算机的发展阶段。
2. 举例说明计算思维的应用案例。
3. 简述计算机的特点。
4. 目前市场上主要的计算机产品有哪些类型？
5. 什么是超级计算机，超级计算机有什么用途？

第2章
计数制与信息编码

 本章导读

在信息与知识爆炸的时代，大数据无处不在，数据处理的核心是计算。计算改变了人类的学习方式、生活方式、工作方式，改变了世界。计算是人类文明最古老而又最伟大的成就之一。

在计算机中，任何信息，包括数字、文字、图形、图像、声音、视频都是以二进制形式进行表示、存储和处理的。数据进入计算机都必须进行0和1的二进制编码转换，也就是二进制编码，使数字、文字、图形、声音、视频合为一体，使得数字化社会成为可能。

学习目标

◎了解信息在计算机中的表示和处理。
◎理解多媒体信息在计算机中的编码过程。
◎掌握几种常用数制之间的转换方法。

2.1 引 言

人类社会正由工业社会全面进入信息社会，数字化是重要的技术基础。数字化是用二进制对多种信息，包括数字、文字、图形、图像、视频、声音等进行表达、存储、传输和处理，这是数字化的基本过程。

1. 信息与数据

信息与数据是不同的，信息有意义，而数据没有。信息是现实世界事物的存在方式或运动状态的反映。数据是信息的载体，是信息的具体表现形式。在计算机中，信息都是以二进制数的形式来表示和存储的。不论什么类型的数据，在计算机内都使用二进制进行表示和处理，对于数值型数据，可以将其转换成二进制数，而对于非数值型数据，则采用二进制编码的形式。

2. 计算机内部采用二进制编码的原因

在计算机内部，各种类型数据的存储、计算和处理都必须以二进制数的形式进行，这也是由二进制的特点决定的。

1）物理上容易实现，可靠性强

电子元器件大都具有两种稳定的状态，如电压的高和低、晶体管的导通和截止、磁元件的正极和负极、脉冲的有和无等。这两种状态刚好可以用二进制数的两个数码"0"和"1"来表示。两种状态分明，工作可靠性高，抗干扰能力强。

2）运算规则简单，通用性强

二进制加法运算规则：$0 + 0 = 0$，$0 + 1 = 1$，$1 + 0 = 1$，$1 + 1 = 0$（向高位进位）；

二进制减法运算规则：$0 - 0 = 0$，$1 - 1 = 0$，$1 - 0 = 1$，$0 - 1 = 1$（向高位借位）；

二进制乘法运算规则：$0 \times 0 = 0$，$0 \times 1 = 0$，$1 \times 0 = 0$，$1 \times 1 = 1$；

二进制除法运算规则：$0 \div 1 = 0$，（$1 \div 0$ 无意义），$1 \div 1 = 1$。

总的看来，这些运算规则相对于其他进制都少得多。

3）二进制适合逻辑运算

二进制都是以"0"和"1"组成的二进制代码来表示，而计算机中的逻辑运算值用"真"和"假"来表示，因此可以用二进制的两种状态"0"和"1"来表示"真"和"假"的逻辑值。所以，采用二进制数进行逻辑运算非常简便。

二进制形式适用于对各种类型数据的编码，可以将图形、声音、文字、数字合为一体，使得数字化社会成为可能。

因此，进入计算机中的各种数据，都要进行二进制编码的转换；同样，从计算机中输出的数据，都要进行逆向转换，这个过程称为解码。各类数据在计算机中的转换过程如图 2-1 所示。

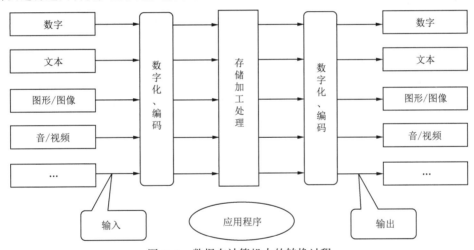

图 2-1　数据在计算机中的转换过程

2.2　数制与数制转换

人们习惯使用十进制数，而计算机使用的是二进制数，为了书写和表示方便，还引入了八进制数和十六进制数。

2.2.1　数制的基本概念

1．数制

数制是用一组固定的数字和一套统一的规则进行计数的方法。数制有进位计数制和非进位计数制之分。

按照进位方式计数的数制称为进位计数制。在日常生活和计算机中采用

微　课

数制

的是进位计数制。日常生活中人们最常用的是十进位计数制，即按照逢十进一的原则进行计数。此外，还有其他进位计数制。例如，一年有十二个月即十二进制；一周有七天即七进制；一天有二十四小时即二十四进制等。而罗马计数法即为一种非进位计数制法，其中包括 7 个基本符号，通过叠加方式进行计数。

2．基数和位权

数据无论采用哪种进位计数制表示，都涉及两个基本要素：基数和位权。

基数：是指各种进位计数制中允许选用基本数码的个数，通常用 R 表示。例如，十进制有 0～9 共 10 个数码，因此，十进制数的基数为 10，逢十进一。同样，二进制数有 0、1 共 2 个数码，基数是 2，逢二进一；八进制数有 0～7 共 8 个数码，基数是 8，逢八进一；十六进制数有 0～9、A～F 共 16 个数码，基数是 16，逢十六进一；R 进制的基数为 R，逢 R 进一。

位权：每一个固定位置对应的单位值称为位权（简称权）。某个位置上的数代表的数量大小，表示该数在整个数中所占的分量。权的大小是以基数为底、数码所在位置的序号为指数的整数次幂。例如，在十进制数中，125.78 可表示为

$$(125.78)_{10} = 1 \times 10^2 + 2 \times 10^1 + 5 \times 10^0 + 7 \times 10^{-1} + 8 \times 10^{-2}$$
$$= 100 + 20 + 5 + 0.7 + 0.08$$

3．数值的按权展开

可以看出，位权是基数的幂。对于任何一种进位制数都可以表示成按权展开的多项式之和的形式。

任意一个 R 进制数 X 可表示为

$$(X)_R = D_{n-1}R^{n-1} + D_{n-2}R^{n-2} + \cdots D_0R^0 + D_{-1}R^{-1} + D_{-2}R^{-2} + \cdots D_{-m}R^{-m}$$

式中，X 为 R 进制数；D 为数码；R 为基数；n 是整数位数；m 是小数位数；下标表示位置，上标表示幂的次数。

例如，$(11110.01)_2 = 1 \times 2^4 + 1 \times 2^3 + 1 \times 2^2 + 1 \times 2^1 + 0 \times 2^0 + 0 \times 2^{-1} + 1 \times 2^{-2}$

$(26.76)_8 = 2 \times 8^1 + 6 \times 8^0 + 7 \times 8^{-1} + 6 \times 8^{-2}$

$(678.45)_{10} = 6 \times 10^2 + 7 \times 10^1 + 8 \times 10^0 + 4 \times 10^{-1} + 5 \times 10^{-2}$

$(2E.9)_{16} = 2 \times 16^1 + 14 \times 16^0 + 9 \times 16^{-1}$

4．计算机中常用的进位计数制

计算机中常用的进位计数制有：二进制、十进制、八进制、十六进制等。表 2-1 是常用的进位计数制的基数和数码表。

表 2-1　常用的几种进位计数制

进 位 制	规　　则	基　　数	基 本 符 号	权	标　识
二进制	逢二进一	2	0，1	2^i	B
八进制	逢八进一	8	0，1，2，3，4，5，6，7	8^i	O 或 Q
十进制	逢十进一	10	0，1，2，3，4，5，6，7，8，9	10^i	D
十六进制	逢十六进一	16	0，1，2，3，4，5，6，7，8，9，A，B，C，D，E，F	16^i	H

书写上，为了区分不同计数制的数码，一般用 $(X)_R$ 表示不同进制的数，或者在数字后面加上相应的英文字母来表示。例如，十六进制数 45 可以表示为 $(45)_{16}$ 或 45H。

2.2.2　数制的转换

各种数制之间都可以互相转换，表 2-2 列出了十进制、二进制、八进制、十六进制的对应关系。

表 2-2　各种进制数码对照表

十 进 制	二 进 制	八 进 制	十 六 进 制	十 进 制	二 进 制	八 进 制	十 六 进 制
0	0	0	0	8	1000	10	8
1	1	1	1	9	1001	11	9
2	10	2	2	10	1010	12	A
3	11	3	3	11	1011	13	B
4	100	4	4	12	1100	14	C
5	101	5	5	13	1101	15	D
6	110	6	6	14	1110	16	E
7	111	7	7	15	1111	17	F

1．R 进制数转换成十进制数

R 进制数转换为十进制数的方法是：将任意 R 进制数按权展开，各位数码乘以各自的权值累加，即可得到该 R 进制数对应的十进制数。即"按权展开，依次相加"。

例 2-1　将二进制数 $(11110.01)_2$ 转换为十进制数。

$$
\begin{aligned}
(11110.01)_2 &= 1\times2^4+1\times2^3+1\times2^2+1\times2^1+0\times2^0+0\times2^{-1}+1\times2^{-2}\\
&= 16+8+4+2+0+0+0.25\\
&= (30.25)_{10}
\end{aligned}
$$

例 2-2　将八进制数 $(26.76)_8$ 转换为十进制数。

$$
\begin{aligned}
(26.76)_8 &= 2\times8^1+6\times8^0+7\times8^{-1}+6\times8^{-2}\\
&= (22.968\,75)_{10}
\end{aligned}
$$

例 2-3　将十六进制数 $(2E.9)_{16}$ 转换为十进制数。

$$
\begin{aligned}
(2E.9)_{16} &= 2\times16^1+14\times16^0+9\times16^{-1}\\
&= (46.562\,5)_{10}
\end{aligned}
$$

由上述例子可以看出，在进行数制转换时，权位上的幂以小数点为起点，分别向左、右两边进行，整数部分从右到左，权次依次是 0，1，2，3，…；小数部分从左到右，权次依次是 -1，-2，-3，…。

2．十进制数转换成 R 进制数

将十进制数转换为 R 进制数时，可将此数分为整数与小数两部分分别转换，然后再拼接起来。

整数部分：采用除以 R 取余法，即将十进制整数不断除以 R，取余数，直至商为 0，余数逆序排列。

小数部分：采用乘以 R 取整法，即将十进制小数不断乘以 R，取整数，直至小数为 0 或达到精度要求，整数正序排列。

例 2-4　将十进制数 $(36.125)_{10}$ 转换成二进制数。

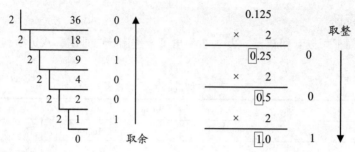

$(36.125)_{10}=(100100.001)_2$

例2-5 将十进制数$(63.8125)_{10}$转换成八进制数。

所以，$(63.812\ 5)_{10} = (77.64)_8$

例2-6 将十进制数$(326.3)_{10}$转换为十六进制数，结果保留两位小数。

所以，$(326.3)_{10}≈(146.4C)_{16}$

3．二进制、八进制、十六进制数间的相互转换

（1）二进制数的进位基数是2，八进制数的进位基数是8，而$2^3=8$，即1位八进制数相当于3位二进制数。因为有着这种进制间位权的内在联系，所以常用3位二进制数表示1位八进制数，如图2-2所示。

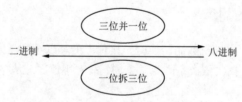

图2-2　二进制与八进制之间的转换

二进制数转换成八进制数的转换规则：以小数点为界，整数部分从右向左每3位一组，不足3位，左面补"0"；小数部分从左向右每3位一组，不足3位，右面补"0"。

例2-7 将$(1001101.1101)_2$转换成八进制数。

$(001\quad 001\quad 101.\quad 110\quad 100)_2$

　　1　　1　　5 .　6　　4

所以，$(1001101.1101)_2=(115.64)_8$

八进制转换成二进制的转换规则：将每位八进制数用相对应的3位二进制数替换，位置不变。

例 2-8　将八进制数$(611.53)_8$转换成二制数。

$$(\quad 6\quad\quad 1\quad\quad 1\quad.\quad 5\quad\quad 3\quad)_8$$
$$110\quad 001\quad 001\ .\ 101\quad 011$$

所以，$(611.53)_8=(110001001.101011)_2$

注意：整数前的高位 0 和小数后的低位 0 可省略。

（2）二进制数的进位基数是 2，十六进制数的进位基数是 16，而 $2^4=16$，即 1 位十六进制数相当于 4 位二进制数。因为有着这种进制间位权的内在联系，所以用 4 位二进制数来表示 1 位十六进制数，如图 2-3 所示。

图 2-3　二进制与十六进制之间的转换

二进制转换成十六进制的转换规则：以小数点为界，整数部分从右向左每 4 位一组，不足 4 位，在左面补"0"；小数部分从左向右每 4 位一组，不足 4 位，在右面补"0"。

例 2-9　将$(1001101.1101)_2$转换成十六进制数。

$$(\ 0100\quad 1101\quad.\quad 1101\ )_2$$
$$4\quad\quad\quad D\quad.\quad D$$

所以，$(1001101.1101)_2=(4D.D)_{16}$

十六进制转换成二进制的转换规则：以小数点为界，将每位十六进制数用相对应的 4 位二进制数替换，位置不变。

例 2-10　将$(3E4.A9)_{16}$转换成二进制数。

$$(\quad 3\quad\quad E\quad\quad 4\quad.\quad A\quad\quad 9\quad)_{16}$$
$$0011\quad 1110\quad 0100\quad.\quad 1010\quad 1001$$

所以，$(3E4.A9)_{16} = (1111100100.10101001)_2$

注意：整数前的高位 0 和小数后的低位 0 可省略。此外，八进制和十六进制一般利用二进制作为中间介质来进行转换。

2.3　数据在计算机中的表示

数据是表示现实世界中各种信息的一组可以记录和识别的标记和符号，它是信息的载体，是信息的具体表现形式。数据的形式可以是字符、符号、表格、声音、图像等。计算机除了用于数值计算之外，还用于进行大量的非数值型数据的处理，但各种信息都是以二进制编码的形式存在的。计算机中编码分为数值型数据编码和非数值型数据编码。

2.3.1　信息存储单位

在计算机中，虽然不同的硬件和软件对二进制的存储单位不太一致，但基本的存储单位都是以 8 位二进制数为一个字节。信息的存储单位有"位""字节""字"等。

（1）位（bit）：又称比特，计算机中最小的数据单位，是二进制的一个位，表示 1 位二进制数信息，1 位二进制数取值为"0"或"1"。

（2）字节（Byte）：单位是 B。1 字节由 8 位二进制数组成（1 B = 8 bit）。字节是信息存储中最常用的基本单位。

计算机的存储器（包括内存和外存）通常也是以多少字节来表示它的容量，常用来描述存储器容量的不同单位间的换算规则，见表 2-3。

表 2-3　存储单位换算关系

单 位	对 应 关 系
b（位）	
B（字节）	1 B = 8 b
kB（千字节）	1 kB = 1 024 B = 2^{10}B
MB（兆字节）	1 MB = 1 024 kB = 2^{20}B
GB（吉字节）	1 GB = 1 024 MB = 2^{30}B
TB（太字节）	1 TB = 1 024 GB = 2^{40}B
PB（拍字节）	1 PB = 1 024 TB = 2^{50}B

（3）字（word）：字是位的组合，是信息交换、加工、存储的基本单位，用二进制代码表示，一个字由一个字节或若干个字节构成。字又称计算机字，用来表示数据或信息的长度，它的含义取决于机器的类型、字长及使用者的要求，常用的固定字长有 8 位、16 位、32 位、64 位等。

（4）字长：一个字可由若干个字节组成，组成中央处理器内每个字所包含的二进制数码的位数或字符的数目称为字长，在计算机中常用字长表示数据和信息的长度。由于数字计算机采用二进制进行运算，运算精度主要取决于计算机的字长，字长越长，容纳的位数越多，内存的容量就越大，运算速度就越快，计算精度也越高，处理能力也越强。可见，字长是衡量计算机硬件的一项重要的性能指标。

目前计算机的精度已达到小数点后上亿位的精度，并且计算机的计算精度可以根据人们的需要来设定。如圆周率 π 的计算，在瞬间就能精确计算到 200 万位以上。

2.3.2　数值型数据的编码

编码，大家都不陌生，如人们日常生活中的"身份证号""职工工号""学生学号""图书编号"等，这些编码都是由一系列数字组成。这些将文字、数字等信息按预先规定的方法或规则从一种形式或格式转换为另一种形式的过程，称为编码。

首先，我们通过身份证号来了解一下编码。身份证号代表了公民身份，是一个 18 位的编码，如图 2-4 所示。

其中，前 6 位是地址码，表示省、地、县；中间 8 位表示出生年月日；xxp 为顺序码，表示在同一地址码所标识的区域范围内对同年、同月、同日出生的人编写的顺序号，顺序码奇数分配给男性，偶数分配给女性；18 位中末位的 y 为校验码，其值取决于校验结果，方法是将前 17 位的 ASCII 码值经位移、异或算法等计算，当运算结果不在"0 ~ 9"范围内时，其值表示为"x"，

否则为 "0~9" 中的值。例如，"411002" 代表河南省许昌市魏都区，这是根据需要事先约定好的编码规则。

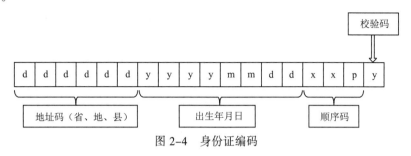

图 2-4　身份证编码

计算机是以二进制方式组织、存放信息的。计算机编码就是对输入到计算机中的各种数值和非数值型数据用二进制数进行编码的方式。对于不同机器、不同类型的数据，其编码方式也是不同的，编码的方法也很多。

1. BCD 码

BCD（Binary Coded Decimal）码又称"二进制编码"，用 4 位二进制数表示 1 位十进制数中的 0~9 这 10 个数码。BCD 码利用二进制的 4 个位元存储 1 个十进制的数码，使二进制和十进制之间的转换得以快速进行。其编码方法很多，有 BCD_{8421}、BCD_{2421}、余 3 码、格雷码等。

最常用的是 BCD_{8421} 码，其方法是 4 位二进制数表示 1 位十进制数，自左至右每位对应的位权是 2^3、2^2、2^1、2^0（即 8、4、2、1）所以又称 8421 码。BCD 码非常直观，但 BCD 码仅仅表示形式上的二进制数，并非真正的二进制数。例如，十进制数 $(82.5)_{10}$ 对应的 BCD 码是 $(10000010.0101)_{BCD}$，但对应的二进制数是 $(1010010.1)_2$。所以，用 BCD 码表示的十进制数仍然是字符数据，不适于参加算术运算。

2. 原码

原码是一种直观的二进制机器数表示方法。最高位为符号位，正数的符号位用 0 表示，负数的符号位用 1 表示，其他位为二进制数绝对值。

例如，设机器字长为 8 位，那么 $(+7)_{10}$ 的原码为 $(00000111)_2$，$(-7)_{10}$ 的原码为 $(10000111)_2$。

用原码表示一个数，简单直观，与真值之间转换起来较方便。但不能用它直接对两个同号数相减或两个异号数相加，必须要判别哪一个数的绝对值大，用绝对值大的数减绝对值小的数，运算结果的符号就是绝对值大的那个数的符号，这样实现起来较为复杂。

为了克服原码的缺点，在计算机中通常将减法运算转换为加法运算，即减去一个数变成加上一个负数，由此，引入了反码和补码的概念。

3. 反码

反码是补码的一种过渡，反码主要是为了计算补码，其编码规则是：正数的反码是其原码本身，负数的反码是原码除符号位外，逐位取反所得的数，即 "0" 变 "1"、"1" 变 "0"。例如，设机器字长为 8 位，那么 $(+7)_{10}$ 的反码为 $(00000111)_2$，$(-7)_{10}$ 的反码为 $(11111000)_2$。

4. 补码

补码的作用在于能把减法运算化为加法，现代计算机都采用补码。

补码编码规则是：正数的补码与原码相同，负数的补码为该数反码加 1。例如，设机器字长为 8 位，那么 $(+7)_{10}$ 的补码为 $(00000111)_2$，$(-7)_{10}$ 的补码为 $(11111001)_2$。

2.3.3 西文字符编码

字符编码是指对一切输入计算机中的字符进行二进制编码的方式。由于字符是计算机中使用最多的非数值型数据，是人与计算机进行通信、交互的重要信息，国际上广泛采用的是美国信息交换标准码，即 ASCII 码。

ASCII（American Standard Code for Information Interchange，美国标准信息交换）码是目前计算机中用得最广泛的字符编码，是 1963 年由美国国家标准局（ANSI）制定的。它已被国际标准化组织（ISO）定为国际标准，称为 ISO 646 标准。国际通用的 ASCII 码有 7 位码和 8 位码两种形式。

ASCII 码的 7 位码中，用 7 位二进制数来表示一个字符，共有 128 个字符（2^7=128）。其中包括 26 个大写字母，26 个小写字母，0～9 共 10 个阿拉伯数字，34 个通用字符，如 LF（换行）、CR（回车）、FF（换页）、DEL（删除）、BEL（振铃）SOH（文头）、EOT（文尾）、ACK（确认）等，32 个专用字符（包含标点符号和运算符）。在使用中，每个字符占用 1 字节，即 8 位二进制数，最高位为奇偶校验位，如图 2-5 所示。

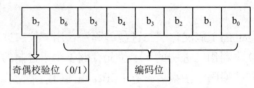

图 2-5　ASCII 码的表示

要确定某个数字、字母、符号的 ASCII 码，可以先在表 2-4 ASCII 码字符编码对照表中找到它的位置，然后确定它所在的行和列，再根据行确定低 4 位编码，根据列确定高 4 位编码，最后将高 4 位与低 4 位编码组合起来，就是要查找的 ASCII 码。

表 2-4　ASCII 码字符编码对照表

H\L	0000	0001	0010	0011	0100	0101	0110	0111
0000	NUL	DLE	SP	0	@	P	、	p
0001	SOH	DCI	!	1	A	Q	a	q
0010	STX	DC2	"	2	B	R	b	r
0011	ETX	DC3	#	3	C	S	c	s
0100	EOT	DC4	$	4	D	T	d	t
0101	ENQ	NAK	%	5	E	U	e	u
0110	ACK	SYN	&	6	F	V	f	v
0111	BEL	ETB	'	7	G	W	g	w
1000	BS	CAN	(	8	H	X	h	x
1001	HT	EM	)	9	I	Y	i	y
1010	LF	SUB	*	:	J	Z	j	z
1011	VT	ESC	+	;	K	[	k	{
1100	FF	FS	,	〈	L	\				
1101	CR	GS	–	=	M	]	m	}
1110	SO	RS	.	〉	N	^	n	~
1111	SI	US	/	?	O	–	o	DEL

前 32 个码和最后一个码是计算专用的，是不可见的控制字符。数字字符 "0" 到 "9" 的 ASCII 码是连续的，从 30H 到 39H；大写字母 "A" 到 "Z" 和小写英文字母 "a" 到 "z" 的 ASCII 码也是连续的，分别从 41H 到 54H 和从 61H 到 74H。

例如，查找表可以得到字母 "A" 的 ASCII 码是 01000001，它代表十进制数 65。同样也可以由 ASCII 码通过查表得到某个字符。例如，有一个字符的 ASCII 码是 01010010B，经过查表可知，它是字母 "R"。

需要注意的是，十进制数字字符的 ASCII 码与其二进制值是有区别的。

例如，十进制数 3 的 7 位二进制数为 $(0000011)_2$，而十进制数字字符 "3" 的 ASCII 码为 $(00110011)_2=(33)_{16}=(51)_{10}$，由此可以看出，数值 3 与数字字符 "3" 在计算机中的表示是不一样的。数值 3 能表示数的大小，并可以参与数值运算，而数字字符 "3" 只是一个符号，它不能参与数值运算。

2.3.4　汉字字符编码

计算机在处理汉字时也要将其转化为二进制代码，这就需要对汉字进行编码。我国所使用的汉字在利用计算机进行信息处理时，必须解决汉字的输入、输出及汉字处理等一系列问题，而汉字有着自己独特的编码方法。汉字的主要编码形式有以下几种：

微　课

汉字编码

1. 汉字输入码

汉字输入码又称外码，是用来将汉字输入到计算机中的一组键盘符号，是用户为实现由计算机外围设备输入汉字而编制的汉字编码。不同的输入方式形成了不同的汉字外码。

常用的输入法有：

数字编码：用 4 位数字代表一个汉字的编码，如区位码、电报码等。

拼音编码：按汉字的读音形成的编码，如搜狗拼音、微软拼音、简拼、双拼等。

字形编码：按汉字的字形形成的编码，如五笔字型、表形输入法等。

音形编码：按汉字的音形结合形成的编码，如智能 ABC、智能码等。

在输入时，每种输入方式对应的汉字输入编码都不相同，但经转换后存入计算机内的机内码均相同。例如，以全拼输入法输入 "jin"，或以五笔字型输入法输入 "QQQQ" 都能得到 "金" 这个汉字对应的机内码。需要说明的是，汉字对应的机内码的转换工作，由汉字代码转换程序依照事先编制好的输入码对照表完成转换。

2. 国标码

计算机处理汉字所用的编码标准是我国于 1981 年颁布的国家标准 GB 2312—1980，即《信息交换用汉字编码字符集　基本集》，简称国标码。

国标码中每个汉字用 2 字节共 16 位二进制数表示，每个字节只使用低 7 位（与 ASCII 码相一致），共有 128×128=16 384 种状态。为了使汉字与英文相兼容，把两个字节的高位设置为 1，作为汉字的内码。

由于 ASCII 码的 34 个控制代码在汉字系统也要使用，为了不至于冲突，所以汉字编码表中共有 94（区）×94（位）=8 836 个编码，用来表示 7 445 个汉字和图形符号。汉字国标码中共搜集了常用汉字 6 763 个。其中，按使用的频率分为：一级汉字 3 755 个，按汉语拼音字母顺序排列；二级汉字 3 008 个，按偏旁部首的笔画顺序排列；另外还有 682 个数字、字母、符号等非

汉字字符。

除此之外，目前使用的还有 Big5 码，它是针对繁体汉字的汉字编码，目前在我国台湾、香港的计算机系统中得到普遍应用，每个汉字也是由两个字节组成。GBK 码是 GB 码的扩展字符编码，对多达 2 万多个简繁汉字进行了编码，全称为《汉字内码扩展规范》。

3．汉字机内码

汉字机内码是指汉字在计算机内部存储、处理、传输用的代码，把在计算机系统中用来表示中文信息的由 0 和 1 两个符号组成的代码称为机内码。

表示方式为：每个汉字及符号用两个字节表示，第一个字节称为高位字节，第二个字节称为低位字节。两个字节的最高位都为 0。

因为汉字国标码与 ASCII 码的每个字节的最高位都是"0"，而英文字符的机内代码是 7 位的 ASCII 码，最高位也为"0"，它们的区别不明显，必须经过某种变换才能在计算机中使用，为了便于区分，将国标区位码的每个字节的最高位设置为"1"，这就形成了汉字的内码。

4．汉字字形码

汉字字形码又称汉字字模，指的就是这个汉字字形点阵的代码，用于汉字在显示器或打印机上输出。汉字字形码通常有两种表示方式：点阵和矢量。

用点阵表示字形时，根据输出汉字的要求不同，点阵的多少也不同。简易型汉字为 16×16 点阵，提高型汉字为 24×24 点阵、32×32 点阵、64×64 点阵等。图 2-6 显示了"大"字的 16×16 字形点阵及代码。

图 2-6　字形点阵及代码

点阵规模越大，字形越清晰美观，所占存储空间也越大。以 16×16 点阵为例，每个汉字就要占用 32 字节，两级汉字大约占用 256 KB。因此，字模点阵只能用来构成"字库"，而不能用于存储。字库中存储了每个汉字的点阵代码，当显示输出时才检索字库，输出字模点阵得到字形。

矢量表示方式是描述汉字字形的轮廓特征，当要输出汉字时，通过计算机的计算，由汉字字形描述生成所需大小和形状的汉字。矢量化字形描述与最终文字显示的大小、分辨率无关，因此可产生高质量的汉字输出。

点阵和矢量方式的区别在于，前者编码、存储方式简单，无须转换直接输出，但字形放大后产生的效果较差；矢量方式的特点正好与前者相反。

汉字字符编码过程如图 2-7 所示。

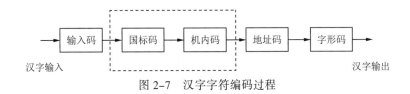

图 2-7　汉字字符编码过程

2.4　多媒体信息编码

多媒体信息是指以文字、声音、图形、图像为载体的信息，对于这些信息也需要进行二进制编码。这些信息又是如何进行数字化的？

2.4.1　图形图像信息的数字化

1. 基本概念

在计算机中，图形和图像是一对既有联系又有区别的概念。它们都是一幅图，但图的产生、处理、存储的方式不同。

图形是用计算机绘图软件生成的矢量图形，矢量图形是描述生成图形的指令。因此，不必对图形中每一点进行数字化处理，它以矢量图形文件形式存储。矢量图文件的最大优点是对图形中的各个图元进行缩放、移动、旋转而不失真，而且占用的存储空间小。

图像是由扫描仪、数码照相机、摄像机等输入设备捕捉的真实场景画面产生的映像，是一种模拟信号，数字化后以位图形式存储。位图文件中存储的是构成图像的每个像素点的亮度、颜色，位图文件的大小与分辨率和色彩的颜色种类有关，放大、缩小会失真，占用的空间比矢量文件大。

矢量图形与位图图像可以进行转换。将矢量图形转换成位图图像，只要在保存图形时，将其保存格式设置为位图图像格式即可；反之，则比较困难，需要借助其他软件来实现。

2. 图像的数字化过程

图像的数字化是指将一幅真实的图像转变成为计算机能够接受的数字形式，这就涉及对图像的采样、量化和编码。

1）采样

采样又称抽样，就是将二维连续的图像转换成离散点的过程，采样的实质就是用多个像素点来描述一幅图像，称为图像的分辨率，用"列数×行数"来表示。分辨率越高，图像越清晰，存储量也越大。

2）量化

量化则是在图像离散化后，将表示图像色彩连续变化值离散化为整数值的过程。通常把量化时所确定的整数值取值个数称为量化级数，表示量化的色彩值或亮度，所需的二进制位数称为量化字长。一般用 8 位、16 位、24 位、32 位等来表示图像的颜色。例如，24 位可以表示 $2^{24}=16\ 777\ 216$ 种颜色，称为真彩色。

多媒体计算机中，图像的色彩值称为图像的颜色深度，有以下几种表示色彩的方式：

黑白图：图像的颜色深度为 1，则用一个二进制位 1 和 0 表示纯白、纯黑两种情况。

灰度图：图像的颜色深度为 8，占 1 字节，灰度级别为 256 级。通过调整黑白两色的程度来有效地显示单色图像。

RGB：24 位真彩色图像显示时，由红、绿、蓝三基色通过不同的强度混合而成，当强度分成

256 级，占 24 位，就构成了 2^{24}=16 777 216 种颜色的真彩色图像。

3）编码

将采样和量化后的数字数据转换成用二进制数码 0 和 1 表示的形式。

图像的分辨率和像素位的颜色深度决定了图像文件的大小，计算公式为：

$$列数 \times 行数 \times 颜色深度 \div 8 = 图像字节数$$

例如，要表示一个分辨率为 1 280 × 1 024 的 "24 位真彩色" 图像，则图像大小为

$$1\ 280 \times 1\ 024 \times 24 \div 8 \approx 4\ MB$$

由此可见，数字化后的图像数据量十分巨大，必须采用编码技术压缩信息。这是图像传输与存储的关键。

3．图形图像文件格式

在图形图像处理中，可用于图形图像文件存储的格式非常多，常用的文件格式有：

1）BMP 文件

BMP 是一种与设备无关的图像文件格式，是 Windows 环境中经常使用的一种位图格式。其文件扩展名为 ".BMP"，这种格式的特点是包含的图像信息比较丰富，几乎不用进行压缩，但也导致了占用磁盘空间过大的缺点。

2）GIF 文件

GIF 是美国联机服务商针对当时网络传输带宽的限制，开发出的图像格式。它的特点是压缩比高、磁盘空间占用较少，但不能存储超过 256 色的图像，是 Internet 上 WWW 中的重要文件格式之一。目前，Internet 上大量采用的彩色动画文件多为这种格式的文件。

3）JPEG 文件

JPEG 文件是利用 JPEG 方法压缩的图形格式，压缩比高，但压缩/解压缩算法复杂、存储和显示速度慢。同一幅图像的 BMP 格式的大小是 JPEG 格式的 5～10 倍。因此，载入 256 色以上图像、适用于处理大幅面图像的 JPEG 格式成了 Internet 中最受欢迎的图像格式。

4）WMF 文件

WMF 是 Windows 中常见的一种图元文件格式，它具有文件短小、图案造型化的特点，整个图形常由各个独立的组成部分拼接而成，但其图形比较粗糙。Windows 中，许多剪贴画图像是以该格式存储的，广泛应用于桌面出版印刷领域。

5）PNG 文件

PNG 是一种新兴的网络图形格式。它采用无损压缩的方式，主要优点是压缩比率高，适合在网络中传播。支持 Alpha 通道透明图像制作，可以使图像与网页背景融为一体，目前很多图像处理软件默认格式就是 PNG。缺点是不支持动画功能。

2.4.2 声音信息的数字化

1．基本概念

声音是由空气中分子振动产生的波，这种波传到人们的耳朵，引起耳膜振动，这就是人们听到的声音。声波振幅的大小表示为声音音量的强弱，波形中两个相邻波峰之间的距离称为振动周期，它表示完成一次完整振动过程所需的时间，周期的大小体现在振动进行的速度。复杂的声波由许多具有不同振幅和频率的正弦波组成。声波在时间上和幅度上都是连续变化的模拟信号，可用模拟波形来表示，如图 2-8 所示。

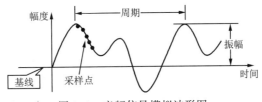

图 2-8 音频信号模拟波形图

波形相对基线的最大位移称为振幅，反映音量；波形中两个相邻的波峰之间的距离称为振动周期 T，周期的倒数 $1/T$ 即为频率 f，以赫兹（Hz）为单位。周期和频率反映了声音的音调。正常人所能听到的声音频率范围为 20 Hz～20 kHz。

2．声音信息的数字化过程

要用计算机对声音进行处理，就要将模拟信号转换成数字信号，这一转换过程称为模拟音频的数字化。数字化过程涉及声音的采样、量化和编码，其过程如图 2-9 所示。

图 2-9 模拟音频数字化过程

采样和量化的过程可由 A/D（模/数）转换器实现。A/D 转换器以固定的频率采样，即每个周期测量和量化信号一次。经采样和量化的声音信号，再经编码后就成为数字音频信号，以数字声波文件形式保存在计算机的存储介质中，若要将数字声音输出，必须通过 A/D（模/数）转换器将数字信号转换成原始的模拟信号。

1）采样

采样是每隔一定时间间隔在声音波形上取一个幅度值，把时间上的连续信号变成时间上的离散信号。该时间间隔称为采样周期，其倒数为采样频率。采样频率即每秒的采样次数，采样频率越高，数字化音频的质量越高，数据量就越大。

2）量化

量化是将每个采样点得到的幅度值以数字存储。量化位数又称采样精度，它表示存放采样点振幅值的二进制位数，决定了模拟信号数字化以后的动态范围。通常量化位数有 8 位、16 位和 32 位等，分别表示 2^8、2^{16} 和 2^{32} 个等级。

在相同的采样频率下，量化位数越大，则采用精度越高，声音的质量也越好，信息的存储量也相应越大。

3）编码

编码是将采样和量化后的数字数据以一定的格式记录下来。编码的方式很多，常用的编码方式是脉冲编码调制，其主要优点是抗干扰能力强、失真小、传输特性稳定，但编码后的数据量比较大。CD-DA 采用的就是这种编码方式。

3．数字音频的技术指标

数字音频的质量由 3 项指标组成：采样频率、量化位数（即采样精度）和声道数。因为声音是有方向的，它能够通过反射产生特殊的效果。当声音到达左右两耳时，由于具有相对时差和不同的方向，使人耳感觉到不同的强度，就产生立体声的效果。

声道数指声音通道的个数，单声道只记录和产生一个波形；双声道产生两个波形，即立体声，存储空间是单声道的两倍。

记录每秒存储声音容量的公式为：

采样频率（Hz）×采样精度（bit）÷8×声道数=每秒数据量（B）。

例如，用44.10 kHz的采样频率，每个采样点用16位的精度存储，则录制1 s的立体声（双声道）节目，其WAV文件所需的存储量为44 100×16÷8×2=172.3 KB。

在声音质量要求不高时，降低采样频率、降低采样精度的位数或利用单声道来录制声音，可减小声音文件的容量。

4. 数字音频的文件格式

数字音频信息在计算机中是以文件的形式保存的，相同的音频信息，可以有不同的存放格式。常见存储音频信息的文件格式主要有以下几类：

1）WAV（wav）文件

WAV是微软公司采用的波形声音文件存储格式，主要由外部音源录制后，经声卡转换成数字化信息，以扩展名".WAV"存储；播放时，还原成模拟信号由扬声器输出。WAV文件直接记录了真实声音的二进制采样数据，通常文件较大，多用于存储简短的声音片段。

2）MIDI（mid）文件

MIDI是乐器数字接口的英文缩写，是为了把电子乐器与计算机相连而制定的一个规范，是数字音乐的国际标准。

与WAV文件不同的是，MIDI文件存放的不是声音采样信息，而是将乐器弹奏的每个音符记录为一连串的数字，然后由声卡上的合成器根据这些数字代表的含义进行合成，最后由扬声器播放声音。相对于保存真实采样数据的WAV文件，MIDI文件显得更加紧凑，文件尺寸通常比声音文件小得多。

在多媒体应用中，一般WAV文件存放的是解说词，MIDI文件存放的是背景音乐。CD存储格式是一个"数字音频编码压缩格式"，它因音质好、容量小而广泛应用。

3）MP3文件

MP3格式是采用MPEG音频压缩标准进行压缩的文件。MPEG是一种标准，全称为移动图像专家组，是一种比较流行的音频、视频多媒体文件标准。它支持的格式主要有MP3，具有高音质、低采样率、高压缩比、音质接近CD、制作简单、便于交换等优点，非常适合在网上传播，是目前使用最多的音频格式文件。

4）RA文件

RA是Real Networks公司制定的音频压缩规范，有较高的压缩比，采用流媒体的方式在网上实时播放。

5）WMA文件

WMA是微软公司新一代的Windows平台音频标准，压缩比高，音质强于MP3和RA格式，适合网络实时播放。

2.4.3 视频信息的数字化

1. 视频信息的数字化过程

视频信息实际上是由许多幅单一的画面所构成的，每一幅画面称为一帧。帧是构成视频信息的最小、最基本的单位。

视频信息数字化的原理与音频信息数字化相似，以一定的频率对单帧视频信号进行采样、量化、编码等，实现模数转换、彩色空间变换和编码压缩等。主要用两个指标来衡量，采样频率和采样深度。

采样频率是在一定时间、以一定的速度对单帧视频信号的捕获量，以每秒所捕获的画面帧数来衡量。例如，要捕获一段连续画面时，可以用每秒 25~30 帧的采样速度对该视频信号进行采样。

采样深度是经采样后每帧中的一个像素所包含的颜色位（色彩值）。例如，采样深度为 8 位，则每帧中的一个像素可以达到 256 级单色灰度。

例如，一段视频，每帧分辨率为 640×480 的 24 位真彩色图像，按 25 帧/秒连续播放 10 min，则数据量为：640×480×24/8×25×60×10 ≈ 12.9 GB。

2. 视频文件和流媒体文件格式

1）AVI 文件

AVI 文件采用有损压缩，压缩比高，解决了音频与视频信息的同步问题，已经成为 Windows 视频文件的标准，用于保存电影、电视等信息。优点是图像清晰，易于编辑；缺点是所需存储空间较大。

2）MPEG 文件

MPEG 文件是按照 MPEG 标准压缩的全视频文件，采用有损压缩方法减少运动图像中的冗余信息，同时保证每秒 30 帧的动态图像刷新率，已被几乎所有的计算机平台共同支持。

3）WMV 文件

WMV 文件是独立于编码方式的标准，可以直接在网上实时观看视频，属于网络流媒体，播放器是 Media Player。

4）RM 文件

RM 文件有较高的压缩比，文件小、适合网络传输，属于流媒体文件格式，文件的播放器是 RealPlayer，主要用来在低速率的广域网上实时传输活动视频影像。

5）FLV 文件

FLV 文件是增长最快、最为广泛的视频传播格式，许多在线视频网站都采用此视频格式，属于流媒体格式。CPU 占有率低、视频质量好、体积小、加载速度极快。

习　题

一、选择题

1. 汉字信息在计算机中通常是以（　　　）形式存储的。

 A. 机内码　　　　B. 区位码　　　　　C. 首尾码　　　　　D. 国标码

2. 一个汉字在计算机存储时将占用（　　　）。

 A. 2 比特　　　　B. 2 字节　　　　　C. 1 字节　　　　　D. 8 比特

3. 下列几个不同数制的整数中，最大的一个是（　　　）。

 A. 二进制数 1001001　　　　　　　B. 十六进制数 5A

 C. 八进制数 77　　　　　　　　　　D. 十进制数 70

4. 通常，图像和声音的编码过程为（　　　）。

 A. 模拟信号→数字信号　　　　　　B. 模拟信号→采样→量化→编码

 C. 数字信号→模拟信号　　　　　　D. 编码→采样→量化→编码

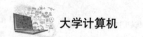

5. 国际上广泛采用的美国信息交换标准码是指（　　　）。

　　A. 国标码　　　　　B. 西文字符　　　　　C. ASCII 码　　　　　D. 所有字符编码

二、填空题

1. $(213)_{10}=$ _____ $_2=$ _____ $_8=$ _____ $_{16}$。

2. 在计算机系统中对有符号的数字，通常采用原码、反码和_____表示。

3. （−17）的原码为_____，反码为_____，补码为_____。

4. 1 GB=_____MB =_____KB =_____B。

5. 在计算机内部，所有被存储、传递、加工处理的信息都表示为_____。

三、简答题

1. 计算机中的信息为何采用二进制？

2. 简述区位码、国标码、机内码之间的关系。

3. 简述汉字处理的过程。

第3章
计算机硬件

本章导读

随着计算机技术的快速发展和应用的不断扩展，计算机系统越来越复杂，功能越来越强，但计算机的基本组成和工作原理还是大体相同的。计算机硬件为计算机软件运行提供物质基础，包括 CPU、内存、外部存储设备和输入/输出设备。硬件是实体，软件是灵魂，硬件和软件的有机结合、相互配合，才构成了计算机系统。

本章介绍计算机硬件系统的组织结构、计算机基本工作原理，并以微型计算机为例介绍计算机的功能部件与性能指标。学习与掌握计算机硬件，更有利于人们理解和使用计算机设备，也为进一步理解和学习计算机软件打下基础。

学习目标

◎理解图灵机模型与冯·诺依曼计算机体系结构。
◎理解计算机基本工作原理。
◎掌握微型计算机硬件组成。
◎掌握微型计算机主要性能指标。

3.1 硬 件 基 础

硬件是看得见摸得着的实实在在的物体，计算机硬件是指计算机系统中由电子、机械和光电元器件等组成的各种物理装置的总称。一个完整的计算机系统由硬件系统和软件系统两部分组成。计算机硬件系统构成了计算机运行的物质基础，包括主机和外设两部分。软件系统是运行、管理和维护计算机的各类程序和文档的总称。不安装任何软件的计算机称为"裸机"，裸机无法完成任何工作。计算机硬件是计算机软件运行的物质基础，计算机软件是计算机的灵魂，它们相辅相成，缺一不可。

3.1.1 图灵机理论模型

任何新技术的产生都有其发展过程，计算机的诞生也是从理论到实现这样一个过程。说到电子数字计算机的诞生过程，就不能不提到英国科学家阿兰·图灵和美籍匈牙利科学家冯·诺依曼，他们是现代计算机的奠基人，对计算机的发展有着深远的影响。

1. 图灵机模型的基本结构

1936 年，图灵在伦敦数学杂志上发表了一篇具有划时代意义的论文《论可计算数及其在判定问题中的应用》。在论文里，图灵构造了一台完全属于想象中的"计算机"，数学家们将它称为"图灵机"。

图灵机的基本思想是用机器来模拟人用纸笔进行数学运算的过程，这样的过程可视为两种简单的动作：在纸上写入或擦除某个符号，把读写头从纸的一个位置移动到另一个位置，如图3-1 所示。为了模拟人的这种运算过程，图灵构造出一台假想的机器。

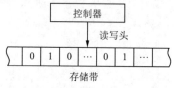

图 3-1　图灵机模型概念示意图

图灵机由控制器、读写头和存储带组成：

（1）控制器。包含一套控制规则（程序）和一个状态寄存器，控制规则根据当前机器所处的状态，以及当前读/写头所指的格子上的符号，来确定读/写头的下一步动作，并改变状态寄存器的值，令机器进入一个新的状态。存储带可以左右移动，并且通过读/写头对存储带上的符号进行修改或读出。状态寄存器用来保存图灵机当前所处的状态，图灵机所有可能状态的数目是有限的，并且有一个特殊的停机状态。

（2）读写头。可以在存储带上左右移动，读出当前所指单元格上的符号，并能改变单元格上的符号。

（3）存储带。是一个无限长的带子，带子上划分成许多单元格，每个格子里包含一个来自有限字母表的符号。

图灵机的工作过程是：存储带移动一格，就把"1"变成"0"，或者把"0"变成"1"，或者不变。"0"和"1"代表在解决某个特定数学问题中的运算步骤。图灵机模型将输入集合、输出集合、内部状态、程序结合成一种抽象的计算模型，可以精确定义可计算函数。可以将多个图灵机进行组合，从最简单的图灵机构造出复杂的图灵机，因此一切可能的机械式计算过程都可以由图灵机实现。图灵机是一个虚拟的计算机，它完全忽略计算机的硬件特征，考虑的焦点是计算机的逻辑结构。图灵认为："凡是能用算法解决的问题，也一定能用图灵机解决；凡是图灵机解决不了的问题，任何算法也解决不了。"

2. 图灵机模型的重大意义

图灵机是一个理想的数学计算模型，或者说是一种理想中的计算机。图灵机本身并没有直接带来计算机的发明，但是图灵机对计算本质的认识，是计算机科学的基础。它告诉人们计算是系列指令的集合，还有什么是可计算的，什么是不可计算的。图灵机的重大意义如下：

（1）它证明了通用计算理论，肯定了计算机实现的可能性，同时它给出了计算机应有的主要架构。

（2）图灵机模型引入了读写、算法与程序语言的概念，极大地突破了过去的计算机器的设计理念。

（3）图灵机模型理论是计算学科最核心的理论，因为计算机的极限计算能力就是通用图灵机的计算能力，很多问题可以转化到图灵机这个简单的模型来考虑。

通用图灵机向人们展示这样一个过程：程序和其输入可以先保存到存储带上，图灵机就按程序一步一步运行直到给出结果，结果也保存在存储带上。更重要的是，隐约可以看到现代计算机主要构成，尤其是冯·诺依曼理论的主要构成。图灵机理论不仅解决了纯数学的基础理论问题，另一个巨大的收获是理论上证明了通用数字计算机的可行性。虽然早在 1834 年，巴贝奇设计制造了"分析机"，证实了机器计算的可行性，但并没有在理论上证明计算机的"必然可行"。图灵机在理论上证明了"通用机"的必然可行性。

图灵机模型为计算机的发展奠定了理论基础，正是因为有了图灵机模型，人类才发明了有史以来最伟大的科学计算设备——计算机。图灵的另一个卓越贡献是提出了图灵测试，回答了什么样的机器具有智能，奠定了人工智能的理论基础，图灵也被誉为"人工智能之父"。为纪念图灵的贡献，美国计算机学会（Association for Computing Machinery，ACM）于 1966 年创立了"图灵奖"，每年颁发给在计算机科学领域的领先研究人员，号称计算机业界和学术界的诺贝尔奖。

3.1.2 冯·诺依曼计算机体系结构

图灵机的出现为现代计算机的发明提供了重要思想。在图灵等人工作的影响下，1946 年 6 月，冯·诺依曼及其同事完成了《关于电子计算装置逻辑结构设计》的研究报告，介绍了制造电子计算机和程序设计的新思想，提出了"存储程序"的设计思想，确定了"计算机结构"的五大部件，冯·诺依曼体系结构的思想可以归纳为以下几点：

微　课

冯·诺依曼体系
结构

（1）计算机由运算器、控制器、存储器、输入设备和输出设备 5 个基本部件组成。

（2）计算机内部采用二进制表示程序和数据。

（3）将程序数据存入内部存储器中，计算机在工作时可以自动逐条取出指令并加以执行。

冯·诺依曼提出的计算机体系结构如图 3-2 所示。

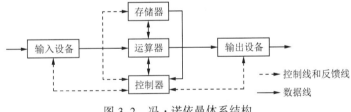

图 3-2　冯·诺依曼体系结构

（1）运算器又称算术逻辑单元（ALU），它是计算机进行算术运算和逻辑运算的部件。算术运算有加、减、乘、除等；逻辑运算有比较、移位、与、或、非、异或等。在控制器的控制下，运算器从存储器中取出数据进行运算，然后将运算结果写回存储器中。

（2）控制器主要用来控制程序和数据的输入/输出，以及各个部件之间的协调运行。控制器由程序计数器、指令寄存器、指令译码器和其他控制单元组成。控制器工作时，它根据程序计数器中的地址，从存储器中取出指令，送到指令寄存器中，再由控制器发出一系列命令信号，送到有关硬件部位，引起相应动作，完成指令规定操作。

（3）存储器的主要功能是存放运行中的程序和数据。在冯·诺依曼计算机模型中，存储器是指内存单元。存储器一般被分成很多存储单元，并按照一定的方式进行排列。每个存储单元按顺序依次编号，称为存储地址。指令在存储器中基本上是按执行顺序存储的，由指令寄存器指明要执行的指令在存储器中的地址。

（4）输入设备的第一个功能是用来将外部世界中的数据输入计算机，如输入数字、文字、图形、电信号等，并且转换成为计算机使用的二进制编码；第二个功能是由用户对计算机进行操作控制。

（5）输出设备将计算机处理的结果转换成为用户熟悉的形式，如数字、文字、图形、声音、视频等。

在以上 5 种部件的密切配合下，计算机的工作过程可以归结为：

（1）控制器控制输入设备将数据和程序从输入设备输入到内存储器。

（2）在控制器指挥下，从存储器取出指令送入控制器。

（3）控制器分析指令、指挥运算器、存储器执行指令规定的操作。

（4）运算结果在控制器的控制下送到存储器保存或送到输出设备输出。

（5）返回到步骤②，继续取下一条指令，如此反复，直到程序结束。

冯·诺依曼"存储程序"的计算机设计思想是非常重要的。例如，如果心算一道简单的 2 位数加法题，肯定毫不费力就算出来了；如果算 20 个 2 位数的乘法，心算起来肯定很费力；如果给一张草稿纸的话，也能很快算出来。其实计算机也是一样，一个没有内部存储器的计算机进行一个很复杂的计算，可能根本没有办法算出来。因为它的存储能力有限，无法记住很多中间结果；但是如果给它一些内部存储器当作"草稿纸"的话，计算机就可以把一些中间结果临时存储在内部存储器中，然后在需要的时候再把它取出来，进行下一步运算，如此往复，计算机就可以完成很多复杂的计算工作。存储程序的设计思想为符号化计算、软件控制计算机、提高运行效率、程序员职业化提供了理论基础，它的重要性丝毫不亚于图灵的"可计算"理论。

冯·诺依曼计算机设计的核心思想是存储程序，即将程序与数据同等看待，对程序像数据一样进行编码，然后与数据一起存放在存储器中。这样，计算机就可以通过调用存储器中的程序，对数据进行操作。从对程序和数据的严格区分到同等看待，这个观念上的转变是计算机发展史上的一场革命。

冯·诺依曼体系结构为现代计算机的研制奠定了基础，不仅如此，几十年来，计算机的体系结构仍然遵循冯·诺依曼思想。尽管计算机从性能指标、运算速度、工作方式、应用领域等方面都与当时的计算机有很大差别，但基本结构没有变，都属于冯·诺依曼计算机。

3.2　计算机工作原理

计算机的工作过程是将现实世界中的各种信息转换成计算机能够理解的二进制代码，然后保存在计算机的存储器中，再由运算器对数据进行处理。按照冯·诺依曼计算机的概念，计算机的基本原理是"存储程序"和"自动执行"。计算机利用存储器存放所要执行的程序，控制器依次从存储器中取出每一条指令并加以分析和执行，直到完成该程序的全部指令。

3.2.1　指令与指令系统

指令是能够被计算机识别并执行的二进制代码，又称机器指令，它规定了计算机能够执行的操作以及操作对象所在的位置。在计算机中，每条指令表示一个简单的功能，许多条指令的功能实现了计算机复杂的功能。

1. 指令

指令是组成程序的基本单位，每一条指令规定了 CPU 执行指令应完成的操

微　课

指令与指令系统

作，控制 CPU 的相关部件执行微操作，从而完成指令所规定的功能。指令的数量与类型由 CPU 决定。程序由一系列指令组成，这些指令在内存中是有序存放的。什么时候执行哪一条指令由 CPU 中的控制单元决定。数据是用户需要处理的信息，它包括用户的具体数据和这个数据在内存系统中的地址。

一条指令通常由操作码和地址码两个部分组成，如图 3-3 所示。

| 操作码 | 地址码 |

图 3-3　指令格式

其中，操作码告诉 CPU 应当执行何种操作。例如，取数、存数、加法、减法、乘法、除法、逻辑判断、输入、输出、移位、转移、停机等操作。操作码的位数决定了指令的条数和功能。

不同的指令用操作码字段的不同编码来表示，每一种编码代表一种指令。例如操作码 001 可以规定为加法操作；操作码 010 可以规定为减法操作；而操作码 011 可以规定为取数操作，等等。CPU 中有专门的电路用来解释每一个操作码，因此机器就能执行操作码所表示的操作。

组成操作码字段的位数一般取决于计算机指令系统的规模。较大的指令系统就需要更多的位数来表示每条特定的指令。一般来说，一个包含 n 位的操作码最多能够表示 2^n 条指令。

地址码告诉 CPU 所要操作的数据在哪里，典型的数据可以存储在运算器中，也可以是内存储器的某个单元地址。根据一条指令中有几个操作数地址，可将该指令称为几操作数指令或几地址指令。一般的操作数有被操作数、操作数及操作数结果这三种数，因而就形成了三地址指令格式。在三地址指令格式的基础上，后来又发展成二地址格式、一地址格式及零地址格式。

2. 指令系统

指令系统是指计算机的 CPU 所能执行的全部指令的集合。CPU 的指令系统是 CPU 芯片的硬件与使用它的软件之间的一种严格的协议，反映了 CPU 能够完成的全部功能。指令系统规定了它能执行指令的全部类别、指令的编码方式和每一条指令所涉及的参数等。不同计算机的指令系统包含的指令种类和数目也不同，一般均包含以下类型。

1）数据传送指令

将数据在存储器之间、寄存器之间以及存储器和寄存器之间传送。例如，通用寄存器 R_i 中的数存入主存；通用寄存器 R_i 中的数送到另一个通用寄存器 R_j；从主存中取数至通用寄存器 R_i；累加寄存器清零或主存单元清零等。

2）数据处理指令

又包括算术运算指令和逻辑运算指令。其中，算术运算指令主要对数据进行加、减、乘、除等算术运算。主要用于定点或浮点的算术运算，大型机中有向量运算指令，直接对整个向量或矩阵进行求和、求积等运算。逻辑运算指令包括逻辑与、或、非等逻辑运算，主要用于无符号数的位操作、代码的转换、判断及运算。

3）程序控制指令

程序控制指令也称为转移指令，用来控制程序中指令的执行顺序等。计算机在执行程序时，通常情况下按指令计数器的现行地址顺序取指令。但有时会遇到特殊情况：机器执行到某条指令时，出现了几种不同结果，这时机器必须执行一条转移指令，根据不同结果进行转移，从而改变程序原来执行的顺序。这种转移指令称为条件转移指令，此外，还有无条件转移指令、转子程序指令、返回主程序指令、中断返回指令等。

4）输入/输出指令

输入/输出指令主要用来启动外围设备，检查测试外围设备的工作状态，并实现输入输出设备

与主机间的数据传递。各种不同机器的输入输出指令差别很大。例如，有的机器指令系统中含有输入输出指令，而有的机器指令系统中没有设置输入输出指令。这是因为后一种情况下外围设备的寄存器和存储器单元统一编址，CPU 可以和访问内存一样去访问外围设备。

5）其他指令

除以上各类指令外，还有状态寄存器置位、复位指令、测试指令、暂停指令、空操作指令，以及其他一些系统控制用的特殊指令。

3. CISC 与 RISC

1）CISC

CISC（Complex Instruction Set Computer）即复杂指令集计算机，在 20 世纪 90 年代前被广泛使用，其特点是通过存放在只读存储器中的微码（microcode）来控制整个处理器的运行。

早期的计算机部件比较昂贵，主频低，运算速度慢。为了提高运算速度，人们不得不将越来越多的复杂指令加入指令系统中，以提高计算机的处理效率，这就逐步形成了 CISC（复杂指令集计算机）指令系统。Intel 公司的 x86 系列 CPU 就是典型的 CISC 指令系统。从最初的 8086 到目前的 Core i 系列，每个新一代的 CPU 都会有自己的新指令。为了兼容以前 CPU 平台上的软件，旧的指令集又必须保留，这就使指令系统越来越复杂。

2）RISC

RISC（Reduced Instruction Set Computer）即精简指令集计算机。RISC 构架的指令格式和长度通常是固定的，且指令和寻址方式少而简单、大多数指令在一个周期内就可以执行完毕。

RISC 的设计思路是：尽量简化计算机指令的功能，将较复杂的功能用一段子程序来实现，减少指令的总数，所有指令的格式一致，所有指令在一个周期内能够完成，采用流水线技术。目前的智能手机和平板计算机，大部分采用 RISC 指令系统。

3.2.2 计算机基本工作原理

计算机工作的基本原理就是程序自动执行的过程，那么程序是如何自动执行的？计算机在运行时，先通过指令寄存器从内存中取出第一条指令，通过控制器的译码分析，并按照指令要求从存储器中取出数据，进行指定的算术运算或逻辑运算，然后再按地址把结果送到内存当中，接着按照程序的逻辑结构有序地取出第二条指令，在控制器的控制下完成规定的操作。依次执行，直到遇见结束指令，如图 3-4 所示。

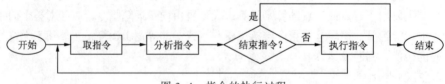

图 3-4 指令的执行过程

1. 计算机指令执行过程

对计算机来说，所有复杂的事务处理都可以简化为 3 种最基本的操作，即二进制数据的存储、传输和计算。从程序运行层次来看，冯·诺依曼计算机就是一台指令执行机器。一条程序指令的执行可能包含许多操作，但是，主要由"取指令""分析指令""执行指令" 3 种基本操作构成，这个过程是不断重复的。

1）取指令

在 CPU 内部有一个指令寄存器（IP），它保存着当前所处理指令的内存单元地址。当 CPU 开始工作时，便按照指令寄存器地址，通过地址总线，查找到指令在内存单元的位置，然后利用数据总线将内存单元的指令传送到 CPU 内部的高速缓存。

2）分析指令

CPU 内部的译码单元将解释指令的类型与内容，并且判定这条指令的作用对象（操作数），将操作数从内存单元读入 CPU 内部的高速缓存中。译码实际上就是将二进制指令代码翻译成特定的 CPU 电路微操作，然后由控制器传送给算术逻辑单元。

3）执行指令

控制器根据不同的操作对象，将指令送入不同的处理单元。如果是整数运算、逻辑运算、内存单元存取、一般控制指令等，则送入算术逻辑单元（ALU）处理。如果操作对象是浮点数据（如三角函数运算），则送入浮点处理单元（FPU）进行处理。如果在运算过程中需要相应的用户数据，则 CPU 首先从数据高速缓存中读取相应数据。如果数据高速缓存没有用户需要的数据，则 CPU 通过数据通道，从内存中获取必要的数据，运算完成后输出运算结果。

一条指令执行完成，程序计数器加 1 或将转移地址码送入程序计数器，继续执行下一条指令。计算机的工作过程就是指令不断执行的过程。

2．流水线技术

早期的计算机串行执行指令，即执行完一条指令的各个步骤之后，再执行下一条指令。为了提高 CPU 执行指令的速度，采用流水线技术，将不同指令的各个步骤，通过多个硬件处理单元进行重叠操作，从而实现几条指令的并行处理，以加速程序运行过程。

一条指令的执行要经过 3 个阶段：取指令、分析指令、执行指令，每个阶段都要花费一个机器周期，如果没有采用流水线技术，那么这条指令执行需要 3 个机器周期；如果采用了指令流水线技术，那么当这条指令完成"取指令"后进入"分析指令"的同时，下一条指令就可以进行"取指令"了，这样就提高了指令的执行效率。

3．多核技术

流水线技术虽然能使指令并行处理，但在控制器中每个部件还是串行处理，提高程序执行速度的任务还是要提高处理器主频的速度，但主频与功耗成指数关系，主频越高，功耗越大，发热量越大，散热无法解决。所以，主频只能提高到一定程度，有个极限。而随着超大规模集成电路技术的发展及晶体管体积的缩小，可以通过放置多个计算引擎（内核）来提升处理器的计算速度，这就是多核技术。多核虽然也会增加功耗，但只是倍数关系，可以解决散热问题。

单核处理器只有一个逻辑核心，而多核处理器在一枚处理器中集成了多个微处理器核心（内核，Core），于是多个微处理器核心就可以并行地执行程序代码。现代操作系统中，程序运行时的最小调度单位是线程，即每个线程是 CPU 的分配单位。多核技术可以在多个执行内核之间划分任务，使得线程能够充分利用多个执行内核，那么使用多核处理器将具有较高的线程级并行性，在特定的时间内执行更多任务。目前手机，个人计算机、服务器和超级计算机等计算机系统广泛采用多核，多核技术已经成为处理器体系结构发展的一种必然趋势。

3.3　微型计算机的硬件组成

随着计算机技术的不断发展，微型计算机已成为计算机世界的主流之一。微机是微型计算机的简称，又称个人计算机（PC）。微型计算机是日常生活中使用最普遍的计算机，具有价格低廉、

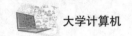

功能强、体积小、造价低、使用方便、对使用环境要求宽泛等特点，已进入千家万户，成为人们工作、学习与生活的重要工具。

微机最显著的特点是它的 CPU 都是一块高度集成的超大规模集成电路芯片。微机是计算机技术发展到第四代的产物，它的诞生引起了电子计算机领域的一场革命，也大大扩展了计算机的应用领域。它的出现打破了计算机的神秘感和计算机只能由少数专业人员使用的局面，使得每个普通人都能够使用，从而变成人们日常生活中的工具。

3.3.1 主机系统

微型计算机硬件的系统结构与冯·诺依曼型计算机在结构上无本质的差异，微型计算机的硬件组成也是遵循"主机+外设"的原则。在微型计算机中，习惯上把内存储器和 CPU 合称为主机；机外的装置被称为外围设备，包括输入设备、输出设备、外部存储器等。基本常用设备除了鼠标、键盘、显示器等输入输出设备外，其余部分都封装在一个机箱内，即通常所说的主机箱。

1. CPU

CPU（中央处理器）是主机系统的核心，也可以说是计算机的灵魂，主要功能是控制计算机的操作和处理数据，是计算机系统的运算控制中心。CPU 由控制器、运算器、寄存器及实现它们之间联系的 CPU 总线组成，如图 3-5 所示。

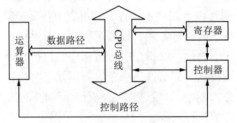

图 3-5　CPU 的内部结构

CPU 的核心部件是运算器和控制器，运算器是计算机实际完成算术运算和逻辑运算的部件，控制器负责协调并控制计算机各部件执行程序的指令序列，基本功能是取指令、分析指令和执行指令；寄存器是运算器为完成控制器请求的任务所使用的临时存储指令、地址、数据和计算结果的小型存储区域；CPU 总线用来提供三者之间的通信机制。

CPU 是微机的核心，在微机系统中特指微处理器芯片。计算机的 CPU 决定了计算机的性能，虽然目前主流 CPU 设计技术、工艺标准和参数指标存在差异，但都能满足微机的运行需求。CPU 的外观如图 3-6 所示。

图 3-6　CPU 外观

内存存取速度比 CPU 的操作速度慢得多，这样 CPU 的高速处理能力不能得到充分发挥，为缓解微机系统的"瓶颈"问题，引入高速缓存（Cache）。Cache 位于 CPU 和内存之间，它的容量比内存小，但交换速度接近于 CPU。Cache 的容量也是 CPU 性能的重要指标之一，同等条件下 Cache 容量越大，CPU 的速度越快。实际工作时，CPU 往往需要重复读取相同的数据块，把使用频率较高的内容放到 Cache 中，可以大幅度提高 CPU 读取数据的命中率，而不用到内存中寻找，从而提高系统性能。

英特尔公司的 CPU 产品在市场中占据了主导地位，目前英特尔公司的 CPU 产品有：酷睿（Core）、至强（Xeon）、凌动（Atom）等系列，它们在设计技术上差异不大，在外观上也没有太大差别，主要用于不同的商业市场。

酷睿（Core）系列 CPU 是英特尔公司的主流产品，性能高于凌动 CPU，低于至强 CPU。酷睿系列 CPU 主要用于台式计算机和笔记本计算机。至强（Xeon）系列 CPU 主要面向 PC 服务器，产品性能优越，但价格较高。凌动（Atom）系列 CPU 主要用于平板计算机，产品性能比酷睿 CPU 低，但是发热量小，功耗非常低，并且支持无线通信。

2．内存储器

内存储器又称主存储器，简称内存或主存，用于存放计算机进行数据处理的原始数据、中间结果、最后结果以及指示计算机工作的程序。

1）内存的类型

内存可分为随机存储器（RAM）和只读存储器（ROM）。随机存储器又分为静态随机存取存储器（SRAM）和动态随机存取存储器（DRAM）。

（1）SRAM 的存储单元电路工作状态稳定，速度快，不需要刷新，只要不掉电，数据不会丢失。SRAM 一般应用在 CPU 内部作为高速缓存（Cache）。

（2）DRAM（动态随机存取存储器）中存储的信息是以电荷形式保存在集成电路的小电容中。由于电容漏电，因此数据容易丢失。为了保证数据不丢失，必须对 DRAM 进行定时刷新。

（3）ROM 是指只能读出而不能随意写入信息的存储器，其最初存储的内容是采用掩膜技术，由厂家一次性写入并永久保存。当计算机断电后，ROM 中的信息不会丢失；当计算机重新加电后，其中的信息保持不变。它一般用来存放专用的或固定的程序和数据。

2）内存条

现在计算机内存均采用 DRAM 芯片安装在专用电路板上，称为内存条。内存条类型有 DDR4、SDRAM 等，目前常见的 PC 内存条容量有 8 GB、16 GB、32 GB 等规格。内存条由内存芯片（DRAM）、内存序列检测（SPD）芯片、印制电路板（PCB）、金手指、散热片、贴片电阻、贴片电容等组成。不同技术标准的内存条，在外观上没有太大区别，但是它们的工作电压不同，引脚数量和功能不同，定位口位置不同，互相不能兼容。

内存的性能直接影响到计算机系统的性能和速度。CPU 执行的程序和所需要的数据都存放在内存中，内存容量越大，系统的性能就越好。微机系统中的内存是将多个存储器芯片并列焊接在一块长方形的电路板上，构成内存组，一般称为内存条。内存条通过主板的内存插槽接入系统。内存条如图 3-7 所示。

内存条的主要技术性能有存储容量（目前已经达到单条 8 GB 或 16 GB）、传输带宽（目前 DDR3-1600 规格内存的数据传输带宽最高达到了 12.8 GB/s）、内存读/写延迟（延迟越小越好，目前为 30 个时钟周期左右）。

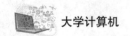

图 3-7　内存条

3．主板

主板（Main Board）又称母板或系统板，是微机中最大的一块集成电路板，是微机的核心连接部件。主板功能主要有两个：一是提供安装 CPU、内存和各种功能卡的插座，部分主板甚至将一些功能卡的功能集成在主板上；二是为各种常用外围设备，如键盘、鼠标、打印机、外围存储器等提供接口，不同型号的主板结构是不同的，典型的主板逻辑结构如图 3-8 所示。

图 3-8　主板

1）芯片组

芯片组是主板的灵魂，它决定了主板的结构及 CPU 的使用。计算机系统的整体性能和功能在很大程度上由主板上的芯片组决定。芯片主要有南桥和北桥芯片、BIOS 芯片及若干集成芯片（如显卡、声卡和网卡）等。

所谓南桥、北桥，是根据芯片在主板上的位置而约定俗成的称谓。靠近主机的 CPU、内存，布局位置偏上的芯片称为"北桥"，靠近总线、接口部分，布局位置靠下的芯片称为"南桥"。

BIOS 芯片是一个固化了系统启动必需的基本输入/输出系统（BIOS）的只读存储器。BIOS 程序包括基本输入/输出程序、系统设置信息、开机后自检程序和系统自启动程序。其主要功能是为计算机提供最低层、最直接的硬件设置和控制。

2）插槽与扩展槽

微型计算机中一般提供的接口有插槽（标准接口）和扩展槽。主板上的插槽有很多种类型，大体上可以划分为 CPU 插槽、内存插槽、显卡插槽、硬盘接口等。扩展槽用来连接一些其他扩展功能板卡的接口（又称适配器）。适配器是为了驱动某种外围设备而设计的控制电路，一般做成电路板形式的适配器称为"插卡""扩展卡"或"适配卡"，插在主板的扩展槽内，通过总线与 CPU 相连。适配器的种类主要有显卡、存储器扩充卡、声卡、网卡、视频卡、多功能卡等。

4. 接口

接口是外围设备与微型计算机连接的端口，是一组电气连接和信号交换标准，是计算机与 I/O 设备通信的桥梁，它在计算机与 I/O 设备之间起着数据传递、转换与控制的作用。由于计算机同外围设备的工作方式、工作速度、信号类型等都不相同，必须通过接口电路的变换作用，使两者匹配起来。随着计算机应用越来越广泛，需要与计算机接口的外围设备越来越多，数据传输过程也越来越复杂，微机接口本身已不是一些逻辑电路的简单组合，而是采用硬件与软件相结合的电子组件，因而接口技术是硬件和软件的综合技术。

接口的作用是使主机系统能与外围设备、网络以及其他的用户系统进行有效连接，以便进行数据和信息的交换。例如，键盘采用串行方式与主机交换信息，打印机采用并行方式与主机交换信息。需要注意的是，不同设备连接不同的接口。

输入/输出接口是 CPU 与外围设备之间交换信息的连接电路，它们通过总线与 CPU 相连，简称 I/O 接口。

在微型计算机中常见的接口如图 3-9 所示。

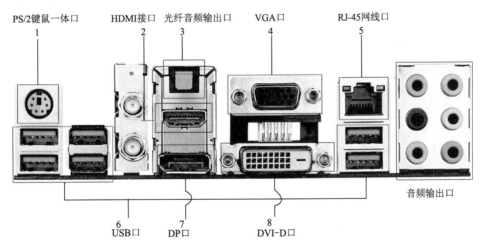

图 3-9　微机接口示例

并行接口（并口）是常用的接口电路。所谓的并行是指将数据按字节的位数用多条线路同时进行传输。这种工作机制称为并行通信，它适合于对数据传输率要求较高而传输距离较近的场合。IDE 就是并行数据接口，以前硬盘基本采用这种接口，硬盘外部传输速度最快可达 133 Mbit/s。由于 IDE 是一种较老的技术，无法再提高，目前硬盘基本不再使用此接口。

许多 I/O 设备与计算机交换数据，或计算机与计算机之间交换数据，是通过一对导线或通信通道来传送信息的。这时每次只能传送一位信息，每一位的传送都占据一个规定长度的时间间隔，这种数据一位一位按顺序传送的通信方式称为串行通信，实现串行通信的接口就是串行接口。与并行通信相比，串行通信具有传输线少、成本低的特点，特别适合于远距离传送。一般主机上提

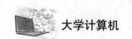

供 COM1 和 COM2 两个串行接口，早期的鼠标、终端就是连接在这种串行接口上。

SATA 接口是一种串行接口（串口），在硬盘外部传输应用中速度最快可达 250 Mbit/s。这是一种完全不同于并行 ATA 的新型硬盘接口类型，在各个方面都大幅度提高，如数据传输的可靠性、结构简单、支持热插拔等。SATA 接口已成为主流的接口，取代了传统的 IDE 接口，但已经有很多高端主板开始提供新的 SATA3 接口，速度可达 6.0 Gbit/s。

USB 是一种通用接口标准，是连接计算机系统与外围设备的一种串口总线标准，也是一种输入/输出接口的技术规范，被广泛地应用于个人计算机和移动设备等信息通信产品，并扩展至摄影器材、数字电视（机顶盒），游戏机等其他相关领域。USB 最大的特点是易于使用、快速灵活、即插即用。随着计算机应用的发展，外围设备越来越多，使得计算机本身所带的接口不够使用，而 USB 标准可以解决这一问题。

总之，USB 是一个外部总线标准，用于规范计算机与外围设备的连接和通信，具有即插即用和热插拔等特点。USB 接口可以连接 127 种外围设备，包括键盘、鼠标、移动硬盘等。USB 由 Intel 等多家公司联合在 1996 年推出后，成功替代串口和并口，已成为当今计算机与大量智能设备的必备接口。USB 经过多年的发展，如今已发展为 3.0 版本。

5. 总线

在计算机系统中各部件之间的连接方式有两种，一种是各部件之间使用单独的连线，称为分散连接；另一种是将各种部件连到一组公共信息传输线上，称为总线连接。总线是计算机中各种部件之间共享的一组公共数据传输线路。总线的使用不但可以简化硬件设计，而且易于系统扩充和维护。正是有了总线这个连接 CPU、存储器、输入/输出设备传递信息的公用通道，计算机的各个部件通过相应的接口电路与总线相连接，才形成一体的计算机硬件系统。总线的主要特征是分时共享，某一时刻总线只允许有一个部件向总线发送数据，但允许同一时刻有多个部件接收来自总线的数据。

总线由多条信号线组成，每条信号线可以传输一位二进制的"0"或"1"信号。如 32 位 PCI 总线就需要 32 根线路，可以同时传输 32 位二进制信号。在总线结构中，各设备共享总线的带宽。例如，总线的带宽为 10 Mbit/s，总线上连接了 5 个设备，则每个设备的带宽为 2 Mbit/s。因此，当总线上连接的设备较多时，每一个设备的有效传输速率就降低了。为了提高设备的数据传输速率，现在计算机系统中开始广泛采用点对点的传输方式。在这种总线结构中，每一个设备独享带宽。

1）总线的分类

从数据传输方式看，总线可分为串行总线和并行总线。在串行总线中，二进制数据逐位通过一根数据线发送到目的部件（或设备），常见的串行总线有 RS-232、PS/2、USB 等。在并行总线中，数据线有多根，故一次能发送多个二进制位数据，如 PCI 总线等。

按照计算机所传输的信息种类，计算机的总线可以划分为数据总线、地址总线和控制总线，分别用来传输数据、地址和控制信号。此外如果根据传输方向还可分为单向总线、双向（全双工）总线。

根据总线所在位置可以分为内部总线、系统总线和外部总线：内部总线是计算机内部各外部芯片与微处理器之间的总线，用于芯片一级的互连，与计算机具体的硬件设计相关；系统总线是微机中各插件板与系统板之间的总线，用于接插板的一级互连；外部总线是微机与外围设备、计算机与计算机间连接的总线，通过总线实现和其他设备间的信息、数据交换，用于设备一级的互连。

　　总线可以分为 5 个功能组：数据总线、地址总线、控制总线、电源线和地线。数据总线用来在各个设备或者部件之间传输数据和指令，是双向传输；地址总线用于指定数据总线上数据的来源与去向，是单向传输；控制总线用来控制对数据总线和地址总线的访问与使用，大部分是双向的。

　　2）总线的技术指标

　　总线的技术指标有总线带宽、总线位宽和总线工作频率。

　　总线带宽是指单位时间内总线上传送的数据量，反映了总线数据传输速率。总线带宽与位宽和工作频率之间的关系是

$$总线带宽=总线位宽×总线频率×传输次数/8$$

　　其中传输次数是指每个时钟周期内的数据传输次数，一般为 1。

　　例如，PCI 总线的带宽为：32 bit×33 MHz÷8=132 MB/s。

　　总线位宽是一次并行传输的二进制位数。例如 32 位总线一次能传送 32 位数据，64 位总线一次能传送 64 位数据。

　　总线工作频率用来描述总线数据传输的频率，常见的总线频率有 33 MHz、66 MHz、100 MHz、133 MHz、200 MHz 等。工作频率越高，总线工作速度越快，总线带宽越大。

　　计算机的并行总线有内存总线（MB）、外围设备总线（PCI）等。

　　3）总线标准及其发展

　　制定总线标准的目的是便于机器的扩充和新设备的接入。有了总线标准，不同厂商可以按照同样的标准和规范生产各种不同功能的芯片、模块和整机。用户可以根据功能需求去选择不同厂家生产的、基于同种总线标准的模块和设备，甚至可以按照标准，自行设计功能特殊的专用模块和设备，以组成自己所需的应用系统。这样可使产品具有兼容性和互换性，以使整个计算机系统的可维护性和可扩展性得到充分保证。

　　在计算机的发展中，CPU 的处理能力迅速提升，总线屡屡成为系统性能的瓶颈，使得人们不得不改造总线。总线技术不断更新，从 PC/XP 到 ISA、MCA、EISA、VESA 总线，发展到了 PCI、PCI-E 总线。总线性能的改善对提高计算机的总体性能有着极大的影响。

　　PCI（Peripheral Component Interconnect，外设组件互连标准）是 Intel 公司 1991 年推出的局部总线标准。它是一种 32 位的并行总线（可扩展为 64 位），总线频率为 33 MHz（可提高到 66 MHz），最大传输速率可达 66 MHz×64/8=528 Mbit/s。PCI 总线的最大优点是结构简单、成本低、设计容易。PCI 总线的缺点也比较明显，就是总线带宽有限，如果有多个设备，将共享总线带宽。

　　PCI-E（PCI Express，PCI 扩展标准）是一种新型总线标准，是一种多通道的串行总线。PCI-E 的主要优势是数据传输速率高，总线带宽独享。每个 PCI-E 设备与控制器是点对点的连接，因此数据带宽是独享的。例如，PCI-E×16 表示 16 通道。一般 PCI-E 的设备应插在相同通道数的插槽上，但是 PCI-E 向下兼容，即 PCI-E×4 的设备也可以插在 PCI-E×4 及以上的插槽上。PCI-E 总线也有 1.0、2.0 和 3.0 多个版本，高版本的数据传输带宽更高，PCI-E 1.0 是 250 Mbit/s，PCI-E 2.0 是 500 Mbit/s，PCI-E 3.0 是 1 Gbit/s。

3.3.2　外部存储系统

　　外存储器简称外存，用来长期存放程序和数据。外存一般只与内存进行数据交换。外存的特点是容量大、价格低，但存取速度慢。为了解决对存储器要求容量大、速度快、成本低三者之间的矛盾，目前通常采用多级存储体系结构，也就是高速缓冲存储器、主存储器和外存储器。

1. 硬盘

硬盘（Hard Disk）是计算机中最重要的外部存储设备之一，它存储容量大，数据存取方便，价格便宜。最早的硬盘是 1956 年 IBM 发明的 IBM 350 RAMAC，它的体积相当于两台电冰箱，不过其存储容量只有 5 MB。IBM 在 1973 年研制成功了一种新型硬盘 IBM 3340，这种硬盘拥有几个同轴的金属盘片，盘面上涂着磁性材料。它们和可以移动的磁头共同密封在一个盒子里面，磁头被固定在一个能沿盘片径向运动的壁上，与盘片保持一个非常近的距离在此盘面中间"飞行"，磁头能从旋转的盘面上读出磁信号的变化，进而获得存储的信息。IBM 称其为温彻斯特硬盘，从此硬盘的基本框架被确立，可以说它是今天硬盘的祖先。

硬盘中的盘片由铝质合金和磁性材料组成。盘片中的磁性材料没有磁化时，内部磁粒子的方向是杂乱的，不同方向磁粒子的磁性相互抵消，对外不显示磁性。当外部磁场作用于它们时，内部磁粒子的方向会逐渐趋于统一，对外显示磁性。当外部磁场消失时，由于磁性材料的"剩磁"特性，磁粒子的方向不会回到从前的状态，因此具有了记录数据位的功能。每个磁粒子都有南北（S/N）两极，可以利用磁记录位的极性来记录二进制数据位。可以人为设定磁记录位的极性与二进制数据的对应关系，如将磁记录位的南极表示为"0"，北极表示为"1"。这就是磁记录的基本原理。

1）硬盘结构

温彻斯特硬盘结构包括盘片、磁头、磁道、柱面、扇区和机械臂杆，其主体是由一组盘片重叠形成，每个盘片有自己的扇区。硬盘内部结构如图 3-10 所示，磁盘的物理存储模型如图 3-11 所示。

图 3-10　硬盘内部

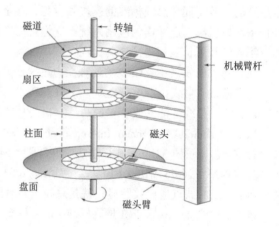

图 3-11　磁盘物理存储模型

磁头是硬盘技术中最重要和关键的一环。硬盘容量的提高依赖于磁头的灵敏度，磁头越灵敏，就能在单位面积的区域上读出更多的信息。传统的磁头是读写合一的电磁感应式磁头，但由于要兼顾读写特性，速度慢。其后发明的磁阻磁头采用的是读写分离式的磁头结构，可以针对两者的不同特性分别进行优化，得到最好的读写性能。另外，磁阻磁头是通过阻值变化而不是电流变化去感应信号幅度，读取数据的准确性、盘片密度得到显著提高。

当磁盘旋转时，磁头若保持在一个位置上，则每个磁头都会在盘片表面画出一个圆形的轨迹，这个圆形的轨迹就称为磁道。每个盘面都被划分成数目相等的磁道，但肉眼是看不到这些磁道的，磁盘上的信息便是沿着这样的磁道存放的。磁化单元相隔太近时磁性会相互产生影响，同时也为磁头的读写带来困难，因此相邻磁道之间并不能紧密相连。

磁道从外缘的"0"开始编号，具有相同编号的磁道形成一个圆柱，称为磁盘的柱面。柱面数表示硬盘的每一面盘面上都有几个磁道，即磁盘的柱面数与一个盘单面上的磁道数是相等的。

磁盘上的每一个磁道又被等分为若干个弧段，这些弧段便是磁盘的扇区。早期硬盘盘片的每一条磁道都具有相同的扇区数，因此外道的记录密度要远低于内道，这样会浪费很多的磁盘空间。后来硬盘厂商都改用等密度结构生产硬盘，即每个扇区的磁道长度相等，外圈磁道的扇区比内圈磁道多。

硬盘是计算机中最娇气的部件，容易受到各种故障的损坏。硬盘如果出现故障，意味着用户的数据安全受到了严重威胁。另外，硬盘的读/写是一种机械运动，因此相对于 CPU、内存、显卡等设备，数据处理速度要慢得多。

2）硬盘的性能指标

存储容量是衡量硬盘性能的重要指标，随着技术发展，硬盘存储空间越来越大，现在的硬盘容量已达到 GB、TB 级别，甚至更高。硬盘存储容量目前有 320 GB、500 GB、1 TB、2 TB 或更高。

转速是硬盘内电机主轴的旋转速度，即硬盘盘片在一分钟内所能完成的最大转数（转/分钟），它是决定硬盘内部传输速度的关键因素之一，在很大程度上直接影响到硬盘的速度。值越大，内部传输速度就越快，访问时间就越短，硬盘的整体性能也就越好，但转速太快会影响硬盘的稳定性。

缓存是硬盘控制器上的一块内存芯片，具有极快的存取速度，它是硬盘内部存储和外部接口之间的缓冲器。由于硬盘的内部数据传输速度和外部接口传输速度不同，缓存在其中起到一个缓冲的作用。缓存的大小与速度也是直接关系到硬盘传输速度的重要因素。缓存能够大幅度提高硬盘的整体性能。

按照硬盘尺寸（磁盘直径）分类，有 3.5 英寸、2.5 英寸等规格。目前市场以 3.5 英寸硬盘为主流。2.5 英寸硬盘主要用于笔记本计算机和移动硬盘。硬盘的接口有串行接口（SATA）、USB 接口等。SATA 接口主要用于台式计算机，USB 接口硬盘主要用于移动存储设备。

2．固态硬盘

人们把传统采用磁性碟片来存储的硬盘称为机械硬盘（HDD），现在还出现了使用固态电子存储芯片阵列形成的硬盘，称为固态硬盘（SSD）。固态硬盘是运用 Flash/ DREAM 芯片发展出的新硬盘，其存储原理类似于 U 盘。和机械硬盘相比，固态硬盘读写速度快、容量小、价格高、使用寿命有限。

基于闪存的固态硬盘是固态硬盘的主要类别，其内部构造十分简单，固态硬盘内主体其实就是一块 PCB 板，而这块 PCB 板上最基本的配件就是控制芯片，缓存芯片（部分低端硬盘无缓存芯片）和用于存储数据的闪存芯片。固态硬盘内部结构如图 3-12 所示。

主控芯片是固态硬盘的大脑，其作用一是合理调配数据在各个闪存芯片上的负荷，二则是承担了整个数据中转，连接闪存芯片和外部 SATA 接口。不同的主控之间能力相差非常大，在数据处理能力、算法，对闪存芯片的读取、写入控制上会有非常大的不同，直接导致固态硬盘产品在性能上差距高达数十倍。

目前微型计算机硬盘配置一般采用固态硬盘和机械硬盘双硬盘这种混合配置方式。将操作系统文件保存在固态硬盘中，通过减少文件存取时间而提高操作系统的运行效率。将非系统文件，如重要的数据、文档等保存在机械硬盘中，可以长久保存。

图 3-12　固态硬盘内部结构

3. U盘

U盘（USB flash disk，USB闪存盘），是一种使用USB接口的无须物理驱动器的微型高容量移动存储产品，通过USB接口与计算机连接实现即插即用。U盘连接到计算机的USB接口后，U盘的资料可与计算机交换。U盘体积非常小，容量却很大，可达GB级。U盘不需要驱动器、无外接电源、使用简单、可带电插拔、存取速度快、可靠性高、可擦写，只要介质不损坏，数据可以长期保存。

U盘基本上由5部分组成：USB端口、主控芯片、Flash（闪存）芯片、PCB底板和外壳封装。USB端口负责连接计算机，是数据输入/输出的通道；主控芯片负责各部件的协调管理和下达各项动作指令，并使计算机将U盘识别为"可移动磁盘"；Flash芯片是存储数据的实体，其特点是断电后数据不会丢失，能长期保存；PCB底板是负责提供相应处理数据的平台，且将各部件连接在一起。U盘的外观如图3-13所示。

图 3-13　U盘

4. 光盘

光盘是近代发展起来的不同于磁性载体的光学存储介质，用激光束处理记录介质的方法存储和再生信息，又称激光光盘。随着多媒体技术的推广，光盘以其寿命长、成本低的特点，很快受到人们的欢迎。光盘驱动器和光盘一起构成了光存储器。光盘用于记录数据，光驱用于读取数据。

按照光盘读/写方式分类，有只读光盘（如DVD-ROM）、一次性刻录光盘（如DVD-R）、反复读/写光盘（如DVD-RW）。如果对光盘的容量进行分类，有CD-ROM（容量为650 MB）光盘、DVD-ROM（容量为4.7～17 GB）光盘、BD（蓝光光盘，容量为23 GB/27 GB）等。

常见的光盘非常薄，但却包括很多内容。以CD光盘为例，主要包括5层：基板、记录层、反射层、保护层和印刷层。基板是无色透明的聚碳酸酯板，是整个光盘的物理外壳，一般CD光盘的基板厚度为1.2 mm，直径为120 mm，中间有孔，呈圆形，它是光盘的外形体现；记录层是烧录刻录信号的地方，在基板上涂抹专用的有机染料，以供激光记录信息；反射层是用来反射光驱激光光束的区域，借助反射的激光光束来读取光盘片中的资料；保护层用来保护光盘中的反射层及记录层，防止信号被破坏；印刷层用来印刷盘面中的标识等信息，又称光盘的背面。

计算机要使用光盘，就需要光盘驱动器。不同的光盘类型，需要不同类型的光驱进行读/写，只能读取光盘信息的设备称为"光驱"，能对光盘进行读和写操作的光驱称为"刻录机"。光驱由激光头、电路系统、光驱传动系统、光头寻道定位系统和控制电路等组成。激光头是光驱的关键部件。光驱利用激光头产生激光扫描光盘盘面，从而读出"0"和"1"的数据。

除上述主要的存储设备之外，还有移动硬盘、软盘和磁带等。软盘记录数据的格式和早期传统硬盘类似，但由于存储容量有限、可靠性差，现已基本上被移动硬盘、U 盘所代替。磁带存储器是一种顺序存储设备，它的运行情况类似于录音机上录音带的运行。存储量大，而且存满后可卸下换上空带。它的主要缺点是读/写速度慢，而且只能顺序存取，不能随机存取。磁带一般用于服务器的数据备份，现在也已被其他存储介质所取代。

3.3.3　输入/输出系统

输入/输出设备统称外围设备，简称外设，是计算机系统的重要组成部分。输入/输出设备通过接口电路连接到总线上，进而与主机的 CPU、存储器实现连接，实现与主机系统之间信息的输入/输出。微型计算机的基本输入输出设备有键盘、鼠标、触摸屏、显示器、打印机等。由于信息技术的长足进步，现在许多数码设备，如数码照相机、数码摄像机、摄像头、投影仪等，已经成为常用的外围设备，甚至像磁卡、IC 卡、射频卡等卡片的读写设备、条形码扫描器、指纹识别器等在许多应用领域也成为外围设备。

1. 基本输入设备

微型计算机的基本输入设备有键盘、鼠标、触摸屏。

1）键盘

键盘是微型计算机必备的输入设备，通常连接在 PS/2（紫色）口或 USB 口上。近年来，利用"蓝牙"技术无线连接到计算机的无线键盘也越来越多。键盘由一组按阵列方式排列在一起的按键开关组成，按下一个键，相当于接通一个开关电路，把该键的位置信息通过接口电路送入计算机。键盘根据按键的触点结构分为机械触点式键盘、电容式键盘和薄膜式键盘几种。目前微型计算机上使用的键盘都是标准键盘（101 键、103 键等），通常分为 4 个区：功能键区、主键盘区（标准打字键区）、小键盘区（数字键区）和编辑键区，如图 3-14 所示。

图 3-14　键盘布局

键盘上各键符号及其组合产生的字符和功能，在不同的操作系统和软件支持下有所不同。在主键盘和小键盘上，大部分界面上有双字符，这两个字符分别称为该键的上档符和下档符。常用

键的功能见表 3-1。

表 3-1　常用键的功能

常　用　键	功　　能
Shift（上档键）	用来控制上档符与下档符的输入以及字母的大小写
←（Backspace，退格键）	光标退回一格，同时删除原光标左边位置上的字符
Delete（删除键）	删除光标后边位置上的字符
Space（空格键）	按下此键输入一个空格，光标右移一个字符位置
Enter（回车键）	按下此键光标将移至下行行首；也表示结束当前行或段落的输入
Ctrl（控制键）	用于与其他键组合成各种复合功能的控制键
Alt（交替换档键）	用于和其他键组合成特殊的功能键和控制键
Esc（强行退出键）	按此键可以强行退出程序
Print Screen（屏幕复制键）	在 Windows 系统下按此键可以将当前屏幕复制到剪贴板
Insert（插入键）	用于在文字处理器切换文本输入的模式，按下此键可以在插入和改写之间切换

2）鼠标

鼠标也是微型计算机的基本输入设备，通常连接在 PS/2（绿色）口或 USB 口上。与无线键盘一样，无线鼠标也越来越多。

常用的鼠标有两种，一种是机械式的，另一种是光电式的。一般来说光电鼠标比机械鼠标好，因为光电鼠标更精确、更耐用、更容易维护。

在笔记本计算机中，一般还配备了轨迹球（TrackPoint）、触摸板（TouchPad），它们是用来控制鼠标的。

鼠标的工作原理是：当移动鼠标时，它把移动距离及方向的信息转换成脉冲信号送入计算机，计算机再将脉冲信号转换为光标的坐标数据，从而使得鼠标指针达到指定位置。对鼠标的操作有移动、单击、双击、右击和拖动等。

3）触摸屏

触摸屏（Touch Panel）又称为"触控屏""触控面板"，是一种可接收触头等输入信号的感应式液晶显示装置，当接触了屏幕上的图形按钮时，屏幕上的触觉反馈系统可根据预先编程的程式驱动各种连接装置，可用以取代机械式的按钮面板，并借由液晶显示画面制造出生动的影音效果。

触摸屏已经成了继键盘、鼠标、手写板、语音输入后最为普通百姓所接受的计算机输入方式。用户只要用手指轻轻地触碰计算机显示屏上的图符或文字就能实现对主机的操作，从而使人机交互更为直截了当。触摸屏简化了计算机的应用，即使是对计算机一无所知的人，也能够马上使用，使计算机展现出更大的魅力。

2．基本输出设备

微型计算机的基本输出设备，有显示器和打印机。

1）显示器

显示器是微型计算机必备的输出设备，目前常用的显示器是液晶显示器（Liquid Crystal Display，LCD），如图 3-15 所示。液晶显示器的主要技术指标有分辨率、颜色质量及响应时间。

图 3-15　液晶显示器

（1）分辨率是显示器上像素的数量。分辨率越高，显示器上的像素就会越多。常见的分辨率有 1 024 像素×768 像素、1 280 像素×1 024 像素、1 600 像素×800 像素、1 920 像素×1 200 像素等。

（2）颜色质量也就是显示一个像素所占的位数，单位是位（bit）。颜色位数决定颜色数量，颜色位数越多，颜色数量越多。例如，将颜色质量设置为 24 位（真彩色），则颜色数量为 2^{24} 种。现在显示器允许用户选择 32 位的颜色质量，Windows 允许用户自行选择颜色质量。

（3）响应时间，即屏幕上的像素由亮转暗或由暗转亮所需要的时间，单位是毫秒（ms）。响应时间越短，显示器闪动就会越少，在观看动态画面时不会有尾影。目前液晶显示器的响应时间是 16 ms 和 12 ms。

2）打印机

打印机也是计算机主要的输出设备，它能将计算机中的数据以单色或彩色字符、汉字、表格、图像等形式打印在纸上。打印机的种类很多，目前常见的有针式打印机、喷墨打印机和激光打印机等。

针式打印机是利用打印钢针按字符的点阵打印出文字和图形。针式打印机按打印针头的针数可以分为 9 针打印机、24 针打印机等。针式打印机工作时噪声大，且打印质量不好，但具有价格便宜、能进行多层打印的特点，被银行、超市广泛使用。

喷墨打印机将墨水通过精致的喷头喷到纸面上，形成文字与图像。喷墨打印机体积小、质量小、噪声低，打印精度较高，特别是彩色印刷能力很强，但打印成本较高，适合小批量打印。

激光打印机利用激光扫描主机发来的信息，将要输出的信息在磁鼓上形成静电潜像，并转换成磁信号，使碳粉吸附在纸上，经加热定影后输出。激光打印机具有较高的打印质量和最快的打印速度，可以输出漂亮的文稿，也可以直接输出到用于印刷制版的透明胶片上。

此外，3D 打印是一种以计算机模型文件为基础，运用粉末塑料或金属等可黏合材料，通过逐层打印的方式来构造物体的技术。它是一种新型的快速成型技术，传统的方法制造出一个模型，通常需要数天，而用 3D 打印的技术则可以将时间缩短为几个小时。3D 打印被用于模型制造和单一材料产品的直接制造。

3D 打印有广泛的应用领域和广阔的应用前景。3D 打印机与普通打印机工作原理基本相同，只是打印材料有些不同，普通打印机的打印材料是墨水和纸张，而 3D 打印机内装有金属、陶瓷、塑料、砂等不同的"打印材料"，是实实在在的原材料，打印机与计算机连接后，通过计算机控制可以把"打印材料"一层层叠加起来，最终把计算机上的蓝图变成实物。

3.4 微型计算机的性能指标

计算机的主要技术指标有：性能、功能、可靠性、兼容性等参数。技术指标的好坏由硬件和软件两方面的因素决定。

微机的性能主要指微机的速度与容量。微机运行速度越快，在某一时间段内处理的数据就越多，微机的性能也就越好。存储容量也是衡量微机性能的一个重要指标，大容量的存储器一方面是由于海量数据的需要，另一方面是为了保证微机的处理速度，需要对数据进行预存放，这都加大了对存储器容量的要求。

微型计算机系统和一般计算机系统一样，衡量其性能好坏的技术指标主要有以下几个方面。

微 课 •┄┄┄

微型计算机的
性能指标

•┄┄┄

1. 字长

在计算机中各种信息都是用二进制编码进行存储，以二进制数的形式进行处理。一个二进制位称为 1 比特（bit），8 个二进制位称为 1 字节（Byte）。每个二进制位只有两个可能的值 "0" 或 "1"。在计算机系统中，处理信息的最小单位是比特，处理信息的基本单位是字节，一般用若干字节表示一个数或者一条指令，前者称为数据字，后者称为指令字。

字长是计算机一次可以处理的二进制数据的位数。字长与计算机的功能和用途有很大的关系，是计算机的一个重要技术指标。在其他指标相同时，字长越大计算机处理数据的速度就越快。早期的微机字长一般是 8 位和 16 位，386 以及更高的处理器大多是 32 位。市面上的计算机处理器大部分已达到 64 位。字长由微处理器对外数据通路的数据总线条数决定。

2. 运算速度

计算机的运算速度一般用每秒所能执行的指令条数表示。由于不同类型的指令所需时间长度不同，因而运算速度的计算方法也不同。常用的计算方法有以下几种。

（1）根据不同类型的指令出现的频度，乘上不同的系数，求得统计平均值，得到平均运算速度，常用百万指令/秒（Millions of Instruction Per Second, MIPS）作单位。

（2）以执行时间最短的指令（如加法指令）为标准来估算速度。

（3）由于运算快慢与微处理器的时钟频（主频）率紧密相关，所以也用时钟频率来表示速度。时钟频率是指在单位时间内发出的脉冲数，通常以 MHz 为单位。计算机中的时钟频率主要有 CPU 时钟频率、内存时钟频率和总线时钟频率等。例如，Core i7 CPU 的主频为 3.4 GHz，DDR3-1600 内存的数据传输频率为 1.6 GHz，USB 3.0 接口的总线传输频率为 5.0 GHz 等。部件或总线的工作频率越高，计算机运算速度越快。

3. 内存容量

计算机内存又称主存。计算机中内存容量越大，软件运行速度也越快。这里所说的内存容量主要是指动态随机存储器（RAM），也就是通常所说的内存条。内存容量一般以 MB 或 GB 为单位，用于存放运行所需的程序、数据、文件等信息，其最大的特点是内存中的数据信息会随着计算机的断电而消失。内存容量的大小反映了计算机动态存储信息的能力。

随着操作系统的升级、应用软件的不断丰富及其功能的不断扩展，人们对计算机内存容量的需求也不断提高。一些操作系统和大型应用软件常对内存容量有要求，例如，Windows 10 的最低内存要求为 1 GB，建议内存为 4 GB。

4. 外存容量

外存是内存的延伸，主要用来长期保存数据信息。外存通常指硬盘容量，外存容量越大，可存储的信息就越多，通常以 GB、TB 为单位。外存最大的特点是只要设备完好，其存储器中的数据信息永远存在。虽然一个外存设备的容量是固定、有限的，但用户可以根据自己的需要配备多个外围设备，从这个角度来说，外设的容量可以是无限的。

5. 外设扩展能力

主要指计算机系统配置各种外围设备的可能性、灵活性和适应性。一台计算机允许配置多少外围设备，对于系统接口和软件研制都有重大影响。在微型计算机系统中，打印机型号、显示器屏幕分辨率、外存储器容量等，都是外设配置中需要考虑的问题。

6. 软件配置情况

软件是计算机系统必不可少的重要组成部分，其配置是否齐全直接关系到计算机性能的好坏和效率的高低。例如是否有功能很强、能够满足应用要求的操作系统和高级语言、汇编语言，是否有丰富的、可供选用的应用软件等，都是在购置计算机系统时应当考虑的。

以上只是一些主要性能指标。除此之外，微型计算机还有一些其他的指标，例如，所配置的外围设备的性能指标以及所配系统软件的情况等。此外，各项指标之间也不是彼此孤立的，在实际应用时，应该综合起来考虑，在选购时还要遵循性价比最优的原则。

习　题

一、选择题

1. 冯·诺依曼计算机的基本原理是（　　　）。
   A. 程序外接　　　B. 逻辑连接　　　　C. 数据内置　　　D. 程序存储
2. 在计算机工作时，RAM 用来存储（　　　）。
   A. 系统参数　　　B. 数据和信号　　　C. 程序和数据　　　D. ASCII 码
3. 下面对微机主板的描述中，不正确的是（　　　）。
   A. 提供安装 CPU、内存和各种功能卡的插座
   B. 为各种常用外围设备提供接口
   C. 所有型号的微机主板结构一样
   D. 芯片组决定了主板的功能，是主板的灵魂
4. 计算机断电后，会使存储的数据丢失的存储器是（　　　）。
   A. RAM　　　　　B. ROM　　　　　C. 硬盘　　　　　D. 光盘
5. "64 位微型计算机"中的 64 指的是（　　　）。
   A. 微机型号　　　B. 内存容量　　　C. 运算速度　　　D. 机器字长

二、填空题

1. 冯·诺依曼计算机结构主要包括_____、_____、存储器、输入设备和输出设备。
2. 设置高速缓冲存储器的主要目的是解决_____和_____速度不匹配的问题。
3. 总线按传输的内容可以分为_____、_____和_____。
4. 微型计算机硬件主要由_____和_____两部分组成。
5. 总线的技术指标有_____、_____和总线工作频率。

三、简答题

1. 简述图灵机模型结构，主要包括哪些部件，其功能是什么。
2. 根据个人理解，简单绘制微型计算机的基本组成结构。
3. 简述微型计算机的硬件组成。
4. 简述微型计算机的主要性能指标。
5. 常见的输入输出/设备有哪些?

第 4 章
计算机软件

 本章导读

　　一个完整的计算机系统，包括硬件和软件两大部分。硬件是计算机的"躯体"，而软件是计算机的"灵魂"。计算机离开软件的支持，将不能发挥任何功能，这样的计算机被称为"裸机"。在软件的支持下，计算机才能呈现出它的多样化功能。操作系统是最为重要的一个软件，在计算机软件和计算机硬件之间起着媒介作用，为用户方便有效地使用计算机软硬件资源提供接口。

　　本章首先介绍软件的概念与分类，然后介绍计算机操作系统的基础知识，最后重点阐述操作系统的五大功能。通过本章的学习，应了解软件的基本概念和分类，以及计算机软件和硬件的相互关系，理解软件特别是操作系统在计算机系统中的重要功能和作用。

学习目标

◎理解计算机软件的概念和分类。
◎了解操作系统的分类、特征和发展。
◎理解操作系统的基本概念和功能。

4.1 软 件 概 述

　　在计算机系统里硬件和软件是相互依存，缺一不可的。计算机硬件是具有特定功能的，看得见摸得着的物理器件，而计算机软件是指程序、程序运行所需要的数据，以及开发、使用和维护这些数据所需要的文档的集合。计算机软件并不只是包括可以在计算机上运行的程序，与这些程序相关的文档也是软件的一部分。

4.1.1 基本概念

1. 计算机程序

　　计算机程序是一组按照工作步骤事先编排好的、具有特殊功能的指令序列。程序执行的过程就是计算机按照程序中设定的流程，通过执行指令，一步一步地指导计算机解决一个问题或完成一项任务的过程。对计算机上执行的计算过程的具体描述称为算法。计算机程序就是按照算法所描述的步骤控制计算机如何做的一组命令集合。命令的编写通过计算机语言实现，使用计算机语言编写程序命令的过程称为计算机程序设计，又称为计算机编程。

一个程序可以通过不同的计算机程序设计语言实现，如 Python、Java、C 及 C#等。例如，求 1 到 100 的所有奇数之和，算法流程图和 Python 程序如图 4-1 所示。

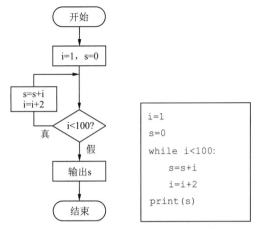

图 4-1　算法流程图和 Python 程序

程序设计的最终结果是软件。一个软件是由一个或多个程序构成的。

2．计算机软件

软件是指计算机系统中的程序和文档，它是一组能完成特定任务的二进制代码。计算机软件并不只包括可以在计算机上运行的程序，与这些程序相关的文档也被认为是软件的一部分。凡是能够在终端运行的都可以归为软件，软件的种类繁多，如 Windows、DOS、AutoCAD、PRO/E 等，都是软件。

没有安装软件的计算机称为"裸机"，而裸机无法进行任何工作。软件是用户与硬件之间的接口界面，用户主要是通过软件与计算机进行交流。为了方便用户，为了使计算机系统具有较高的总体效用，在设计计算机系统时，必须全局考虑软件与硬件的结合，以及用户的要求和软件的要求。通常认为软件由以下 3 部分组成：

（1）运行时，能够提供所要求功能和性能的指令或计算机程序集合。

（2）程序能够满意地处理信息的数据结构。

（3）描述程序功能需求以及程序如何操作和使用所要求的文档。

3．软件的特点

软件作为计算机产业的产品具有一切工业产品应有的特点，概括起来具有如下特点：

（1）无形的，没有物理形态，只能通过运行状况来了解功能、特性和质量。

（2）软件渗透了大量的脑力劳动，人的逻辑思维、智能活动和技术水平是软件产品的关键。

（3）软件不会像硬件一样老化磨损，但存在缺陷维护和技术更新的需求。

（4）软件的开发和运行必须依赖于特定的计算机系统环境，对于硬件有依赖性，为了减少依赖，开发中提出了软件的可移植性。

（5）软件具有可复用性，软件开发出来很容易被复制，从而形成多个副本。

4．软件的研究

软件的研究分为三个层次：一是研究软件的本质和模型，特别是软件的形式化模型，这是实现软件生产自动化的必备前提。例如，算法分析、数据结构、形式化语言等，都是重要的研究内容。二是针对特定的软件模型，研究高效的软件开发技术。例如，软件工程的开发方法、结构化

程序设计方法、面向对象程序设计方法等，就是研究这方面的内容。三是研究特定领域的特定软件，例如并行程序设计，遗传算法研究等。

4.1.2 软件的分类

计算机软件分为系统软件和应用软件两大类，如图 4-2 所示。系统软件为计算机提供最基本的功能，但是并不针对某一特定应用领域；而应用软件则恰好相反，不同的应用软件根据用户和所服务的领域提供不同的功能。系统软件的数量相对较少，其他绝大部分是应用软件。软件也可以分为商业软件与共享软件。商业软件功能强大，软件收费也高，软件售后服务较好。共享软件大部分是免费的，或少量收费，一般不提供软件售后服务。

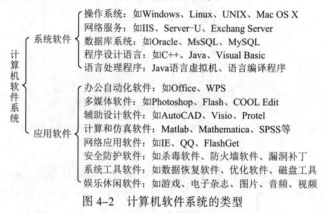

图 4-2　计算机软件系统的类型

1．系统软件

系统软件是指控制和协调计算机及外围设备，支持应用软件开发和运行的系统，是无须用户干预的各种程序的集合，主要功能是调度、监控和维护计算机系统；负责管理计算机系统中各种独立的硬件，使得它们可以协调工作。系统软件居于计算机系统中最靠近硬件的一层，其他软件一般都通过系统软件发挥作用。系统软件使计算机用户和其他软件将计算机当作一个整体，而不需要考虑底层硬件是如何工作的。

系统软件通常包括：操作系统、语言处理程序、数据库管理系统、网络服务软件、服务性程序等。

1）操作系统

操作系统（Operating System，OS）是对计算机硬件资源和软件资源进行控制和管理的大型系统程序。它是计算机系统最基本、最重要的系统软件，是最底层的软件，控制计算机所有运行的程序，并管理整个计算机的资源，是计算机裸机与应用程序及用户之间的桥梁。

操作系统具有进程管理、存储管理、设备管理、文件管理、用户接口等功能。台式机常用的计算机操作系统有 DOS 操作系统、Windows 操作系统、Mac OS、UNIX 和 Linux 操作系统等；智能手机的操作系统有 Android（安卓）、苹果公司开发的 iOS、微软公司开发的 Windows Phone、华为公司开发的 HarmonyOS 等。

2）语言处理程序

计算机程序设计语言有几百种，其中最常用的有十多种。按照程序设计语言发展的过程，程序设计语言主要分为三类：机器语言、汇编语言和高级语言。

（1）机器语言是由 0 和 1 构成的二进制代码表示的指令集合，是计算机唯一能直接识别和执行的语言。机器语言编程难度大，只适合专业人员使用。机器语言的优点是程序代码不需要翻译可以直接运行，且执行速度快，占用空间少，缺点是难编写、难阅读、难修改、难移植。

（2）汇编语言是将机器语言的二进制代码指令，用便于记忆的符号表示的一种语言。汇编语言的特点是相对于机器语言程序而言的，它容易阅读和修改，但是非专业用户还是难以掌握。

（3）高级程序设计语言接近于自然语言和数学表达语言，用高级语言编写的程序便于阅读、修改和调试，而且移植性强。高级语言已成为目前普遍使用的语言，有数十种之多。目前常用的几种高级程序设计语言的特点及应用领域见表 4-1。

表 4-1　几种常用的高级语言

语 言 名 称	应 用 领 域	语 言 特 点
Python	系统管理和 Web 编程	解释型语言，面向对象，语法简洁，类库丰富，开源免费
C	科学计算、数据处理	结构化，处理能力强，可对硬件编程，易于调试和维护
Java	网络通信编程	跨平台，面向对象，安全性好，多线程等
C++	大型系统软件开发	面向对象，功能非常强大，但过于复杂
C#	网络编程	语言简洁，面向对象，保留了 C++的强大功能，跨平台性不佳
PHP	网络编程	脚本语言，易于学习，开源免费
JavaScript	网络编程	脚本语言，易于学习，开源免费

在所有的程序设计语言中，除了用机器语言编制的程序能够被计算机直接理解和执行外，其他的程序设计语言编写的程序都必须经过一个翻译过程才能转换为计算机所能识别的机器语言程序，实现这个翻译过程的工具是语言处理程序，即翻译程序。用非机器语言编写的程序称为源程序，通过翻译程序翻译后的程序称为目标程序。翻译程序又称编译器。高级语言翻译程序有解释程序和编译程序两种。

（1）解释程序。解释程序对高级语言源程序进行逐句分析，将高级语言语句翻译为一个或多个机器语言指令，并立即执行这些指令。解释程序对源程序边解释边执行，不生成目标程序。

（2）编译程序。编辑程序对整个高级语言源程序进行编译处理，产生一个与源程序等价的目标程序，但目标程序还不能直接执行，因为程序中还可能要调用一些其他语言编写的程序或库函数，所有这些程序通过连接程序将目标程序和有关的程序库组合成一个完整的可执行程序，产生的可执行程序可以脱离编译程序和源程序独立存在并反复使用。大多数高级语言都是采用编译方式。

3）数据库管理系统

数据库管理系统（DateBase Management System，DBMS）是安装在操作系统之上的一种对数据进行统一管理的系统软件，主要用于建立、使用和维护数据库。数据库管理系统对数据库进行统一的管理和控制，以保证数据库的安全性和完整性。用户通过 DBMS 访问数据库中的数据，数据库管理员也通过 DBMS 进行数据库的维护工作。微机上使用较多的数据库管理系统有 Access、SQL Server、MySQL、Sybase 以及 Access 等。Access 是较为流行的小型数据库管理系统，适合于一般的商务活动，而 SQL Server 是大型数据库管理系统，适用于中小企业的业务应用。

4）网络服务软件

操作系统本身提供了一些小型的网络服务功能，对于大型的网络服务，必须由专业软件提供。网络服务程序提供大型的网络后台服务，它主要用于网络服务提供商和企业网络管理人员。个人用户在利用网络进行工作和娱乐时，就是由这些网络服务器软件提供服务。例如，提供网页服务

的 Web 服务软件有 Apache、IIS、Domino 等；提供网络文件下载的服务软件有 Server-U 等；提供邮件服务的软件有 Exchang Server、Lotus Notes/Domino、U-Mail、Qmail、TurboMail 等。

5）服务性程序

服务性程序是一类辅助性的程序，它提供各种运行所需的服务。例如，用于程序的装入、连接、编辑和调试用的装入程序、连接程序、编辑程序及调试程序，以及故障诊断程序、纠错程序等，包括编辑程序、纠错程序、连接程序等。

2．应用软件

应用软件的分类目前并没有达成统一的共识，按软件收费情况可分为商业软件和开源软件；按软件通用程度可分为专业软件和通用软件；按软件功能则可分为很多类型（目前无统一共识）。

专业软件是针对某个应用领域的具体任务而开发的软件，具有很强的实用性、专业性。这些软件可以由计算机专业公司开发，也可以由企业人员自行开发。正是由于这些专用软件的应用，使计算机日益渗透到社会的各行各业。但是，这类应用软件使用范围小，导致了开发成本过高，通用性不强，软件的升级和维护有很大的依赖性等问题。

通用软件是一些专业软件公司开发的软件，这些软件功能非常强大，适用性非常好，应用也非常广泛。由于软件销售量大，相对于第一类应用软件而言，价格便宜很多。由于使用人员较多，也便于相互交换文档。这类应用软件的缺点是专用性不强，对于某些有特殊要求的用户不适用。

（1）办公自动化软件。应用较为广泛的办公自动化软件如微软公司开发的 Office 系列软件，它由几个软件组成，如文字处理软件 Word、电子表格软件 Excel、商业幻灯片制作软件 PowerPoint 等。国内优秀的办公自动化软件有 WPS 等。Linux 操作系统下的办公软件有 OpenOffice、永中 Office、Latex 等。

（2）多媒体应用软件。多媒体应用软件主要有图像处理软件 Photoshop、动画设计软件 Flash、音频处理软件 Audition、视频处理软件 Premiere、多媒体创作软件 Authorware 等。

（3）计算和仿真软件。通用的数学计算和仿真软件有 Matlab、Mathematica 等，其中 Matlab 以数值计算见长，Mathematica 以符号运算、公式推导见长；数学公式排版软件 MathType 等；网络仿真软件 NS2 等；有限元计算软件 ANSYS；数理统计软件 SPSS、SAS 等；桌面化学软件 Chem Office Ultra 可以将化合物名称直接转为结构图，省去绘图的麻烦。

（4）计算机辅助设计软件。常用的计算机辅助设计软件有机械和建筑辅助设计软件 Auto CAD、网络结构设计软件 Visio、电子电路辅助设计软件 Protel 等。

（5）网络应用软件。常用网络应用软件有网页浏览器软件 IE、即时通信软件 QQ、文件下载软件迅雷等。

（6）安全防护软件。常用安全防护软件有卡巴斯基、360 杀毒软件、360 防火墙软件、操作系统 SP 补丁程序等。

（7）系统工具软件。常用工具软件有文件压缩与解压缩软件 WinRAR、数据恢复软件 Final Data、操作系统优化软件 Windows 优化大师、磁盘克隆软件 Ghost 等。

（8）娱乐休闲软件，如各种游戏软件、电子图书、图片、音频、视频等。

4.2　操作系统基础

操作系统是覆盖在硬件上的第一层软件，是对硬件系统的首次扩充。它在计算机系统中占据了特别重要的地位，而其他的诸如编译程序、数据库管理系统等软件，以及大量的应用软件，都依赖于操作系统的支持。操作系统已成为现代计算机必须配置的系统软件。

4.2.1　操作系统概述

1．操作系统的定义

微　课

操作系统概述

操作系统（Operating System，OS）是控制计算机硬件和软件资源的一组程序。操作系统能有效地组织和管理计算机中的硬件和软件资源，合理地组织计算机的工作流程，控制程序的执行，并向用户提供各种服务功能，使用户能够有效、合理、方便地使用计算机，并使整个计算机系统高效地运行。

"有效"主要指操作系统在管理资源方面，要考虑到系统运行效率和资源的利用率，要尽可能地提高 CPU 的利用率，其他资源（如内存等）在保证访问效率的前提下，尽可能减少资源浪费，最大限度地发挥计算机系统的工作效率，即提高计算机系统在单位时间内处理任务的能力（系统吞吐量）。

"合理"是对计算机的软件和硬件资源进行合理的调度与分配，改善资源的共享和利用状况。操作系统对不同的应用程序要"公平"调度，保证系统不发生"死锁"（多个进程争夺同一资源而发生死机）和"饥饿"（一个等待执行的进程一直得不到执行）现象。

"方便"是指操作系统应当提供方便和友好的用户界面，使用户可以方便有效地与计算机打交道，并且提供软件开发的运行环境，使应用程序可以方便地调用操作系统的各种软件和硬件资源。

2．操作系统的分类

操作系统的分类没有单一的标准。不同类型计算机的操作系统可从简单到复杂，可从手机的嵌入式操作系统到超级计算机的大型操作系统。许多操作系统的用户界面和操作方式也不尽相同，如有些操作系统集成了图形用户界面（GUI），而有些操作系统采用命令行界面（CLI）。

1）批处理操作系统

批处理操作系统的主要特点是：用户脱机使用计算机，操作方便；成批处理，提高了 CPU 利用率。其缺点是：无交互性，即用户一旦将程序提交给系统后，就失去了对它的控制。例如，VAX/VMS 是一种多用户、实时、分时和批处理的多道程序操作系统。目前这种早期的操作系统已经淘汰。

2）分时操作系统

分时操作系统是指多个程序共享 CPU 的工作方式。操作系统将 CPU 的工作时间划分成若干个片段，称为时间片。分时操作系统以时间片为单位，轮流为每个程序服务。为了使一个 CPU 为多个程序服务，时间片划分得很短（大约几毫秒到几十毫秒），CPU 采用循环轮转方式将这些时间片分配给等待处理的每个程序。由于时间片很短，循环执行得很快，使得每个程序都能很快得到 CPU 的响应，好像每个程序都在独享 CPU。分时操作系统的主要特点是允许多个用户同时在一台计算机中运行多个程序；每个程序都是独立操作、独立运行、互不干涉。现代通用操作系统都采用了分时处理技术，Windows、Linux、Mac OS X 等都是分时操作系统。

3）实时操作系统

实时操作系统是指当外界事件发生时，系统能够快速接收信息并以足够快的速度予以处理，处理结果能在规定时间内完成，并且控制所有实时设备和实时任务协调一致运行的操作系统。

实时操作系统中的"实时"，在不同语境中往往有非常不同的意义。某些时候仅仅用作"高性能"的同义词。但在操作系统理论中，"实时性"通常是指特定操作所消耗时间（以及空间）的上限是可预知的。例如：某个操作系统提供实时内存分配操作，也就是说一个内存分配操作所用时

间（及空间）无论如何不会超出操作系统所承诺的上限。

实时操作系统通常是具有特殊用途的专用操作系统。例如：通过计算机对飞行器、导弹发射过程的自动控制，计算机应及时将测量系统获得的数据进行加工，并输出结果，对目标进行跟踪，以及向操作人员显示运行情况。

实时操作系统主要用于工业控制、军事控制、语音通信、股市行情等领域。常用的实时操作系统有：QNX、VxWorks 等。Linux 经过一定改变后（定制），可以改造成实时操作系统；而原生的 Linux、类 UNIX、Windows 等都属于非实时操作系统。

4）嵌入式操作系统

嵌入式操作系统是"控制、监视或者辅助装置、机器和设备运行的装置"，嵌入式操作系统是软件和硬件的综合体，嵌入式操作系统与应用结合紧密，具有很强的专用性。绝大部分智能电子产品都必须安装嵌入式操作系统。嵌入式操作系统运行在嵌入式环境中，它对电子设备的各种软硬件资源进行统一协调、调度和控制。

嵌入式操作系统具有以下特点：

（1）系统内核小。嵌入式操作系统一般应用于小型电子设备，系统资源相对有限，因此系统内核比其他操作系统要小得多。例如，Enea 公司的 OSE 嵌入式操作系统内核只有 5 KB。

（2）专用性强。嵌入式操作系统与硬件的结合非常紧密，一般要针对硬件进行系统移植，即使在同一品牌、同一系列的产品中，也需要根据硬件的变化对系统进行修改。

（3）系统精简。嵌入式操作系统一般没有系统软件和应用软件的明显区分，要求功能设计及实现上不要过于复杂，这样既利于控制成本，同时也利于实现系统安全。

（4）高实时性。嵌入式操作系统的软件一般采用固态存储（集成电路芯片），以提高运行速度。

4.2.2 操作系统的特征

虽然现在操作系统种类繁多，每种操作系统都具有各自的特征，但都具有以下基本特征。

1. 并发性

为了使程序能够并发执行，操作系统分别为每个静态的程序建立进程。进程就是运行中的程序，可以在系统中独立运行并作为资源分配的基本单位。在操作系统中，同时有多个进程在活动。进程是一个活动的实体，多个进程之间可以并发执行和交换信息。一个进程在运行时需要一定的资源，如内存空间、CPU 的时间片等。

并发性是指两个或者多个事件在同一时间内发生。进程的并发性提高了计算机系统资源的利用率，在任一事件段里系统中不再只有一个程序处于活动状态，而是存在着多个程序处于活动状态。用户在使用 360 浏览器程序打开多个网页时，只有一个 360 浏览器程序，但是每个打开的网页都拥有自己的进程，每个网页的数据对应于各自的进程，这样不会使网页数据显示混乱。

2. 共享性

共享性是指系统中的资源可供内存中多个并发执行的进程共同使用。操作系统的共享性就是将 CPU 计算能力、内存和磁盘的存储能力、文件系统中的文件资源以及系统中的硬件设备拿出来让系统中的进程共同使用。

由于资源的属性不同，因此多个进程对资源的共享方式也不同。互斥共享方式适用于具有"独享"属性的设备资源（如打印机、显示器等），它们只能以互斥方式使用；同时访问方式适用于具有"共享"属性的设备资源（如内存、磁盘等），它们允许在一段时间内由多个进程同时使用。

3．虚拟性

虚拟性是将一个物理实体编程为若干个逻辑上的对应物。通过虚拟技术可以实现虚拟处理、虚拟存储等。虚拟性是操作系统对硬件的一种抽象。采用虚拟技术的目的是为用户提供易于使用、方便高效的操作环境。在操作系统中利用多种虚拟技术，分别用来实现虚拟处理机、虚拟内存、虚拟外围设备和虚拟信道等。

4．异步性

由于资源等因素的限制，进程的执行通常不是"一气呵成"，而是以"停停走走"的方式运行。内存中的每个进程在何时能获得处理机运行，何时又因提出某种资源请求而暂停，以及进程以怎样的速度向前推进，每道程序总共需要多少时间才能完成，等等，都是不可预知的。进程以人们不可预知的速度向前推进，此即进程的异步性。尽管如此，只要运行环境相同，进程经过多次运行都会获得完全相同的结果。

4.2.3　操作系统的发展

计算机发展的初期没有操作系统的概念，在当时的冯·诺依曼计算机结构中，由控制器和程序共同控制计算机的运行，用户单独占用计算机，机器的运行几乎都由人工进行操作。在人们使用计算机的过程中，为了提高资源利用率和增强计算机系统性能，随着计算机技术本身及其应用的日益发展，操作系统逐步形成和完善起来。

1．操作系统的发展历程

操作系统与其所运行的计算机体系结构联系非常密切，而电子元器件的创新推动了操作系统的飞速发展。操作系统的发展经历了 5 个发展阶段，每个阶段具有不同的特征，见表 4-2。

表 4-2　操作系统发展阶段

发 展 阶 段	时　　期	操作系统类型	特点/代表类型
第一代操作系统	1945—1955 年	监控程序，无操作系统	真空管、机器语言、简单数字运算
第二代操作系统	1956—1965 年	批处理操作系统	脱机、批处理作业、多道程序/FMS、IBMYS
第三代操作系统	1966—1970 年	分时操作系统	同时性、独立性、及时性、交互性/MULTICS、UNI
第四代操作系统	20 世纪 80 年代	实时，PC 操作系统	开放性、通用性、高性能、微内核/MS–DOS、MacOS
第五代操作系统	20 世纪 90 年代至今	网络，各类分布式操作系统	资源管理、进程通信、系统结构/Windows NT、UNIX、Linux

2．常见操作系统

1）DOS

DOS（Disk Operation System，磁盘操作系统）是个人计算机上的一类操作系统，直接操纵管理硬盘的文件，一般都是黑底白色文字的界面。DOS 是一种单用户、单任务的字符界面操作系统。在 DOS 阶段，人们与计算机打交道主要靠输入命令。用户需要记忆 DOS 命令和它们的使用方法，所以这一时期的计算机还不太好用。

2）Windows 操作系统

Windows 操作系统是由微软公司开发的基于图形窗口界面的操作系统，其名称来自"基于屏幕的桌面上的工作区"，这个工作区称为窗口，每个窗口中显示不同的文档或程序，为操作系统的多任务处理能力提供了可视化模型，Windows 操作系统是目前世界上使用最广泛的操作系统。

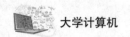

3）UNIX 操作系统

UNIX 操作系统除了作为网络操作系统之外，还可以作为单机操作系统使用。UNIX 作为一种开发平台和台式操作系统获得了广泛使用，主要用于工程应用和科学计算等领域。UNIX 系统在结构上分为核心程序（Kernel）和外围程序（Shell）两部分，核心部分承担系统内部各个模块的功能，外围部分包括系统的用户界面、系统实用程序以及应用程序，用户通过外围程序使用计算机。UNIX 系统的使用有两种形式：一种是操作命令，即 Shell 语言，是用户可以通过终端与系统发生交互作用的界面；另一种是面向用户程序的界面，它不仅在汇编语言，而且在 C 语言中向用户提供服务。

4）Linux 操作系统

Linux 是一种自由和开放源码的类 UNIX 操作系统，是一个多用户多任务的支持多线程和多CPU 的操作系统。目前存在着许多不同版本的 Linux，但它们都使用了类 Linux 内核。Linux 可安装在各种计算机硬件设备中，从手机、平板计算机和路由器，到台式计算机、大型机和超级计算机。

Linux 由众多微内核组成，其源代码完全开源；Linux 继承了 UNIX 的特性，具有非常强大的网络功能，其支持所有的因特网协议，包括 TCP/IPv4、TCP/IPv6 和链路层拓扑程序等，且可以利用 UNIX 的网络特性开发出新的协议栈；Linux 系统工具链完整，简单操作就可以配置出合适的开发环境，可以简化开发过程，减少开发中仿真工具的障碍，使系统具有较强的移植性。

5）移动操作系统

随着移动通信技术和智能便携设备的快速发展，移动操作系统也受到越来越多的关注。移动操作系统包括为移动设备（如 Symbian OS）开发的操作系统，从桌面操作系统（如 iOS）派生的操作系统以及从嵌入式 Linux（如 Android）派生的操作系统。

4.3 操作系统的功能

4.3.1 进程管理

进程就是程序的执行过程。程序是静态的，它仅仅包含描述算法的代码；而进程是动态的，它包含程序代码、数据和程序运行的状态等信息。进程管理的主要任务是对 CPU 资源进行分配，并对程序的运行进行有效的控制和管理。

微　课

进程管理

1. 进程的三种基本状态

进程执行时的间断性，决定了进程可能具有多种状态，进程的执行分为就绪、运行、等待三个循环状态。

1）就绪状态

当进程已分配到除 CPU 以外的所有必要资源后，只要再获得 CPU，便可立即执行，进程这时的状态称为就绪状态。在一个系统中处于就绪状态的进程可能有多个，通常它们排成一个队列，称为就绪队列。操作系统按照一定的算法（如先来先服务、优先级等）选择下一个要执行的进程，分配进程一个几十纳秒（与操作系统有关）的时间片，并为它分配内存空间资源。

2）运行状态

进程已获得 CPU，其程序正在执行。每个进程在 CPU 中的执行时间很短，一般为几十纳秒，这个时间称为"时间片"。时间片由 CPU 进行分配和控制。在单 CPU 系统中，只能有一个进程处于执行状态；在多核 CPU 系统中，则可能有多个进程处于同时执行状态（在不同 CPU 内核中执行）。

如果进程在 CPU 中执行结束，不需要再次执行时，进程进入结束状态；如果进程还没有结束，则返回就绪状态。

3）等待状态

进程运行结束后，如果不需要再次运行，则进入完成状态。

正在执行的进程，由于发生了某个事件或等待某个数据暂时无法执行时，便放弃 CPU 而处于暂停状态，即进程的等待状态，通常将处于等待状态的进程也排成一个队列。

当进程进入等待状态后，调度程序立即将 CPU 分配给另一个就绪进程；当等待进程的事件消失或数据准备好后，进程不会立即恢复到执行状态，而是转变为就绪状态，重新排队等待 CPU。

2．进程的特点

1）进程是动态的

进程是程序的一次运行活动。在程序的执行过程中，进程记录执行过程的信息，每次均不相同，因此具有动态的特性。程序是功能描述，是静态的、不变化的。进程随着一个程序模块进入主存储器并获得一个数据块和一个进程控制块而创建，因等待某个事件发生或资源得不到满足而暂停执行，随着运行的结束推出主存储器而消亡，从创建到消亡期间，进程都处于不断的动态变化之中。

2）进程包括程序和数据

进程是程序在一个数据集合上的一次执行过程，所以进程包括程序和相关的数据。相关数据包括原始数据、运行环境、运行结果等。

3）在不同数据集合上运行的同一个程序是不同的进程

从进程的定义可知，进程是程序在一个数据集合上的多次运行过程。同理，程序的多次执行过程对应在多个进程。

4）进程是资源分配单位

进程是程序和相关信息的有机整体：进程=程序+执行过程中全部有关信息，进程就是程序执行过程中的软、硬件环境，程序是逻辑功能，进程的关联信息可分为三部分：硬件关联信息、软件关联信息和虚拟地址。

3．Windows 10 进程查看

Windows 10 的任务管理器提供了有关计算机性能的信息，并显示了计算机上所运行的程序和进程的详细信息，如果连接到网络，还可以查看网络状态并迅速了解网络是如何工作的。在 Windows 10 中，把光标移动到屏幕下方"任务栏"的空白处右击，选择"任务管理器"命令，就可以查看程序和进程的运行情况，任务管理器如图 4-3 所示。

任务管理器的用户界面提供了"文件""选项"和"查看" 3 个菜单，其下还有"进程""性能""应用历史记录""启动""用户""详细信息"和"服务" 7 个选项卡。单击"性能"选项卡中的"打开资源监视器"按钮，还可以查看内存更详细的使用、更改信息，默认情况下系统每隔 2 s 对数据进行一次自动更新。

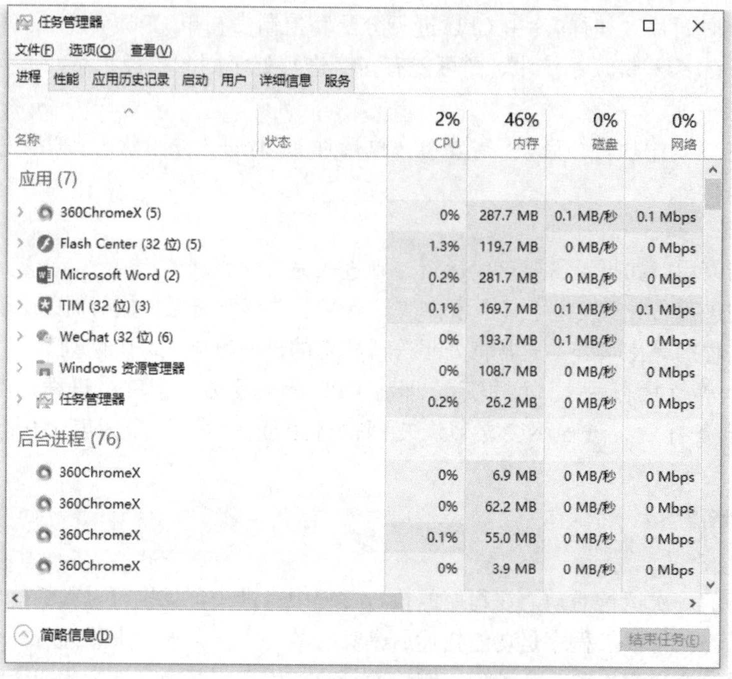

图 4-3　Windows 10 中的任务管理器

4.3.2　存储管理

微　课

存储管理

存储设备是计算机系统的重要资源之一，是存储信息的介质。根据计算机存储系统的物理组织，通常分为内存储器和外存储器。由于任何程序及数据必须占用内存空间后才能执行，因此，存储管理的优劣直接影响系统的性能。存储管理是操作系统的重要组成部分，存储管理的主要对象是内存。

尽管现代计算机的内存空间在不断增大，但仍然不能保证有足够的空间来支持大型应用和系统程序及数据的使用。操作系统的一个重要任务就是尽可能地方便用户使用和提高内存的利用效率。

1. 存储管理相关概念

存储管理是指管理存储资源，为用户合理使用存储设备提供有力的支撑。因此，计算机的存储管理性能直接影响整个系统的性能。存储系统通常对不同数据采取不同的存储方式，如将不处于运行状态的数据存放在外存储器上，处于运行状态的数据则存放在内存储器上。内存是计算机工作的核心器件，其主要特点是存取速度快。存储管理主要指的是对内存的管理。

内存是由若干存储单元组成的，为了快速识别不同的存储单元，保证数据的读写操作快速准确执行，每个存储单元都设置有一个编号，这种编号可唯一地标识一个存储单元，称为内存地址（或物理地址）。内存地址从 0 编号，最大值取决于内存的大小和地址寄存器所能存储的最大值。

程序中由符号名组成的程序空间称为符号名空间，简称名空间。源程序经过汇编或编译后，形成目标程序，每个目标程序都是以 0 为基址顺序地为程序指令和数据进行编址，原来用符号名访问的单元就转换为用新的地址编号表示，这个地址编号称为逻辑地址。用户在逻辑地址空间安排程序指令和数据，而用户程序要运行就必须将其装入内存，这就存在逻辑地址与物理地址的变换问题。逻辑地址转换为物理地址称为地址重定位。

一个编译好的程序存在于它自己的逻辑地址空间中，运行时，要把它装入内存空间。所以作业装入内存时，需对指令和指令中相应的逻辑地址部分进行修改，才能使指令按照原有的逻辑顺序正确运行。

2．存储管理的基本功能

存储管理的主要目的有两个：一是提高资源的利用率，尽量满足多个用户对内存的要求；二是能方便用户使用内存，使用户不必考虑运行程序具体放在内存中的哪块区域，如何实现正确运行等复杂问题。存储管理的主要功能包括以下几方面。

1）内存的分配和回收

存储管理根据用户程序的需要分配存储区资源，并适时进行回收释放所占用的存储区，以便后续运行程序使用。在多道程序设计的环境中，当有作业进入计算机系统时，存储管理模块根据内存分配情况，按作业要求分配给它适当的内存。作业完成时，应回收其占用的内存空间，以便供其他作业使用。

内存分配按分配时机的不同，可以分为静态存储分配和动态存储分配。静态存储分配指内存分配是各目标模块连接后，在作业运行之前，把整个作业一次性全部装入内存，并且在作业的整个运行过程中，不允许作业再申请其他内存，或在内存中移动位置。动态存储分配是指作业要求的基本内存空间是在作业转入内存时分配的，但在作业运行过程中，允许作业申请附加的内存空间，或是在内存中移动位置，即分配工作可以在作业运行前及运行的过程中逐步完成。

2）地址转换和内存保护

在多道程序环境下，程序中的逻辑地址与内存中的物理地址不一致，因此存储管理提供地址转换功能，将逻辑地址转换成物理地址。地址转换有两种方式：一种方式是在作业装入时由作业装入程序实现地址转换，称为静态重定位，这种方式要求目标程序使用相对地址，地址变换在作业执行前一次完成；另一种方式是在程序的执行过程中，CPU 访问程序和数据之前实现地址转换，称为动态重定位。

在计算机系统中可能同时存在操作系统程序和多道用户程序，操作系统程序和各个用户程序在内存中有自己的存储区域。存储管理要保证进入内存的各道作业都在自己的存储空间内运行，互不干扰，从而保护用户程序存放在存储器中的信息不被破坏。

3）存储共享

存储管理让内存中的多个用户程序实现存储资源共享，多道程序能动态地共享内存以提高存储器的利用率。

4）存储扩充

由于内存的物理容量有限，有时难以满足用户运行程序的需求，存储管理提供从逻辑上扩充内存的功能，为用户提供一个比实际内存容量大的地址空间。"存储扩充"就是解决如何在逻辑上扩充内存容量，即虚拟存储技术。

虚拟存储器由内存和部分外存组成，目的是克服内存的局限性，将外存空间作为内存使用，在逻辑上实现内存空间的扩充。虚拟存储器是基于程序的局部性原理，程序运行前，不必将其全部装入内存，仅需将哪些当前要运行的部分程序段先装入内存便可运行，其余部分留在外存中。

3．Windows 10 存储管理

Windows 10 操作系统不仅提供对内存和外存性能的监控，同时提供了对虚拟内存的设置以及外存储器的管理。

1）内存管理

Windows 10 的资源监视器提供了对计算机内存性能的报告。选择"开始"→"Windows 管理工具"→"资源监视器"菜单命令即可打开资源监视器。在"资源监视器"窗口中选择"内存"选项卡，即可显示当前内存占用情况，窗口右侧的视图显示的是内存使用情况的波动图，如图 4-4 所示。

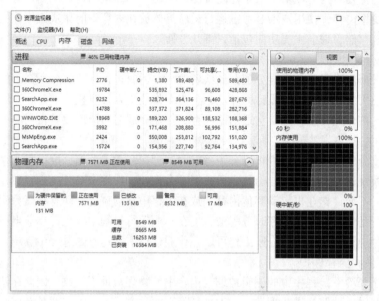

图 4-4 "内存"选项卡

2）外存管理

在 Windows 10 操作系统的"资源监视器"窗口的"磁盘"选项卡中，显示了系统磁盘的使用情况，如图 4-5 所示。

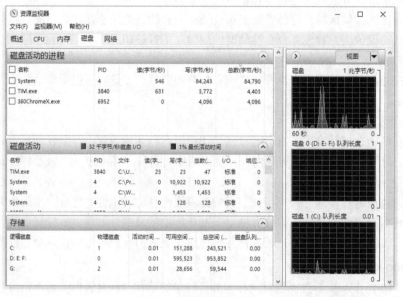

图 4-5 "磁盘"选项卡

随着计算机系统的使用，磁盘会产生许多零碎的空间，一个文件可能保存在磁盘上几个不连续的区域中。对磁盘碎片进行整理，有助于提高磁盘的性能，可重新安排信息、优化磁盘，将分散碎片整理为物理上连续的空间。利用 Windows 10 提供的磁盘碎片整理工具"碎片整理和优化驱动器"，可以进行磁盘碎片整理。

在进行碎片整理时，应关闭所有应用程序。如果对正在整理的磁盘进行读写操作，磁盘碎片整理程序将重新开始整理，增加了运行时间。

4.3.3　文件管理

微课

文件管理

文件管理的主要任务是管理用户和系统文件，实现按名存取，保证文件安全，并提供使用文件的操作和命令。在操作系统中，负责管理和存取文件的部分称为文件系统。在文件系统的管理下，用户可以按照文件名查找文件和访问文件（如打开、执行、删除等），而不必考虑文件如何保存，硬盘中哪个物理位置有空间可以存放文件，文件目录如何建立，文件如何调入内存等。文件系统为用户提供了一个简单、统一的访问文件的方法。

1．文件概述

1）文件

文件是一个具有名字的存储在磁盘上的一组相关信息的集合，是磁盘的逻辑最小分配单位。文件内容可以是具有一定独立功能的程序（源程序和目标程序等），或一组表示特定信息的数据（如声、像、图、文字、视频等）。

数据只有写在文件中，才能存储在磁盘上，用户才能读写。文件的数据形式有数字、字符、字母数字、二进制、定格式、无格式等。

2）文件名

在计算机中，任何一个文件都有文件名，文件名是文件存取和执行的依据。不同文件系统对文件的命名方式有所不同，但大体上都遵循"文件主名.扩展名"的规则。

文件主名由程序设计员或用户自己命名，通常由字母、数字、下画线等组成。文件主名一般用有意义的英文、中文词汇或数字命名，以便识别。文件扩展名由一些特定的字符组成，具有特定的含义，用于标识文件类型，通常取应用程序默认的扩展名。

不同操作系统对文件名的命名规则有所不同。例如：Windows 操作系统不区分文件名的大小写，所有文件名的字符在操作系统执行时，都会转换为大写字符，如 exam.docx、EXAM.DOCX、Exam.docx，在 Windows 操作系统中都视为同一个文件；而有些操作系统是区分文件名大小写的，如在 Linux 操作系统中，exam.docx、EXAM.DOCX、Exam.docx 被认为是 3 个不同文件。

3）文件的类型

在绝大多数操作系统中，文件的扩展名表示文件的类型。不同类型的文件处理方法是不同的。用户不能随意更改文件扩展名，否则将导致文件不能执行或打开。在不同操作系统中，表示文件类型的扩展名并不相同。在 Windows 10 操作系统中，虽然允许文件扩展名为多个英文字符，但是大部分文件扩展名习惯采用 3 个英文字符。Windows 10 中常见的文件扩展名的类型及表示的意义见表 4-3。

表 4-3 Windows 10 中常见文件扩展名的类型和意义

文件类型	扩展名	说 明
文本文件	txt	通用性强，通常作为各种文件格式转换的中间格式
可执行文件	exe、com	可执行程序文件
源程序文件	cpp、py、asm	程序设计语言的源程序文件
Office 文件	docx、xlsx、pptx	MS Office 中 Word、Excel、PowerPoint 创建的文档
图像文件	jpg、gif、bmp	不同的扩展名表示不同格式的图像文件
音频文件	wav、mp3	不同的扩展名表示不同格式的音频文件
视频文件	mp4、avi、rmvb	不同的扩展名表示不同格式的视频文件
压缩文件	rar、zip	压缩文件

2. 文件管理概述

软件是计算机系统中的重要资源，主要包括各种系统程序、函数库、应用程序和文档资料等。文件管理的主要任务就是对用户文件和系统文件进行有效管理，实现按文件名存取，实现文件共享，保证文件安全，并提供一套使用文件的操作和命令。

1）文件的结构

文件的结构有逻辑结构和物理结构两种。逻辑结构是从用户的角度看到的文件组织形式，与存储设备无关；物理结构是从系统实现的角度看文件在外存上的组织形式，与存储设备的特性有关。文件逻辑结构的侧重点是如何为用户提供清晰结构、使用简单的逻辑文件形式。文件的物理结构主要研究存储设备上实际文件的存储结构。文件系统的作用就是在逻辑文件和相应存储设备上的物理文件之间建立映射关系，文件在逻辑上可以看作是连续的，但在存储设备上存放时有多种物理组织形式。

2）文件的存取方法

文件的存取方法由文件的性质和文件使用情况决定，根据存取次序划分，存取方法通常分为顺序存取和随机存取两类。

顺序存取是最简单的方法，它严格按照文件信息单位排列的顺序依次存取，后一次存取总是在前一次存取的基础上进行，所以不必给出具体的存取位置；随机存取又称直接存取，在存取时必须先确定进行存取时的起始位置（如记录号、字符序号等）。

3）文件存储

文件的物理存储模型描述了文件内容在存储设备上或存储电路中的实际存放形式。存储介质在存放文件信息之前必须首先被格式化。格式化操作将存储介质划分为一个个存储单元，即首先将磁盘划分为磁道，然后进一步划分为扇区，文件内容以扇区为基本单元进行存储。

为了有效地管理和使用文件，大多数文件系统允许用户在根目录下建立子目录（又称文件夹），在子目录下再建立子目录。文件的逻辑存储模型为树状目录结构。文件控制块（File Control Block，FCB）的有序集合称为文件目录。每个文件控制块为一个目录项。文件目录通常以文件形式保存在外存，称为目录文件。这种目录结构像一棵倒置的树，树根为根目录，树中每一个分支为子目录，树叶为文件。在树状结构中，用户可以将相同类型文件放在同一个子目录中；同名文件可以存放在不同的目录中。

3. Windows 10 文件管理器

1）文件管理器

Windows 操作系统的文件管理采用文件夹的形式。在 Windows 10 中，双击桌面上的"此电脑"

图标即可打开系统文件管理界面，选择要浏览的逻辑磁盘，即可浏览该磁盘上存储的文件和文件夹，本例为逻辑磁盘 D 盘上的文件列表，如图 4-6 所示。

图 4-6　Windows 10 文件管理

2）文件夹

文件夹是存放文件的容器。文件夹也称目录，是计算机存储信息的重要载体。在 Windows 系统中，一个文件夹下可以包含多个文件和子文件夹，子文件夹下又可以包含多个下级文件夹和文件，但同一文件夹下不能有同名的子文件夹或文件。在 Windows 10 操作系统中，利用"此电脑"可显示系统的文件夹结构目录树，如图 4-7 所示。

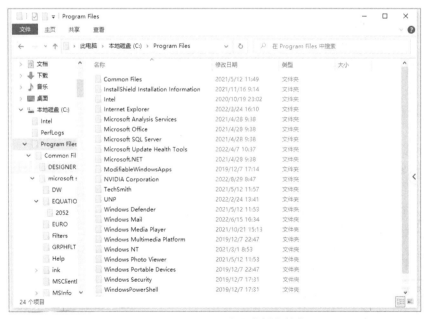

图 4-7　Windows 10 中文件树状结构

3）文件夹的建立

在所选窗口中，单击标题栏上的"新建文件夹"按钮，浏览窗口内会出现一个新的文件夹，文件夹名被高亮度显示，输入新文件夹的名字并按【Enter】键，新文件夹创建完毕。或者在窗口

的任意位置右击，在弹出的快捷菜单中选择"新建"→"文件夹"命令，也可以创建文件夹。双击新文件夹图标进入该文件夹窗口，此时该文件夹为空，可以存放文件或再创建其他的文件夹。

若要在桌面上建立文件夹，则无须打开任何窗口，只要在桌面的任意位置右击，在弹出的快捷菜单中选择"新建"→"文件夹"命令即可。

4.3.4 设备管理

设备管理的主要对象是 I/O 设备，基本任务是完成用户提出的 I/O 请求，提高 I/O 速率以及改善 I/O 设备的利用率。设备管理的主要功能有：缓冲区管理、设备分配、设备处理、虚拟设备及实现设备独立性等。设备控制包括设备驱动和设备中断处理，具体的工作过程是在设备处理的程序中发出驱动某设备工作的 I/O 指令后，再执行相应的中断处理过程。

1．I/O 设备

I/O 设备种类繁多，主要的性能指标有数据传输速率、数据的传输单位、设备共享属性等。

1）按信息交换单位分类

外围设备按信息交换的单位可分为块设备和字符设备。块设备指以数据块为单位来组织和传送数据信息的设备，如磁盘，每个块的大小为 512 B~4 KB，其特征为：传输速率较高，一般不能与人直接交互。字符设备是指以单个字符为单位来传送数据信息的设备，如交互式终端、打印机等，其特征为：传输速率较低，与人直接交互使用，不可寻址，采用中断驱动方式。

2）按设备的共享属性分类

独占设备：在一段时间内只允许一个用户（进程）访问的设备，即临界资源。因而，对多个并发进程而言，应互斥地访问这类设备。系统一旦把这类设备分配给了某进程后，便由该进程独占，直至用完释放。

共享设备：在一段时间内允许多个进程同时访问的设备。当然，对于每一时刻而言，该类设备仍然只允许一个进程访问。共享设备必须是可寻址的和可随机访问的设备，典型的共享设备是磁盘。共享设备不仅可获得良好的设备利用率，而且它也是实现文件系统和数据库系统的物质基础。

虚拟设备：通过虚拟技术将一台独占设备变换为若干台逻辑设备，供若干用户（进程）同时使用。

3）按数据传输速率分类

按数据传输速率分类，可分为：①低速设备，如键盘、鼠标、语音输入输出设备等，传输速率为每秒几个字节至数百个字节；②中速设备，如打印机等，传输速率为每秒数千个字节至数十千字节；③高速设备，如网卡、磁盘、光盘等，传输速率在数百千个字节至数兆字节。

2．输入/输出控制方式

输入/输出控制是指外围设备与主机之间 I/O 操作的控制，控制方式决定了 I/O 设备的工作方式和 I/O 设备与 CPU 之间的并行速度。常用的控制方式有程序直接控制、中断控制、DMA 和通道控制 4 种。

1）程序直接控制

程序直接控制方式是指用户进程直接控制内存或 CPU 和外围设备之间的信息传送。当用户进程需要数据时，通过 CPU 发出启动设备准备数据的命令，然后用户进程进入测试等待状态。在等待时间内，CPU 不断地用测试指令检查描述外围设备工作状态的控制寄存器的状态值。当外围设备将数据传送的准备工作完成后，将控制状态寄存器设置为准备好的信号值。当 CPU 检测到这个状态之后，启动设备开始往内存传送数据。

在程序直接控制方式中，由于 CPU 的高速性和 I/O 设备的低速性，导致 CPU 的绝大部分时间都是处于等待外围设备完成数据输入/输出的循环测试中，造成 CPU 资源的巨大浪费。

2）中断控制

在中断控制方式下，当用户进程需要数据时，通过 CPU 发出命令启动外围设备准备数据，同时控制状态寄存器中的中断允许位打开，以备中断程序调用执行。在进程发出命令启动设备后，该进程放弃 CPU 等待输入完成，从而进程调度程序可以调度其他就绪进程占用 CPU。此时，CPU 与 I/O 设备并行操作。当输入完成后，I/O 控制器通过中断请求向 CPU 发出中断信号，CPU 接到中断信号后，转向相应的中断处理程序检查输入是否正确，若正确则向控制器发送取走数据信号，然后将数据写入指定内存。

在外围设备输入数据的过程中，无须 CPU 干预，因而可使 CPU 与外设并行工作。仅当输入完一个数据时，才需 CPU 花费极短的时间去做些中断处理。在中断控制方式下，CPU 和外围设备都处于忙碌状态，从而提高了整个系统的资源利用率及吞吐量。

3）DMA 方式

中断控制方式提高了 CPU 资源的利用率，但是在响应中断请求后，必须停止现行程序转入中断处理程序并参与数据传输操作。如果外围设备能直接与主存交换数据而不占用 CPU，那么，CPU 资源的利用率还可以提高，这就出现了直接存储器处理（Direct Memory Access，DMA）方式。

在 DMA 方式中，主存和外围设备之间有一条数据通路，在主存和外围设备之间成块地传送数据的过程中，不需要 CPU 干预，实际操作由 DMA 直接执行完成。

DMA 传送方式的特点是：在数据传送过程中，由 DMA 控制器参与工作，不需要 CPU 的干预，批量数据传送时效率很高，通常用于高速外围设备与内存之间的数据传送。

4）通道方式

DMA 方式与中断控制方式相比，又减少了 CPU 对 I/O 的干预，但是，每发出一次 I/O 指令，只能读写一个数据块。通道方式是 DMA 方式的发展，又进一步减少了 CPU 对 I/O 操作的干预。

通道又称输入输出处理器，能够完成内存和外围设备之间的信息传送，与 CPU 并行地执行操作。采用通道技术主要解决了输入输出操作的独立性和各部件工作的并行性。由通道管理和控制输入输出操作，大大减少了外围设备和 CPU 的逻辑联系。

在通道方式下，CPU 只需发出启动命令，指出通道的操作和设备，该命令就可启动通道并使通道从内存中调出相应通道指令执行。

虽然中断机制、DMA 和通道技术提高了 CPU 与外围设备之间并行操作的成都，但是 CPU 与外设、内存与外设、外设与外设之间的处理速度仍然存在着不匹配问题，因此引入了缓冲技术。缓存技术缓和了 CPU 和 I/O 设备速度不匹配的矛盾，可以使一次输入的信息能多次使用，减少了输入工作量，提高了 CPU 和 I/O 设备之间的并行性。

3．Windows 10 设备管理

1）设备管理器

Windows 10 操作系统提供多种渠道查看和安装硬件设备。右击桌面上的"此电脑"图标打开快捷菜单，选择"管理"命令，进入"计算机管理"窗口。

Windows 10 操作系统的计算机管理功能模块提供计算机运行设备管理以及运行状态查询等多种功能。单击"计算机管理"窗口左侧的设备管理图标即可进入设备管理界面，如图 4-8 所示。

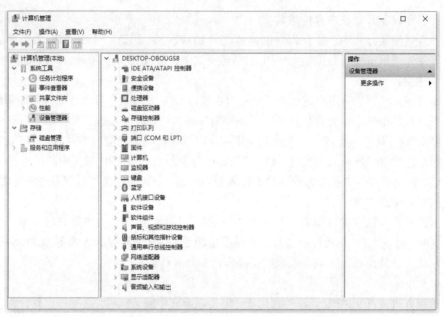

图 4-8　Windows 10"计算机管理"窗口

2）检查设备驱动程序

通过操作系统的计算机管理功能和设备管理器可以对计算机系统的任何硬件设备的属性和运行状态进行查询。在设备管理列表中，右击某个硬件设备项，在打开的快捷菜单中即列出相应的操作列表，选择"属性"选项即可列出该设备的相应属性，通过查看属性进一步了解硬件设备。

在图 4-13 中，单击设备图标签名的">"符号，即可打开相应设备的驱动程序。如果在设备图标上显示出红色的"×"，说明该设备已被停用。如果有不常用的设备，禁用这些设备可以节省系统资源和提高启动速度。如果需要重新启动，右击该设备，从弹出的快捷菜单中选择"启用"命令即可。

4.3.5　用户接口

操作系统是用户与计算机之间的桥梁，操作系统的用户接口为用户提供了使用操作系统的方法。在计算机使用中，工作界面包括对数据和信息的输入和输出方法，以及人们对机器的操作和控制。

1）命令行工作界面

命令行工作界面通常不支持鼠标操作，用户通过键盘输入指令，计算机接收到指令后予以执行。命令行工作界面需要用户记忆操作计算机的命令，但是，命令行界面节约计算机系统的硬件资源。因此，在图形用户工作界面中通常保留了可选的命令行工作界面，如 Windows 系统的"命令提示符"窗口（见图 4-9）、Linux 系统的 Shell 界面等。

2）图形窗口工作界面

图形窗口工作界面是指操作系统通过工作窗口提供的菜单、按钮等图形命令方式，使得用户不必记忆命令，只需通过图像选择操作来实现与操作系统的交互，并完成相应的操作功能的提交。图形窗口工作界面极大地方便了普通用户，使人们不再需要死记硬背大量的计算机操作命令；图形窗口操作对于普通用户来说视觉上更易于接受，在操作上更简单易学，极大地提高了用户的工作效率。但是，图形窗口的工作界面信息量大大高于命令行工作界面，需要消耗更多的计算机资源来支持图形窗口界面。

```
命令提示符                                              —    □    ×
C:\Users\zh11>dir
 驱动器 C 中的卷没有标签。
 卷的序列号是 1E06-6F6B

 C:\Users\zh11 的目录

2022/03/16  15:28    <DIR>          .
2022/03/16  15:28    <DIR>          ..
2021/11/10  14:43    <DIR>          .idlerc
2022/03/16  15:28               36 .nodemid
2021/04/28  09:32    <DIR>          3D Objects
2021/04/28  09:32    <DIR>          Contacts
2022/09/07  09:30    <DIR>          Desktop
2022/04/20  12:22    <DIR>          Documents
2022/09/05  18:26    <DIR>          Downloads
2021/04/28  09:32    <DIR>          Favorites
2021/10/20  13:42    <DIR>          Links
2022/04/08  14:34    <DIR>          Music
2021/08/03  08:44    <DIR>          OneDrive
2021/12/03  09:41    <DIR>          Pictures
2021/04/28  09:32    <DIR>          Saved Games
2021/04/28  09:33    <DIR>          Searches
2021/12/03  10:15    <DIR>          UIDowner
2021/05/17  08:36    <DIR>          Videos
               1 个文件             36 字节
              17 个目录 158,660,235,264 可用字节

C:\Users\zh11>
```

图 4-9   命令行工作界面

微软公司的 Windows 工作界面是典型的图形窗口工作界面。Windows 10 工作界面的透明效果不仅仅是为了美观，其降低了用户对于辅助界面的关注而将注意力更好地集中在关键内容上，如窗体有效区域、任务栏图标，如图 4-10 所示。

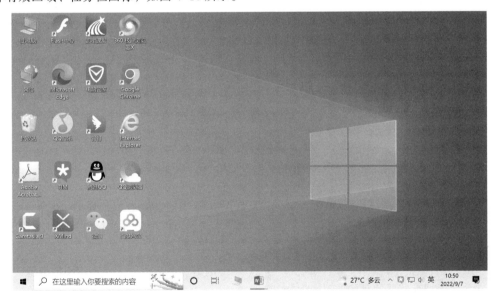

图 4-10   Windows 10 图形窗口工作界面

3）多媒体工作界面

在触摸屏图形工作界面（见图 4-11）中，用户只要用手轻轻地碰显示屏上的图符或文字就能实现对主机的操作和查询，摆脱了键盘和鼠标操作，从而大大提高了计算机的可操作性和安全性，使人机交互更为直接。

图 4-11　触摸屏图形工作界面

触摸屏是一个安装在液晶显示器表面的定位操作设备，由触摸检测部件和控制器组成。触摸检测部件安装在液晶显示器屏幕表面，用于检测用户触摸位置，并把检测到的信号发送到触摸屏控制器。控制器的主要作用是从触摸点检测装置上接收触摸信号，并将它转换成触点坐标。

触摸屏操作不需要鼠标和物理键盘（支持图形虚拟键盘），操作时用手指或其他物体触摸操作，操作系统根据手指触摸的图标或菜单的位置来定位用户选择的输入信息。

在未来，语音和手势操作也许会成为流行的人机界面。计算机将为用户提供光、声、力等全方位的真实感觉。虚拟屏幕或非接触式操作等新技术，将改变人们使用计算机的方式，也将对计算机的应用产生深远的影响。

习　　题

一、选择题

1. 操作系统是一种（　　　）。

　　A. 通用软件　　　　B. 系统软件　　　　　　C. 应用软件　　　　　　D. 软件包

2. 操作系统管理计算机系统的（　　　）。

　　A. 硬件资源　　　　B. 软件资源　　　　　　C. 网络资源　　　　　　D. 软硬件资源

3. 采用虚拟存储器的目的是（　　　）。

　　A. 提高主存的速度　　　　　　　　　　B. 扩大外存的容量

　　C. 提高外存的速度　　　　　　　　　　D. 扩大内存的寻址空间

4. 文件系统的多级目录结构是一种（　　　）。

　　A. 线性结构　　　　B. 树形结构　　　　　　C. 环形结构　　　　　　D. 网状结构

5. 分配到必要的资源并获得处理机时的进程状态是（　　　）。

　　A. 就绪状态　　　　B. 阻塞状态　　　　　　C. 运行状态　　　　　　D. 撤销状态

二、填空题

1. 操作系统的功能是进行处理机管理_____、_____设备管理和用户接口。
2. 按设备的共享属性分类，设备可以分为三类：_____、_____和_____。
3. 在操作系统中，_____是资源分配的最小单位。
4. 没有安装软件的计算机不能完成任何工作，称为_____。
5. DBMS 是指_____。

三、简答题

1. 简述操作系统的主要功能。
2. 什么是软件？它的基本特点是什么？
3. 什么是进程，它与程序有哪些异同点？
4. 输入/输出控制方式有哪些？各有什么特点？

第5章
办公软件的操作与应用

本章导读

　　文档处理能力、电子表格数据处理能力、制作演示文稿能力是现代人都必须具备的基本能力，对大学生而言，具备这些能力更加重要。本章主要介绍的常用办公软件是文字处理软件 Word 2016，电子表格数据处理软件 Excel 2016，幻灯片演示文稿制作软件 PowerPoint 2016。Word 2016 主要用来创建和编辑具有专业性的文档，如信函、论文、请假单、报告和使用手册等；Excel 2016 主要是进行各种数据的处理、统计分析和辅助决策操作，广泛地应用于管理、统计财经、金融等众多领域；PowerPoint 2016 主要用来进行幻灯的制作和演示，可有效帮助用户进行演讲、教学和产品演示等，更多地应用于企业和学校等教育机构。Word 2016、Excel 2016、PowerPoint 2016 都是 Microsoft 公司开发的 Office 2016 办公组件。

学习目标

◎了解办公软件的基本功能。
◎掌握利用办公软件进行信息处理的基本方法。
◎掌握办公软件的高级应用功能。

5.1　文字处理软件 Word 2016

　　Word 2016 是微软公司推出的 Office 2016 办公软件的重要组件之一，也是用户使用最广泛的文字编辑工具。我们可以用它进行文本的输入、编辑、排版、打印等工作，操作快捷方便，排版轻松、美观。

5.1.1　Word 2016 的基本操作

1．Word 2016 的启动与退出

　　在计算机中安装 Office 2016 之后就可以启动相应的组件，组件包括 Word 2016、Excel 2016 和 PowerPoint 2016 等，各个组件的启动方法相同，我们以启动 Word 2016 为例进行讲解。

　　1）Word 2016 的启动

　　启动 Word 2016 的方法有很多，其中常用的有：通过"开始"菜单启动；利用桌面上的快捷图标启动；通过任务栏图标启动；通过打开已有文档启动。

2）Word 2016 的退出

以下方法都可以退出 Word 2016：选择"文件"选项卡中的"关闭"命令；单击 Word 2016 窗口右上角的"关闭"按钮；按【Alt + F4】组合键。

2．Word 2016 的工作界面介绍

启动 Word 2016 后即可看到图 5-1 所示的工作界面。

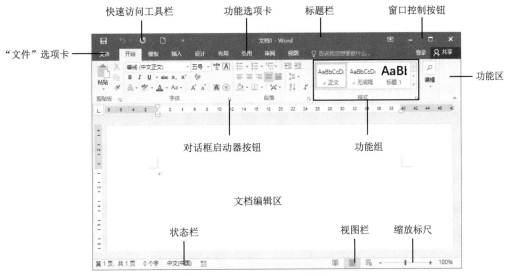

图 5-1　Word 2016 工作界面

1）标题栏

标题栏显示了当前文档名和应用程序名，例如"文档 1-Word"，首次进入 Word 2016 时，默认打开的文档名为"文档 1"，其后依次是"文档 2""文档 3"等，Word 2016 文档的扩展名是".docx"。

2）窗口控制按钮

窗口控制按钮分别为"最小化"按钮 、"最大化"按钮 和"关闭"按钮。双击标题栏可以使窗口在最大化和还原状态之间切换，效果相当于单击标题栏最右侧的"最大化"/"向下还原"按钮。

3）"文件"选项卡

在 Word 2016 的工作界面中，单击"文件"选项卡，可以看到在"文件"选项卡中，主要包含"保存""另存为""打开""关闭""信息""选项"和"退出"等命令。

4）快速访问工具栏

快速访问工具栏默认情况下包括"保存" 、"撤销" 和"重复" 3 个命令按钮，用户还可以自定义其他按钮，只需要单击该工具栏右侧的"下拉"按钮 ，在打开的下拉列表中选择相应选项即可。

5）功能选项卡和功能区

功能选项卡用于功能区的索引，单击功能选项卡就可以进入相应的功能区。功能区用于放置编辑文档时所需要的功能按钮，程序将各功能按钮划分为一个一个的组。

6）文档编辑区

文档编辑区是工作的主要区域，用来显示文档的内容供用户进行编辑。在进行文档编辑时，可以使用水平标尺、垂直标尺、水平滚动条和垂直滚动条等辅助工具。

7）视图按钮

视图按钮位于操作界面的底端右侧，用于切换文档的视图方式，方便用户在"页面视图""阅读视图""Web 版式视图"间切换。

8）状态栏和缩放标尺

状态栏位于 Word 窗口的底部，这里可以显示 20 多项 Word 的状态信息。缩放标尺用于对编辑区的显示比例和缩放尺寸进行调整，缩放后，缩放标尺左侧会显示出缩放的具体数值。

9）对话框启动器按钮与对话框

虽然 Word 的大多数功能都可以在功能区上找到，但仍有一些设置项目需要用到对话框。在功能区的有些组的右下角单击对话框启动器按钮，即可打开该组对应的对话框。

3. Word 2016 工作环境的设置

任何一款软件都可以进行工作环境的设置，当然 Word 2016 也不例外，也可以进行工作环境的设置，单击"文件"选项卡，选择"选项"命令就可以打开"Word 选项"对话框，在这里可以开启或关闭 Word 2016 中的许多功能，也可以设置各种参数，如图 5-2 所示。

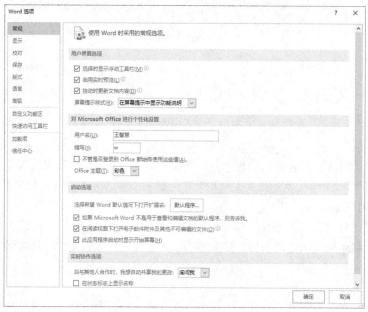

图 5-2　"Word 选项"对话框

对 Word 2016 进行了简单的介绍之后，下面主要通过案例的形式介绍 Word 2016 的基本操作、格式设置、表格创建、高级应用等。

5.1.2　文档的基本操作

使用 Word 2016 可以创建多种类型的文档，主要包括新建文档、输入内容和文档的保存等。

1. 新建文档

新建文档有多种方法，可以通过启动 Word 2016 创建一个空白文档；也可以在 Word 2016 工作窗口中，单击"文件"按钮，在菜单中选择"新建"命令，单击"空白文档"按钮来新建文档；也可以按【Ctrl+N】组合键来创建一个新文档。

2．输入文本

1）输入状态

通过键盘输入文本有两种状态：插入和改写。输入文本一般在插入状态下进行，即输入的文字将插入到插入点处。如果输入的文字覆盖了现有内容，需要将文字输入状态调整为插入状态。在 Word 2016 中，可以按【Insert】键进行"改写"和"插入"状态的切换。

2）符号的输入

（1）常用的标点符号。在中文标点符号状态下，直接按键盘的标点符号，例如输入英文句号"."，会显示为小圆圈"。"；输入"\"会显示为顿号"、"；输入小于/大于符号"<"/">"，会显示为书名号"《"和"》"等。可以按快捷键【Ctrl+.】实现中英文标点符号的切换。

（2）特殊的标点符号、数学符号、单位符号、希腊字母等。可以利用输入法状态栏的软键盘。方法是：右击软键盘，在弹出的快捷菜单中选择字符类别，再选中需要的字符。

（3）特殊的图形符号如、等。文字处理软件都提供了"插入符号"命令。在 Word 2016 中，可以单击"插入"选项卡"符号"组中的"符号"按钮，选择其中的"其他符号"命令，在打开的"符号"对话框中进行操作，如图 5-3 所示。

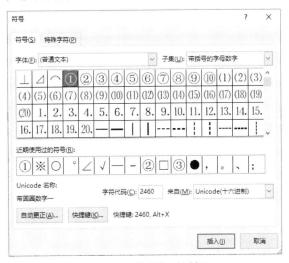

图 5-3　"符号"对话框

3．保存文档

用户输入和编辑的文档是在内存中运行的，内存的特点是断电之后信息将会消失，所以需要及时地保存文档。

在 Word 2016 中，常用方法有 3 种：

（1）单击快速访问工具栏的"保存"按钮。

（2）单击"文件"按钮，在下拉菜单中选择"保存"或"另存为"命令。

（3）使用【Ctrl+S】组合键。

实例 5-1：创建一个新文档，内容如图 5-4 所示。

（1）新建空白文档，并输入内容。

（2）保存文档到 D 盘下的"Word"文件夹中，文件名为"放假通知"。

（3）关闭"放假通知"文档。

放假通知
校属各单位:
根据《国务院办公厅关于 2021 年部分节假日安排的通知》(国办发明电〔2020〕27 号) 和《河南省教育厅办公室关于 2021 年清明节放假安排的通知》(教办函〔2021〕105 号) 精神,结合学校工作实际,现将 2021 年清明节放假安排通知如下:
2021 年 4 月 3 日至 5 日放假调休,共 3 天。
请全体教职工生严格落实疫情防控要求和规定,做好个人防护,减少外出,避免人员聚集。
各单位要做好假期值班和安全、保卫等工作,如遇重大突发事件,按照规定及时报告并妥善处置。
特此通知。
党政办公室
2021 年 3 月 29 日

图 5-4 "放假通知" 文档内容

操作参考步骤:

(1) 在 "D" 创建文件夹 "Word"。启动 Word 2016,进入 Word 窗口,输入文字内容。

(2) 选择 "文件" 选项卡→ "保存" 命令,单击 "浏览" 选项,弹出 "另存为" 对话框,如图 5-5 所示。在地址栏下拉列表中选择或输入 "D:\Word",保存类型选择 Word 文档,输入文件名 "放假通知",单击 "保存" 按钮。

图 5-5 "另存为" 对话框

(3) 单击 "放假通知" 窗口右上角的 "关闭" 按钮。

5.1.3 文档排版

文档内容输入完毕后,还需要对文档进行排版,使其变得美观易读、丰富多彩。文档排版主要包括:字符排版、段落排版和页面排版。

1. 字符排版

字符排版是以若干字符为对象进行格式化,主要包括字符的字体和字号、字形 (加粗和倾斜)、字符颜色、下画线、着重号、删除线、上下标、文本效果、字符缩放和字符间距等。字符格式化可以通过 "开始" 选项卡 "字体" 组中的相应按钮 (见图 5-6) 及 "字体" 对话框来实现 (见图 5-7)。

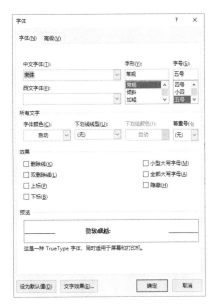

图 5-6　"字体"组中的按钮　　　　　　　　　图 5-7　"字体"对话框

实例 5-2：打开实例 5-1 中的"放假通知"文档，进行字符排版。

（1）将标题"放假通知"设为标准色绿色、楷体、一号、加粗；字符加宽 2 磅，并添加喜欢的文本效果。

（2）为正文第 3 段添加波浪线。

（3）使用替换命令将正文中的"疫情防控"设置成"黑体、红色、加粗"。

最后效果如图 5-8 所示。

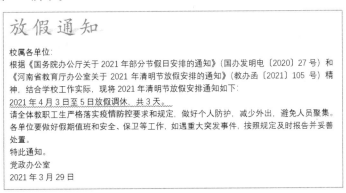

图 5-8　"放假通知"字符排版效果

操作参考步骤：

（1）打开文档，选定标题"放假通知"，在"开始"选项卡"字体"组中分别设置"楷体""标准色绿色""一号""加粗"，然后单击该组的对话框启动器按钮，打开"字体"对话框，设置间距为"加宽"，磅值为"2 磅"，单击"确定"按钮；单击"字体"组中的"文本效果和版式"下拉按钮，在弹出的文本效果库中选择喜欢的样式。

（2）选定正文第 3 段，单击"开始"选项卡"字体"组中的"下划线"按钮，在展开的下划线库中选择波浪线。

（3）单击"开始"选项卡"编辑"组中的"替换"按钮，打开"查找和替换"对话框，进行

相应的设置，如图 5-9 所示。

图 5-9 "查找和替换"对话框

2. 段落排版

段落的排版主要包括对齐方式、段落缩进、段落间距、行间距等，此外还包括项目符号和编号、边框和底纹等。

对齐方式一般有 5 种：左对齐、居中、右对齐、两端对齐和分散对齐。其中两端对齐是以词为单位，自动调整词与词之间的距离，使字符沿着页面的左右边界对齐。分散对齐是使字符均匀地分布在一行上。

段落缩进是指段落各行相对于页面左右边界的距离，在 Word 2016 中段落缩进有 4 种方式：首行缩进、悬挂缩进、左缩进和右缩进。

段落间距指的是两个相邻段落之间的距离，即段前距离和段后距离。行距指段落中行与行之间的距离，有单倍行距、1.5 倍行距、最小值、固定值和多倍行距等。

实例 5-3：打开实例 5-2 中的"放假通知"文档，进行段落排版。

（1）标题设置为居中对齐，正文最后两段落设置为右对齐。

（2）正文第 2~5 段首行收缩 2 字符，行距为 1.5 倍行距。

（3）给正文第 3 段段落添加绿色双实线边框，给第 6 段文字添加"灰色–25%"底纹。

最后效果如图 5-10 所示。

操作参考步骤：

（1）打开文档，选定标题"放假通知"，单击"开始"选项卡"段落"组中的"居中对齐"按钮≡；选定最后两段落，单击"右对齐"按钮≡。

（2）选定正文第 2~4 段，单击"开始"选项卡"段落"组中的对话框启动器按钮，打开"段落"对话框进行相应的设置，如图 5-11 所示。

（3）选定正文第四段，单击"开始"选项卡"段落"组中的"边框"下拉按钮，在下拉列表中选择"边框和底纹"命令，打开"边框和底纹"对话框，进行相应的设置，如图 5-12 所示；选定正文第 6 段，在"边框和底纹"对话框中选择"底纹"选项卡，在"样式"下拉列表中选择

"灰色-25%",在"应用于"下拉列表中选择"文字",单击"确定"按钮。

图 5-10　"放假通知"段落排版效果

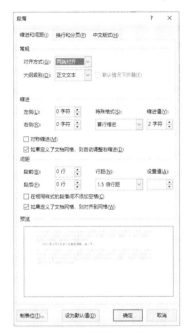

图 5-11　"段落"对话框

图 5-12　"边框和底纹"对话框

3. 页面排版

页面排版反映了文档的整体外观和输出效果。页面排版主要包括页面设置、页面背景、页眉和页脚、脚注和尾注、特殊格式设置(首字下沉、分栏、文档竖排)等。

页面设置决定了文档的打印结果。页面设置通常包括打印用纸的大小及打印方向、页边距、页眉和页脚的位置、每页容纳的行数和每行容纳的字数等。

在文档排版打印时,有时需要在每页的顶部和底部加入一些说明性信息,称为页眉和页脚。这些信息可以是文字、图形、图片、日期或时间、页码等,还可以是用来生成各种文本的"域代码"(如日期、页码等)。

此外,还有一些特殊格式,如分栏和首字下沉等。分栏是指将一页纸的版面分为几栏,使得页面更生动和更具可读性,这种排版方式在报纸、杂志中经常用到。首字下沉是将选定段落的第

一个字放大数倍，以引导阅读。它也是报纸、杂志中常用的排版方式。

实例 5-4：打开实例 5-3 中的"放假通知"文档，进行页面排版。

（1）设置页面上边距为 2.5 cm，下边距为 3 cm，左右页边距保持默认值，纸张大小为 16 开。

（2）设置页眉内容为"放假通知"，选择喜欢的样式插入页码。

（3）把正文第 4 段分为等宽 2 栏，栏宽 5 cm，栏间加分隔线。

（4）为正文第 4 段设置首字下沉，字体为隶书，下沉行数为 2。

最后效果如图 5-13 所示。

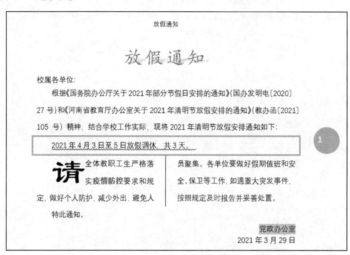

图 5-13　"放假通知"页面排版效果

操作参考步骤：

（1）打开文档，单击"布局"选项卡"页面设置"组的对话框启动器按钮，打开"页面设置"对话框，在页边距选项卡中进行相应的设置，如图 5-14 所示，然后在"纸张"选项卡中的"纸张大小"下拉列表中选择"16 开"，最后单击"确定"按钮。

（2）单击"插入"选项卡"页眉和页脚"组中的"页眉"下拉按钮，在展开的页眉库中选择"空白"样式，在页眉编辑区输入文字"放假通知"；在"页眉和页脚工具-设计"选项卡的"页眉和页脚"组中单击"页码"下拉按钮，在下拉列表中指向"页边距"，再选择"圆（右侧）"，最后双击正文或单击"关闭"组中的"关闭页眉和页脚"按钮。

（3）选定正文第 4 段，单击"布局"选项卡"页眉设置"组中的"分栏"下拉按钮，在下拉列表中选择"更多分栏"，打开"分栏"对话框。在"预设"栏中选择"两栏"，宽度设为"6厘米"，选中"分割线"复选框，然后单击"确定"按钮。

（4）把插入点定位到正文第 4 段，单击"插入"选项卡"文本"组中的"首字下沉"按钮，在下拉列表中选择"首字下沉选项"命令，在打开的"首字下沉"对话框中进行相应的设置，然后单击"确定"按钮。

图 5-14　"页面设置"对话框

5.1.4　制作表格

文档中经常需要使用表格来组织文档中有规律的文字和数字，有时还需要利用表格将文字段落并行排列。表格由若干行和若干列组成，行列的交叉处称为单元格。单元格内可以输入字符、图形，或插入另一个表格。表格主要有 3 种类型：规则表格、不规则表格、文本转换成的表格。

1. 创建表格

1）建立规则表格

在 Word 2016 中，建立规则表格常用的方法是：单击"插入"选项卡"表格"组中的"表格"下拉按钮，在下拉列表中选择"插入表格"命令，选择或直接输入所需的列数和行数，单击"确定"按钮。

2）建立不规则表格

在 Word 2016 中，单击"插入"选项卡"表格"组中的"表格"按钮，在下拉列表中选择"绘制表格"命令。此时，指针呈铅笔状，可直接绘制表格外框、行列线和斜线（在线段的起点单击并拖动至终点释放），表格绘制完成后再单击"表格工具-布局"选项卡中的"绘制表格"按钮，取消选定状态。在绘制过程中，可以根据需要选择表格线的线型、宽度和颜色等。对多余的线段可利用"橡皮擦"按钮，用指针沿表格线拖动或单击即可。

3）将文本转换成表格

按规律分割的文本可以转换成表格，文本的分隔符可以是空格、制表符、逗号或其他符号等。要将文本转换成表格，先选定文本，单击"插入"选项卡"表格"组中的"表格"下拉按钮，在下拉列表中选择"文本转换成表格"命令即可。

2. 输入表格内容

表格建好后，可以在表格的任意单元格中定位光标并输入文字，也可以插入图片、图形、图表等内容。

在单元格中输入和编辑文字的操作与文档的其他文本段落一样。单元格的边界作为文档的边界，当输入内容达到单元格的右边界时，文本自动换行，行高也将自动调整。

输入时，按【Tab】键使光标往后一个单元格移动，按【Shift+Tab】组合键使光标往前一个单元格移动，也可以将鼠标指针直接指向所需的单元格后单击。

要设置表格单元格中文字的对齐方式，在 Word 2016 中，可选定文字，右击，在弹出的快捷菜单中选择"表格属性"命令，在打开的"表格属性"对话框中选择"表格"选项卡进行操作。其他设置如字体、缩进等与前面介绍的文档排版操作方法相同。

实例 5-5： 创建一个带斜线表头的表格，斜线表头中文字为小五号宋体字，如图 5-15 所示。表格中文字的对齐方式为水平居中对齐（水平和垂直方向都是居中对齐方式）。

操作参考步骤：

（1）新建一个文档，单击"插入"选项卡"表格"组中的"插入表格"按钮，在弹出的"插入表格"对话框中输入列数"4"和行数"4"，单击"确定"按钮。在表格中任意一个单元格中单击，将鼠标指针移至表格右下角，当鼠标指针变成箭头状时，可适当调整表格大小。

（2）单击第 1 个单元格，单击"插入"选项卡"插图"组中的"形状"下拉按钮，在下拉列表中选择"线条"中的"直线"选项＼。在第 1 个单元格左上角顶点按住鼠标左键拖动至右下角顶点，绘制出斜线。单击"基本形状"区的"文本框"按钮，在单元格的适当位置绘制一个文本框，输入"项"字，然后选中文本框，右击，在弹出的快捷菜单中选择"设置形

状格式"命令,打开"设置形状格式"窗格,在"填充"与"线条"区中分别选中"无填充"和"无线条"单选按钮,如图 5-16 所示。同样的方法制作出斜线表头中的"目""姓""名"等字。

项目 姓名	基本工资/元	绩效工资/元	津贴/元
李莉莉	1 890	2 710	920
张惠	1 970	2 870	880
王志峰	1 840	2 730	950

图 5-15　带斜线表头的表格　　　　　　图 5-16　绘制斜线表头中文本框的处理

(3)在表格的其他单元格输入相应的内容,然后选定整个表格中的文字,在"表格工具-布局"选项卡"对齐方式"组中,单击"水平居中"按钮。

3. 编辑表格

表格的编辑操作同样遵守"先选定、后执行"的原则,文字处理软件选定表格的操作见表 5-1。

表 5-1　选定表格

选取范围	鼠标操作
一个单元格	鼠标指针指向单元格内左下角处,指针呈右上角方向黑色实心箭头,单击
一行	鼠标指针指向该行左端边沿处(即选定区),单击
一列	鼠标指针指向该列顶端边沿处,指针呈向下黑色实心箭头,单击
整个表格	单击表格左上角的符号⊞

表格的编辑包括:缩放表格;调整行高和列宽;增加或删除行、列和单元格;表格计算和排序;拆分和合并表格、单元格;表格复制和删除;表格跨页操作等。文字处理软件提供了丰富的表格编辑功能。

在 Word 2016 中,这主要是通过"表格工具-布局"选项卡中的相应按钮(见图 5-17)或右键快捷菜单中的相应命令来完成的。

1)缩放表格

当鼠标指针位于表格中时,在表格的右下角会出现符号"□",称为句柄。将鼠标指针移动到句柄上,当鼠标指针变成箭头时,拖动鼠标可以缩放表格。

图 5-17　"表格工具-布局"选项卡中的按钮

2）调整行高和列宽

根据不同情况有 3 种调整方法：

（1）局部调整：可以采用拖动标尺或表格线的方法。

（2）精确调整：在 Word 2016 中，选定表格，在"表格工具-布局"选项卡"单元格大小"组中的"高度"和"宽度"数值框中设置具体的行高和列宽；或单击"表"组中的"属性"按钮；或在右键快捷菜单中选择"表格属性"命令，打开"表格属性"对话框，在"行"和"列"选项卡中进行相应设置。

（3）自动调整列宽和均匀分布：选定表格，单击"表格工具-布局"选项卡"单元格大小"组中"自动调整"的下拉按钮，在下拉列表中选择相应的调整方式。或在右键快捷菜单中选择"自动调整"中的相应命令。

3）增加或删除行、列和单元格

增加或删除行、列和单元格可利用"表格工具-布局"选项卡"行和列"组中的相应按钮或在右键快捷菜单中选择相应命令。如果选定的是多行或多列，那么增加或删除的也是多行或多列。

实例 5-6：对实例 5-5 中的表格设置行高为 2 厘米，列宽为 3 厘米；在表格的底部添加一行并输入"平均值"，在表格的最右边添加一列并输入"实发工资"。

操作参考步骤：

（1）选定整个表格，单击定位在"表格工具-布局"选项卡"单元格大小"组中的"高度"数值框中，调整至"2 厘米"或者直接输入"2 厘米"，同样，在"宽度"数值框中设置"3 厘米"，按【Enter】键，并适当调整斜线表头大小和位置。

（2）选中最后一行，单击"表格工具-布局"选项卡"行和列"组中的"在下方插入"按钮（或者将光标置于最后一个单元格按【Tab】键，或者将光标置于最后一行段落标记前按【Enter】键），然后在新插入行的第 1 个单元格中输入"平均值"。

（3）选中最后一列，单击"表格工具-布局"选项卡"行和列"组中的"在右侧插入"按钮，然后在新插入列的第 1 个单元格中输入"实发工资"。设置新增加的行和列的单元格文字对齐方式为水平居中对齐。

4）表格计算和排序

（1）表格计算。在表格中可以完成一些简单的计算，如求和、求平均值、统计等，这可以通过 Word 提供的函数快速实现。这些函数包括求和（SUM）、平均值（AVERAGE）、最大值（MAX）、最小值（MIN）、条件统计（IF）等。

在 Word 2016 中，表格计算是通过"表格工具-布局"选项卡"数据"组中的"公式"按钮来使用函数或直接输入计算公式完成的。在计算过程中，经常要用到表格的单元格地址，它用字母后面跟数字的方式来表示，其中字母表示单元格所在列号，每一列号依次用字母 A、B、C、……表示，数字表示行号，每一行号依次用数字 1、2、3、……表示，如 B3 表示第 2 列第 3 行的单元格。作为函数自变量的单元格表示方法见表 5-2。

微　课

表格计算

表 5-2 单元格表示方法

函数自变量	含　义
LEFT	左边所有单元格
ABOVE	上边所有单元格
单元格 1: 单元格 2	从单元格 1 到单元格 2 矩形区域内的所有单元格
单元格 1, 单元格 2, …	计算所有列出来的单元格 1, 单元格 2, …的数据

（2）表格排序。除计算外，文字处理软件还可以根据数值、笔画、拼音、日期等方式对表格数据按升序或降序排列，同时，允许选择多列进行排序，即当选择的第一列（称为主关键字）内容有多个相同的值时，可根据另一列（称为次要关键字）排序，依此类推，最多可选择 3 个关键字进行排序。

实例 5-7：对例 5-6 中的表格计算每位职工的实发工资及各项工资的平均值（要求平均值保留两位小数），并对表格进行排序（不包括"平均值"行）：首先按实发工资降序排序，再按津贴降序排序。结果如图 5-18 所示。

项目 姓名	基本工资/元	绩效工资/元	津贴/元	实发工资/元
张惠	1 970	2 870	880	5 720
王志峰	1 840	2 730	950	5 520
李莉莉	1 890	2 710	920	5 520
平均值	1 900	2 770	916.67	5 586.67

图 5-18 表格和排序结果

操作参考步骤：

（1）计算实发工资。单击存放第 1 位职工实发工资的单元格，单击"表格工具-布局"选项卡"数据"组中的"公式"按钮 ƒx，出现"公式"对话框，如图 5-19 所示。此时，Word 自动给出的公式是正确的，可以直接单击"确定"按钮；继续单击用于存放第 2 位职工实发工资的单元格，重复相同的步骤。但这次 Word 自动提供的公式"= SUM(ABOVE)"是错误的，需要将括号中的内容进行更改，最简单的方法是用"LEFT"替换"ABOVE"，也可以选择用"B3,C3,D3"或"B3:D3"（注意其中的标点符号必须是英文的）替换"ABOVE"，还可以不使用 SUM 函数，直接在公式框中输入"= B3+C3+D3"，公式框中的字母大小写均可；用同样的方法计算出第 3 位职工的实发工资。

（2）计算平均值。计算平均分与总分类似，选择的函数是"AVERAGE"。单击存放"基本工资"平均值的单元格，单击"表格工具-布局"选项卡"数据"组中的"公式"按钮 ƒx，在"公式"对话框中保留"="号，删除其他内容。然后单击"编号格式"下拉按钮，在下拉列表中选择"0.00"（小数点后有几个 0 就是保留几位小数），再在"粘贴函数"下拉列表中选择"AVERAGE"，光标自动定位在公式框中的括号内，输入"ABOVE"，如图 5-20 所示。也可以在括号内输入"B2,B3,B4"或"B2:B4"，或者在公式框中输入"= (B2+B3+B4)/3"，最后单击"确定"按钮。第一个保留两位小数的平均值就计算好了。用同样的方法计算出"绩效工资""津贴"和"实发工资"的平均值。

图 5-19　计算实发工资

图 5-20　计算平均值

（3）表格排序。表格排序。选定表格前 4 行，单击"表格工具-布局"选项卡"数据"组中的"排序"按钮⤓。在"排序"对话框中选择"主要关键字"和"次要关键字"以及相应的排序方式，如图 5-21 所示。

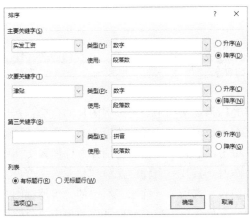

图 5-21　"排序"对话框

5）拆分和合并表格、单元格

拆分表格是指将一个表格分为两个表格。在文字处理过程中，有时需要将一个表格拆分为两个表格，或者需要将单元格拆分、合并。在 Word 2016 中，拆分表格的操作方法是，首先将鼠标指针移到表格将要拆分的位置，即第 2 个表格的第 1 行，然后单击"表格工具-布局"选项卡"合并"组中的"拆分表格"按钮▤，此时在两个表格中产生一个空行。删除这个空行，两个表格又合并成为一个表格。

拆分单元格是指将一个单元格分为多个单元格，合并单元格则恰恰相反。在 Word 2016 中，拆分和合并单元格可以利用"表格工具-布局"选项卡"合并"组中的"拆分单元格"按钮▤和"合并单元格"按钮▤来完成。

4．格式化表格

1）自动套用表格格式

文字处理软件为用户提供了各种各样的表格样式，这些样式包括表格边框、底纹、字体、颜色的设置等，使用它们可以快速格式化表格。在 Word 2016 中，这通过"表格工具-设计"选项卡"表格样式"组中的相应按钮来实现。

2）边框与底纹

自定义表格外观，最常见的是为表格添加边框和底纹。使用边框和底纹可以使每个单元格或每行每列呈现出不同的风格，使表格更加清晰明了。通过单击"表格工具–设计"选项卡"边框"组中的"边框"下拉按钮，在下拉列表中选择"边框和底纹"命令，打开"边框和底纹"对话框来进行操作。

5.1.5 插入对象

在 Word 2016 中，可以插入的对象包括各种类型的图片、图形对象（如形状、SmartArt 图形、文本框、艺术字等）、公式和图表等。

要在文档中插入这些对象，通常单击"插入"选项卡"插图"组中的相应按钮，"文本"组中的"文本框"按钮^A、"艺术字"按钮 ，以及"符号"组中的"公式"按钮 π 。

如果要对插入的对象进行编辑和格式化操作，可以利用各自的右键快捷菜单及对应的工具选项卡来进行。图片对应的是"图片工具"选项卡，图形对象对应的分别是"绘图工具""SmartArt工具""公式工具""图表工具"选项卡等。选定对象，这些工具选项卡就会出现。

1. 插入图片

要在文档中插入图片，可以通过"插入"选项卡中的"插图"组中的相应按钮进行操作。

实例 5-8：新建一个空白文档，插入一张图片和一个程序窗口图片。

参考操作步骤：

（1）插入图片文件。将光标移到文档中需要放置图片的位置，然后单击"插入"选项卡"插图"组中的"图片"按钮，在下拉列表中选择"此设备"命令打开"插入图片"对话框，选择图片所在的位置和图片名称，单击"插入"按钮，将图片文件插入文档中。

（2）插入一个程序窗口图像。打开一个程序窗口，如文件夹窗口，然后将光标移到文档中需要放置图片的位置；单击"插入"选项卡"插图"组中的"屏幕截图"按钮，在弹出的下拉列表中可以看到当前打开的程序窗口，单击需要截取画面的程序窗口即可。

插入文档中的图片，除复制、移动和删除等常规操作外，还可以调整图片的大小，裁剪图片等；可以设置图片排列方式如"嵌入型"，其他非"嵌入型"如四周型、紧密型等；可以调整图片的颜色；删除图片背景使文字内容和图片互相映衬；设置图片的艺术效果、设置图片样式等。

在 Word 2016 中，这主要通过"图片工具"选项卡和右键快捷菜单中的对应命令来实现。"图片工具"选项卡如图 5-22 所示。

图 5-22 "图片工具"选项卡

2. 插入图形对象

图形对象包括形状、SmartArt 图形、艺术字等。

1）形状

形状包括线条、矩形、基本形状、箭头总汇、公式形状、流程图、星与旗帜和标注等多种类型，每种类型又包含若干图形样式。插入的形状还可以添加文字，设置阴影、发光、三维旋转等各种特殊效果。

实例 5-9：绘制一个如图 5-23 所示的流程图，要求流程图的各个部分组合为一个整体。

图 5-23　绘制流程图

参考操作步骤：

（1）新建一个空白文档，单击"插入"选项卡"插图"组中的"形状"下拉按钮，在形状库中选择流程图中的相应图形。第 1 个是"矩形"区的圆角矩形，画到文档中合适位置，并适当调整大小。右击图形，在弹出的快捷菜单中选择"添加文字"命令，在图形中输入文字"入库"。

（2）然后单击"线条"区的单向箭头按钮，画出向右的箭头。

（3）重复前两步，继续插入其他形状直至完成。

（4）按住【Shift】键，依次单击所有图形，全部选中后，在图形中间右击，在弹出的快捷菜单中选择"组合"命令，将多个图形组合在一起。

2）SmartArt 图形

SmartArt 图形是文字处理软件中预设的形状、文字以及样式的集合，包括列表、流程、循环、层次结构、关系、矩阵、棱锥图和图片等多种类型，每种类型下又有多个图形样式，用户可以根据文档的内容选择需要的样式，然后对图形的内容和效果进行编辑。

实例 5-10：绘制一个组织结构图，如图 5-24 所示。

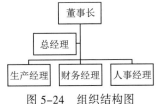

图 5-24　组织结构图

微　课

插入 SmartArt
图形

参考操作步骤：

（1）新建一个空白文档，单击"插入"选项卡"插图"组中的"SmartArt"按钮 ，打开"选择 SmartArt 图形"对话框，在"层次结构"选项卡中选择"组织结构图"。

（2）单击各个"文本框"，从上至下依次输入"董事长""总经理""生产经理""财务经理"和"人事经理"。

（3）单击文档中其他任意位置，组织结构图完成。插入 SmartArt 图形后，可以利用其"SmartArt 工具"选项卡完成设计和格式的编辑操作。

3）插入艺术字

艺术字是以普通文字为基础，通过添加阴影、改变文字的大小和颜色、把文字变成多种预定义的形状等来突出和美化文字的。它的使用会使文档产生艺术美的效果，常用来创建旗帜鲜明的标志或标题。

在 Word 2016 中，插入艺术字可以通过"插入"选项卡"文本"组中的"艺术字"按钮来实现。生成艺术字后，会出现"绘图工具-格式"选项卡，在其中的"艺术字样式"组中进行操作，如改变艺术字样式、增加艺术字效果等。如果要删除艺术字，只要选中艺术字，按【Delete】键即可。

实例 5-11：制作效果如图 5-25 所示的艺术字。

喜迎二十大 奋进新征程

图 5-25　艺术字效果

参考操作步骤：

（1）单击"插入"选项卡"文本"组中的"艺术字"按钮，在展开的艺术字样式库中选择"填充：金色，主题色4；软棱台"（第 1 行第 5 列），输入文字"喜迎二十大奋进新征程"。

（2）单击"绘图工具–格式"选项卡，在"艺术字样式"组中单击"文本效果"下拉按钮；在下拉列表中指向"发光"，在其级联菜单"发光变体"区中单击"金色，11pt，个性色 4"按钮（第 3 行第 4 列），继续在"艺术字样式"组中单击"文本效果"下拉按钮，在下拉列表中指向"转换"，在其级联菜单"弯曲"区中单击"波形 2"按钮（第 5 行第 2 列）。

3. 插入公式

在编写论文或一些学术著作时，经常需要处理数学公式，利用 Word 2016 的公式编辑器，可以方便地制作具有专业水准的数学公式。产生的数学公式可以像图形一样进行编辑操作。

要创建数学公式，可单击"插入"选项卡"符号"组"公式"π 的下拉按钮，在下拉列表中选择预定义好的公式，也可以通过"插入新公式"命令来自定义公式，此时，出现公式输入框和"公式工具–设计"选项卡，如图 5-26 所示，帮助完成公式的输入。

图 5-26　"公式工具–设计"选项卡

实例 5-12：输入如下公式。

$$d\left(\sqrt{x}\right)=\frac{1}{2\sqrt{x}}dx$$

微　课

插入公式

参考操作步骤：

（1）单击"插入"选项卡"符号"组"公式"π 的下拉按钮，在下拉列表中选择"插入新公式"命令。

（2）在公式输入框中输入 d()，定位插入点至括号中，单击"公式工具–设计"选项卡"结构"组中的"根式"按钮，在"根式"区选择 $\sqrt{\Box}$，然后在虚线框中输入"x"；在 $d(\sqrt{x})$ 后单击，输入"="；单击"结构"组中的"分数"下拉按钮，在"分数"区中选择 $\frac{\Box}{\Box}$，单击虚线框分别输入"1"和"$2\sqrt{x}$"；在 $\frac{1}{2\sqrt{x}}$ 后单击，输入"dx"。

（3）在公式输入框外单击，结束公式输入。

5.1.6　高效排版

为了提高排版效率，Word 2016 提供了一些高效排版功能，包括样式、自动生产目录等。

1. 样式的创建与使用

样式是一组命名的字符和段落排版格式的组合。例如，一篇文档有各级标题、正文、页眉和页脚等，它们分别有各自的字符格式和段落格式，并各以其样式名存储以便使用。

使用样式可以轻松快捷地编排具有统一格式的段落，使文档格式严格保持一致，而且，样式便于修改，如果文档中多个段落使用了同一样式，只要修改样式，就可以修改文档中带有此样式的所有段落。此外，样式也有助于长文档构造大纲和创建目录。

1）使用已有样式

选定需要使用样式的段落，在"开始"选项卡"样式"组"快速样式库"中选择已有的样式，或单击"样式"组右下角的对话框启动器按钮，打开 "样式"任务窗格，在下拉列表中根据需要选择相应的样式。

2）新建样式

当文字处理软件提供的样式不能满足用户需要时，可以自己创建新样式。

单击"样式"任务窗格左下角的"新建样式"按钮，在"根据格式化创建新样式"对话框中进行设置。在该对话框中输入样式名称，选择样式类型、样式基准，设置该样式的格式，再选中"添加到样式库"复选框。新样式建立后，就可以像已有样式一样直接使用。

3）修改和删除样式

如果对已有的段落样式和格式不满意，可以进行修改和删除。修改样式后，所有应用了该样式的文本都会随之改变。

修改样式的方法是：在"样式"任务窗格中，右击需要修改的样式名，在弹出的快捷菜单中选择"修改"命令，在"修改样式"对话框中设置所需的格式即可。

删除样式的方法与上面类似，不同的是应选择"删除"命令，此时，带有此样式的所有段落自动应用"正文"样式。

2．自动生成目录

为了方便读者阅读和大概了解文档的层次结构及主要内容，书籍或长文档编写完后，需要为其制作目录。除了手动输入目录外，Word 2016 还提供了自动生成目录的功能。

1）创建目录

要自动生成目录，前提是将文档中的各级标题统一格式化。一般情况下，目录分为 3 级，可以使用相应的 3 级标题"标题 1""标题 2"和"标题 3"样式，也可以使用其他几级标题样式或者自己创建的标题样式来格式化，然后单击"引用"选项卡"目录"组中"目录"的下拉按钮，在下拉列表中选择"自动目录 1"或"自动目录 2"。如果没有需要的格式，可以选择"自定义目录"命令，打开"目录"对话框进行自定义操作。

2）更新目录

如果文字内容在编制目录后发生了变化，Word 2016 可以很方便地对目录进行更新。方法是：在目录中单击，目录区左上角会出现"更新目录"按钮，单击它打开"更新目录"对话框，再选择"更新整个目录"选项即可。也可以通过"引用"选项卡"目录"组中的"更新目录"按钮进行操作。

5.2　电子表格处理软件 Excel 2016

Excel 2016 是微软公司推出的 Microsoft Office 2016 办公系列软件的一个重要组件。它不仅能够方便地处理表格和进行图形分析，其更强大的功能体现在对数据的自动处理和计算，直观的界面、出色的计算功能和图表工具，再加上成功的市场营销，使 Excel 2016 成为广泛使用的数据处理软件之一。

5.2.1 Excel 2016 工作环境

因 Excel 2016 的启动与退出方法与 Word 2016 的启动与退出方法相同，这里就不再赘述，下面重点来认识 Excel 2016 的工作界面。启动 Excel 2016 后，打开 Excel 2016 工作界面，如图 5-27 所示。

图 5-27　Excel 2016 工作窗口

Excel 2016 的工作窗口与 Word 2016 的基本相同，不同的主要有以下几个方面：

1）编辑栏

编辑栏是 Excel 窗口特有的，用来显示和编辑数据、公式。编辑栏由 3 部分组成：左端是名称框，当选择单元格或者区域时，相应的地址或区域名称会显示在该框中；右端是编辑框，在单元格中编辑数据时，其内容同时出现在编辑框中；中间是"插入函数"按钮，单击它可以打开"插入函数"对话框，同时在它的左边会出现"取消"按钮和"输入"按钮。

2）工作簿

一个工作簿就是一个电子表格文件，用来存储并处理工作数据，其扩展名为".xlsx"。它由若干张工作表组成，默认为一个，名称为 Sheet1，可以重命名。Excel 可以同时打开若干个工作簿，进行平铺、水平并排、垂直并排和层叠排列。

3）工作表

工作表是一张规整的表格，由若干行和列构成，行号自上而下为 1～104 857 6，列号从左到右为 A、B、C、…、X、Y、Z；AA、AB、AC、…、AZ；BA、BB、BC、…、BZ…。每一个工作表都有一个工作表标签，单击它可以实现工作表间的切换。

4）单元格和活动单元格

每一行和每一列交叉处的长方形区域称为单元格，单元格为电子表格处理的最小对象。单元格所在行列的列标和行号形成单元格地址，犹如单元格名称，如 A1 单元格、B2 单元格……。当前可以操作的单元格称为活动单元格。

5）区域

区域是一组单元格，可以是连续的，也可以是非连续的。对定义的区域可以进行多种操作，如移动、复制、删除、计算等。用区域的左上角单元格和右下角单元格的位置表示（引用）该区域，中间用冒号隔开。如区域是 D7:F13，其中区域中呈白色的单元格为活动单元格。

5.2.2　Excel 2016 的基本操作

Excel 2016 的基本操作主要是对工作表的基本操作，包括创建、编辑和格式化工作表。

1. 创建工作表

启动 Excel 2016 时可以创建一个空白工作簿，一个新的工作簿默认包含一个工作表，创建工作表的过程实际上就是在工作表中输入数据，并使用公式与函数计算数据的过程。

1）在工作表中输入原始数据

输入数据一般有两种方法：

（1）直接输入数据。在电子表格中，可以输入文本、数值、日期和时间等各种类型的数据。输入数据的基本方法是：在需要输入数据的单元格中单击，输完数据后按【Enter】键。

① 文本型数据的输入。文本是指键盘上可输入的任何符号。对于数字形式的文本型数据，如编号、学号、电话号码等，应在数字前加英文单引号（'），例如，输入编号 0101，应输入 "'0101"，此时电子表格处理软件以 0101 显示，把它当作字符沿单元格左对齐。

当输入的文本长度超出单元格宽度时，若右边单元格无内容，则文本内容会超出本单元格。

② 数值型数据的输入。数值除了由数字（0~9）组成的字符串外，还包括+、-、/、E、e、$、%以及小数点（.）和千分位符号（,）等特殊字符（如$150,000.5）。对于分数的输入，在电子表格处理软件中，为了与日期的输入区别，应先输入"0"和空格。例如，要输入 1/2，应输入"0 1/2"，如果直接输入的话，系统会自动处理为日期。

③ 输入日期时间。电子表格处理软件内置了一些日期、时间格式，当输入数据与这些格式相匹配时，系统将自动识别它们。常见的日期时间格式为"mm/dd/yy""dd-mm-yy"和"hh:mm(AM/PM)"，其中 AM/PM 与分钟之间应有空格，如"10:10 AM"，否则将被当作字符处理。

（2）使用填充柄输入有规律的数据。用户有时会遇到需要输入大量有规律数据的情况，如相同数据，呈等差、等比的数据。自动填充根据初始值来决定以后的填充项。用鼠标指向初始值所在单元格右下角的小黑方块（称为"填充柄"），此时鼠标指针形状变为黑十字，然后向右（行）或向下（列）拖动至填充的最后一个单元格，即可完成自动填充。

自动填充分 3 种情况：

① 填充相同数据（复制数据）。单击该数据所在的单元格，沿水平或垂直方向拖动填充柄，便会产生相同数据。

② 填充序列数据。如果是日期型序列，只需要输入一个初始值，然后直接拖动填充柄即可。如果是数值型序列，则必须输入前两个单元格的数据，然后选定这两个单元格，拖动填充柄，系统默认为等差关系，在拖动经过的单元格内依次填充等差序列数据。如果需要填充等比序列数据，则可以在拖动生成等差序列数据后，选定这些数据，通过"开始"选项卡"编辑"组"填充"按钮下拉列表中的"序列"命令，在"序列"对话框中选择"类型"为"等比序列"，并设置合适的步长值。

③ 填充用户自定义序列数据。在实际工作中，经常需要输入单位部门设置、商品名称、课程科目、公司在各大城市的办事处名称等，可以将这些有序数据自定义为序列，节省输入工作量，提高效率。

单击"文件"按钮，在菜单中选择"选项"命令，打开"Excel 选项"对话框，在左边选择"高级"选项卡，在右边"常规"区中单击"编辑自定义列表"按钮，打开"自定义序列"对话框，在其中添加新序列。有两种方法：一种方法是在"输入序列"框中直接输入，每输入一个序列按一次【Enter】键，输入完毕后单击"添加"按钮；另一种方法是从工作表中直接导入，只需用鼠标选中工作表中的这一系列数据，在"自定义序列"选项卡中单击"导入"按钮即可。

2）使用公式与函数计算数据

电子表格不仅能输入、显示、存储数据，更重要的是可以通过公式和函数方便地进行统计计算，如求和、求平均值、计数、求最大/最小值以及其他更为复杂的运算。电子表格处理软件提供了大量的、类型丰富的实用函数，可以通过各种运算符及函数构造出各种公式以满足各类计算的需要。

（1）使用公式计算数据。

公式可以在单元格或编辑框中直接输入。公式是以等号"＝"开始的表达式，由单元格引用、常量、运算符和括号组成，复杂的公式还可以包括函数，用于计算生成新的值。

常量是一个固定的值，从字面上就能知道该值是什么或它的大小是多少。公式中的常量有数值型常量、文本型常量和逻辑常量。

单元格引用又称单元格地址，用于表示单元格在工作表上所处位置的坐标，如第 C 列和第 2 行交叉处的单元格，其引用形式为"C2"。在输入公式时，之所以不用数字本身而用单元格的引用地址，是为了使分析计算的结果始终准确地反映单元格的当前数据。只要改变了数据单元格中的内容，公式单元格中的结果也立刻改变。

运算符用于连接单元格引用、常量，从而构成完整的表达式。公式中常用的运算符分为 4 类，见表 5-3。

表 5-3　运算符

类　　型	表 示 形 式
算术运算符	+（加）、-（减）、*（乘）、/（除）、%（百分比）、^（乘方）
关系运算符	=（等于）、>（大于）、<（小于）、>=（大于或等于）、<=（小于或等于）、<>（不等于）
文本运算符	&（文本的连接）
引用运算符	:（区域）、,（联合）、空格（交叉）

算术运算符：用来对数值进行算术运算，结果还是数值。例如，运算式"2-3^2/2*6"的计算顺序是：^、/、*、-，计算结果是-25。

关系运算符：又称为比较运算符，用来比较两个数值、日期、时间、文本的大小，结果是一个逻辑值。

文本运算符：用来将多个文本连接为一个组合文本，如"Xuchang ＆ University"的结果为"Xuchang University"。

引用运算符：用来将单元格区域合并运算。

4 类运算符的优先级从高到低依次为："引用运算符""算术运算符""文本运算符""关系运算符"。当多个运算符同时出现在公式中时，按运算符的优先级进行运算，优先级相同时，自左向右计算。

实例 5-13：有创建未完成格式化的"学生成绩表"，使用公式计算每位学生的总分。

参考操作步骤：

① 单击第一位学生的"总分"单元格，使其变为当前活动单元格。

② 在单元格中输入公式"＝D3+E3+F3"（或在编辑栏中输入"＝D3+E3+F3"）按【Enter】键，Excel 自动计算并将结果显示在单元格中，同时公式内容显示在编辑栏中。输入单元格引用地址更简单的方法是，直接用鼠标依次单击源数据单元格，则该单元格的引用地址会自动出现（见图 5-28）。

③ 其他学生的总分可利用公式的自动填充功能（复制公式）快速完成。方法是：移动鼠标到公式所在单元格右下角的小黑方块处（填充柄处）。当光标变成黑十字时，按住鼠标左键拖动经过目标区域，到达最后一个单元格时释放鼠标，公式自动填充完毕。

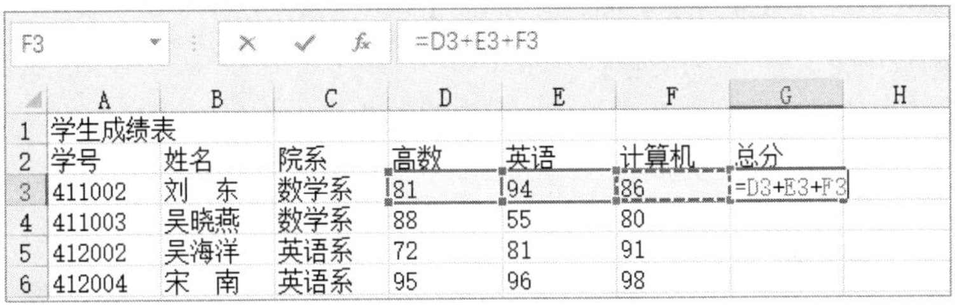

F3	▼	⁝	×	✓	fx	=D3+E3+F3	
◢	A	B	C	D	E	F	G	H
1	学生成绩表							
2	学号	姓名	院系	高数	英语	计算机	总分	
3	411002	刘　东	数学系	81	94	86	=D3+E3+F3	
4	411003	吴晓燕	数学系	88	55	80		
5	412002	吴海洋	英语系	72	81	91		
6	412004	宋　南	英语系	95	96	98		

图 5-28　使用公式计算总分

（2）使用函数计算数据。

函数实际上是一类特殊的、事先编辑好的公式，主要用于简单的四则运算不能处理的复杂计算需求。函数格式如下：

函数名称(参数 1，参数 2，…)

参数可以是常量、单元格、单元格区域、公式或其他函数。例如，求和函数 SUM(A1:F1) 中，A1:F1 是参数，指明操作对象是单元格区域 A1:F1 中的数值。

与直接创建公式比较（如公式"＝A1+B1+C1+D1+E1+F1"与函数"＝SUM(A1:F1)"），使用函数可以减少输入的工作量，减小出错概率。而且，对于一些复杂的运算（如开平方根、求标准偏差等），如果由用户自己设计公式来完成会很困难，电子表格处理软件提供了许多功能完备、易于使用的函数，涉及财务、逻辑、文本、日期和时间、查找与引用、数学和三角函数、统计、工程、多维数据集、信息等多方面。此外，用户还可以通过 VBA 自定义函数。

电子表格处理软件最基本的 5 个函数是：SUM（求和）、AVERAGE（平均值）、COUNT（计数，注意只有数字类型的数据才被计数）、MAX（最大值）和 MIN（最小值）。

函数的输入有两种方法：

① 直接输入法：即直接在单元格或编辑栏内输入函数，适用于比较简单的函数。例如，在实例 5-13 中计算第一位学生的总分时，可以直接在其"总分"单元格中输入"＝ SUM(D3:F3)"。

② 插入函数法：较第一种方法更常用。可以通过"公式"选项卡"函数库"组中的"插入函数"按钮或单击编辑栏中的 fx 按钮，打开"插入函数"对话框进行操作。也可以通过单击"公式"选项卡"函数库"组中对应的分类函数按钮，在下拉列表中选择需要的函数来完成。例如，对于 5 个基本函数，可以在"公式"选项卡"函数库"组中的"自动求和"按钮 Σ 的下拉列表中选择相应命令，它将自动对活动单元格上方或左侧的数据进行这 5 种基本计算。

实例 5-14：使用插入函数法计算"学生成绩表"中所有学生高数、英语、计算机和总分的平均值。

操作参考步骤：

① 在"学生成绩表"中单击第一位学生高数的"平均值"单元格。

② 单击编辑栏中的 f_x 按钮，打开"插入函数"对话框，在"或选择类别"框中选择"常用函数"命令，再在"选择函数"列表框中选择"AVERAGE"命令，单击"确定"按钮，弹出所选函数参数对话框。此时，系统自动提供数据单元格区域"D3:D12"，直接单击"确定"按钮即可。如果不正确，则需要重新选择，方法是：单击 Number1 参数框右侧的"暂时隐藏对话框"按钮，在工作表上方只显示参数编辑框，接着从工作表中选择相应的单元格区域"D3:D12"，再次单击该按钮，返回原对话框，最后单击"确定"按钮。

③ 其他项平均值的计算通过公式的自动填充功能快速完成。

3）公式和函数中单元格的引用地址

使用公式和函数计算数据其实非常简单，只要计算出第一个数据，其他的都可以利用公式的自动填充功能完成。公式的自动填充操作实际上就是复制公式。为什么同一个公式复制到不同单元格会有不同的结果呢？究其原因是单元格引用的相对引用在起作用。

公式和函数中经常包含单元格的引用地址，有以下 3 种表示方式：

（1）相对引用地址：由列标和行号表示，如 B1、C2 等，是 Excel 默认的引用方式。它的特点是公式复制时，该地址会根据移动的位置自动调节。例如，在"学生成绩表"中 G3 单元格输入公式"= D3+E3+F3"，表示的是在 G3 中引用紧邻它左侧的连续 3 个单元格中的值。当沿 G 列向下拖动复制该公式到单元格 G4 时，那么紧邻它左侧的连续 3 个单元格变成了 D4、E4、F4，于是 G4 中的公式也就变成了"= D4+E4+F4"。相对引用常用来快速实现大量数据的同类运算。

（2）绝对引用：是在列标和行号前都加上"$"，如$B10。它的特点是公式复制或移动时，该地址始终保持不变。例如，在"学生成绩表"中，将 G3 单元格公式改为"= $D$3+$E$3+$F$3"，再将公式复制到 G4 单元格，会发现 G4 的结果值仍为 261，公式也仍为"= $D$3+$E$3+$F$3"。符号"$"就好像一个"钉子"，钉住了参加运算的单元格，使它们不会随着公式位置的变化而变化。

（3）混合引用：是在列标或行号前加上符号"$"，如$A1 和 A$1。当需要固定引用行而允许列变化时，在行号前加符号"$"；当需要固定引用列而允许行变化时，在列标前加符号"$"。

实例 5-15：绝对引用地址示例。在实例 5-14 中的工作表的最后一列添加"评价"，如果学生的总分低于总分的平均值，则显示"低于平均分"，否则不显示任何信息。

参考操作步骤：

（1）单击 H2 单元格，输入文字"评价"。

（2）单击 H3 单元格，输入"=IF(G3<$G$13,"低于平均分","")"，这是一个条件函数，它表示的含义是如果 G3 单元格的内容小于 G13 单元格的内容（评定标准），就在当前单元格中填写"低于平均分"，否则不显示任何信息。然后按【Enter】键确认。也可以利用插入函数的方法设置 IF 函数的参数，如图 5-29 所示。

微　课●

公式和函数中单元格的引用地址

图 5-29　IF"函数参数"对话框

（3）利用公式的自动填充功能完成其他学生的评价信息。

2．编辑工作表

工作表的编辑主要包括工作表中数据的编辑，单元格或区域进行修改、插入和删除，以及工作的插入、移动、复制、删除和重命名等操作，以及工作表自身的编辑等。

1）工作表中数据的编辑

在向工作表中输入数据的过程中，经常需要对数据进行清除、移动和复制等编辑操作。电子表格处理中有清除和删除两个概念，它们是有区别的。

清除：针对的是单元格中的数据，单元格本身仍保留在原位置。选取单元格或区域后，单击选择"开始"选项卡"编辑"组"清除"按钮下拉列表中的相应命令，可以清除单元格格式、内容、批注和超链接中的任意一种，或者全部；按【Delete】键清除的只是内容。

删除：针对的是单元格，是把单元格连同其中的内容从工作表中删除。

在移动或复制数据时，可以替换目标单元格的数据，也可以保留目标单元格的数据。如要替换目标单元格的数据，操作方法是：选定源单元格数据后右击，在弹出的快捷菜单中根据需要选择"剪切"或"复制"命令，再定位到目标单元格后右击，在弹出的快捷菜单中选择"粘贴"命令来实现。如果要保留目标单元格的数据，注意在执行"剪切"或"复制"命令后，应选择右键快捷菜单中的"插入剪切的单元格"或"插入复制的单元格"命令来代替"粘贴"命令。

2）单元格、行、列的插入和删除

单元格、行、列的插入操作可以通过"开始"选项卡"单元格"组中的"插入" 按钮完成，也可以利用右键快捷菜单中的"插入"命令来实现。删除操作则可以通过"开始" 选项卡"单元格"组中的"删除"按钮完成，也可以利用右键快捷菜单中的"删除"命令来实现。

3）工作表的插入、移动、复制、删除、重命名、隐藏与显示

如果一个工作簿中包含多个工作表，可以使用电子表格处理软件提供的工作表管理功能。常用的方法是在工作表标签上右击，在弹出的快捷菜单中选择相应的命令。电子表格处理软件允许将某个工作表在同一个或多个工作簿中移动或复制，如果是在同一个工作簿中操作，只需单击该工作表标签，将它直接拖动到目的位置实现移动，在拖动的同时按住【Ctrl】键实现复制；如果是在多个工作簿中操作，首先应打开这些工作簿，然后右击该工作表标签，在弹出的快捷菜单中选择"移动或复制"命令，在"工作簿"下拉列表框中选择工作簿（如没有出现所需工作簿，说明此工作簿未打开），从"下列选定工作表之前"列表框中选择插入位置来实现移动。若进行复制

操作，还需要选中此对话框底部的"建立副本"复选框。

3. 格式化工作表

工作表的格式化主要包括格式化数据、调整工作表的列宽和行高、设置对齐方式、添加边框和底纹、使用条件格式以及自动套用格式等。

1）格式化数据

（1）设置数据格式。在 Excel 2016 中，可以设置不同的小数位数、百分号、货币符号、是否使用千位分隔符等来表示同一个数，例如 5 834.56、583 456%、￥5 834.56、5,834.56。

要设置数据格式，在 Excel 2016 中，简单的可以通过"开始"选项卡"数字"组中的相应按钮完成；复杂的则单击其右下角的对话框启动器按钮，打开"设置单元格格式"对话框，在"数字"选项卡中完成，如图 5-30 所示。该对话框也可以通过右键快捷菜单中的"设置单元格格式"命令打开。

图 5-30 "设置单元格格式"对话框"数字"选项卡

（2）对数据进行字符格式化。字符格式化主要是通过"开始"选项卡"字体"组中的相应按钮，或单击该组右下角的对话框启动器按钮，打开"设置单元格格式"对话框，在"字体"选项卡中完成。它的操作与 Word 2016 中"字体"对话框类似。

2）调整行高和列宽

调整列宽和行高最快捷的方法是利用鼠标操作。将鼠标指向要调整的列宽（或行高）的列（或行）号之间的分隔线上，当鼠标指针变成带一个双向箭头的十字形时，拖动分隔线到需要的位置即可。

如果要精确调整列宽和行高，可以通过"开始"选项卡"单元格"组"格式"按钮下拉列表中的"行高"和"列宽"命令执行。它们将分别显示"行高"和"列宽"对话框，用户可以在其中输入需要的高度或宽度值。

3）设置对齐方式

在 Excel 2016 中，不同类型的数据在单元格中以某种默认方式对齐。例如，文本左对齐，数值、日期和时间右对齐，逻辑值和错误值居中对齐等。如果对默认的对齐方式不满意，可以改变数据的对齐方式。

设置对齐方式可以通过"开始"选项卡"对齐方式"组中的相应按钮来完成。如果要求比较复杂，就需要通过单击该组右下角的对话框启动器按钮 ⬓，打开"设置单元格格式"对话框，在"对齐"选项卡中进行设置。

4）设置边框和底纹

为工作表添加各种类型的边框和底纹，可以起到美化工作表的目的，使工作表更加清晰明了。

如果要给某一单元格或某一区域增加边框，首先选定相应区域，然后在右键快捷菜单中选择"设置单元格格式"命令，打开"设置单元格格式"对话框，在"边框"选项卡中进行设置。

除了为工作表加上边框外，还可以为它加上背景颜色或图案，即底纹。底纹可通过"设置单元格格式"对话框中的"填充"选项卡来完成。

实例 5-16：对实例 5-15 中的"学生成绩表"进行格式化：设置"平均值"行小数位数为 2 位；设置标题行高为 25；将 A1 到 H1 单元格合并，标题内容水平居中对齐；将标题设置为华为彩云、20 号、加粗；表格边框外框为黑色粗线，内边框为黑色细线；"学号"所在行底纹为浅绿色。其效果如图 5-31 所示。

	A	B	C	D	E	F	G	H
1				学生成绩表				
2	学号	姓名	院系	高数	英语	计算机	总分	评价
3	411002	刘　东	数学系	81	94	86	261	
4	411003	吴晓燕	数学系	88	55	80	223	低于平均分
5	412002	吴海洋	英语系	72	81	91	244	
6	412004	宋　南	英语系	95	96	98	289	
7	413001	王　晓	教科系	83	95	86	264	
8	411001	徐青羽	数学系	90	87	95	272	
9	413002	刘　洋	教科系	65	45	70	180	低于平均分
10	412001	肖　占	英语系	50	78	40	168	低于平均分
11	413004	关超峰	教科系	94	84	73	251	
12	412003	李天宇	英语系	81	96	83	260	
13	平均值			79.90	81.10	80.20	241.20	

图 5-31　"学生成绩表"格式化后的效果图

操作参考步骤：

（1）选定"平均值"所在的区域 D13:G13，在快捷菜单中选择"设置单元格格式"命令，打开"设置单元格格式"对话框，在"数字"选项卡"分类"列表框中选择"数值"，在"小数位数"数值框中选择或者输入"2"，单击"确定"按钮。

（2）右击行号 1，在快捷菜单中选择"行高"命令，在打开的"行高"对话框中输入"25"，单击"确定"按钮。

（3）选中 A1 到 H1 单元格，在"设置单元格格式"对话框"对齐"选项卡中设置"水平对齐"为"居中"，选中"合并单元格"复选框（见图 5-32）。也可以单击"开始"选项卡"对齐方式"组中的"合并后居中"按钮 ⬓ 快捷完成。

（4）选中标题"学生成绩表"，在"设置单元格格式"对话框"字体"选项卡中设置字体为"华文彩云"，字形为"加粗"，字号为"20"，单击"确定"按钮。

（5）选中整个表格（A1:H13），在"设置单元格格式"对话框"边框"选项卡中先选择线条颜色为"黑色"，样式为"粗线"，单击预置栏"外边框"按钮，完成工作表外框的设置，再选择线条样式为"细线"，单击"内部"按钮，然后单击"确定"按钮；选定"学号"所在行（A2:H2），在"设置单元格格式"对话框"填充"选项卡中选择"颜色"为浅绿色。

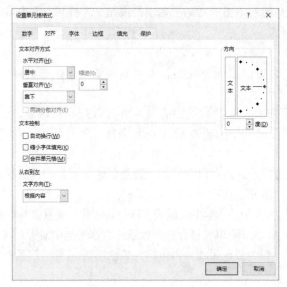

图 5-32 "设置单元格格式"对话框"对齐"选项卡

5）条件格式

条件格式可以使数据在满足不同的条件时，显示不同的格式。如处理学生成绩时，可以对不及格、优等不同分数段的成绩以不同的格式显示。

实例 5-17：对实例 5-16 中的表格设置条件格式：将高数大于 90 的单元格设置成"浅红填充色深红色文本"效果，将高数小于 60 的单元格设置成蓝色、加双下画线。其效果如图 5-33 所示。

	A	B	C	D	E	F	G	H
1				学生成绩表				
2	学号	姓名	院系	高数	英语	计算机	总分	评价
3	411002	刘 东	数学系	81	94	86	261	
4	411003	吴晓燕	数学系	88	55	80	223	低于平均分
5	412002	吴海洋	英语系	72	81	91	244	
6	412004	宋 南	英语系	95	96	98	289	
7	413001	王 晓	教科系	83	95	86	264	
8	411001	徐青羽	数学系	90	87	95	272	
9	413002	刘 洋	教科系	65	45	70	180	低于平均分
10	412001	肖 占	英语系	50	78	40	168	低于平均分
11	413004	关超峰	教科系	94	84	73	251	
12	412003	李天宇	英语系	81	96	83	260	
13	平均值			79.90	81.10	80.20	241.20	

图 5-33 设置条件格式后的效果图

参考操作步骤：

（1）选定要设置条件格式的区域 D3:D12。

（2）单击"开始"选项卡"样式"组中的"条件格式"按钮 ，在下拉列表中指向"突出显示单元格规则"，选择其级联菜单中的"大于"命令，打开"大于"对话框，在左边的文本框中输入"90"，在右边的下拉列表中选择"浅红填充色深红色文本"，单击"确定"按钮。

（3）用同样的方法选择"小于"命令，打开"小于"对话框，在左边的文本框中输入"60"，在右边的下拉列表中选择"自定义格式"命令，打开"设置单元格格式"对话框，在"字体"选项卡中设置颜色为"蓝色",下画线为"双下画线",然后单击"确定"按钮。

5.2.3 制作图表

图表以图形形式来显示数值数据系列,反映数据的变化规律和发展趋势,使人更容易理解大量数据以及不同数据系列之间的关系,一目了然地进行数据分析。Excel 2016 提供了丰富的图表类型,如柱形图、折线图、饼图、条形图、面积图、散点图和其他图表等,既有平面图形,又有复杂的三维立体图形。同时,它还提供许多图表处理工具,如设置图表标题、设置字体、修改图表背景色等,帮助用户设计、编辑和美化图表。

1. 创建图表

在 Excel 2016 中,创建图表快速简便,只需要选择源数据,然后单击"插入"选项卡"图表"组中对应图表类型的按钮,在下拉列表中选择具体的类型即可。

实例 5-18:根据实例 5-17 工作表中的姓名、高数、英语和计算机产生一个三维簇状柱形图,如图 5-34 所示。

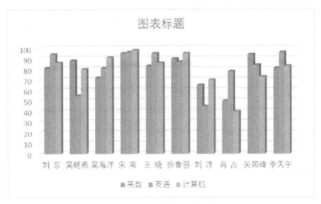

图 5-34 三维簇状柱形图

参考操作步骤:

(1)选定建立图表的数据源,方法是:先选定姓名列(B2:B12),按住【Ctrl】键,再选定各科成绩数据区域(D2:F12)。

(2)单击"插入"选项卡"图表"组中的"插入柱形图或条形图"下拉按钮,然后选择"簇状柱形图"(单击图标即可),图表就会在表格中显示,然后将图表调整至合适大小。

2. 编辑图表

在创建图表之后,还可以对图表进行编辑修改,包括更改图表类型以及选择图片布局和图表样式等。这通过"图表工具"选项卡中的相应功能来实现。该选项卡在选定图表后便会自动出现,它包括两个部分:"设计"和"格式"。

实例 5-19:将实例 5-18 中的图表标题改为"学生成绩表",添加 X 轴标题"学生姓名",Y 轴标题"分",如图 5-35 所示。

操作参考步骤:

(1)单击图表标题文本框,修改图表标题为"学生成绩表"。

(2)选定图表,在"图表工具-设计"选项卡中的"图表布局"组中,单击添"添加图表元素"下拉按钮,在下拉列表中选择"轴标题"→"主要横坐标轴"命令,在出现的"坐标轴标题"文本框中输入"学生姓名"。

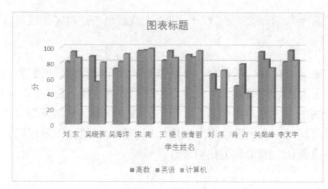

图 5-35　编辑图表

（3）继续选择"轴标题"→"主要纵坐标轴"命令，在出现的"坐标轴标题"文本框中输入"分"。

5.2.4　数据管理与分析

Excel 2016 不仅可以对数据进行计算，还可以对数据进行管理与分析，例如排序、筛选和分类汇总等。

1. 数据清单

数据清单，又称数据列表，是由工作表中的单元格构成的矩形区域，即一张二维表。数据清单是一种特殊的表格，必须包括两部分，即表结构和表记录。表结构是数据清单中的第一行，即列标题（又称字段名）。要正确创建数据清单，应遵循以下准则：

（1）避免在一张工作表中建立多个数据清单，如果在工作表中还有其他数据，要在它们与数据清单之间留出空行、空列。

（2）通常在数据清单的第一行创建字段名。字段名必须唯一，且每一字段的数据类型必须相同，如字段名是"性别"，则该列存放的必须全部是性别名称。

（3）数据清单中不能有完全相同的两行记录。

2. 数据排序

用来排序的字段称为关键字。排序方式分升序（递增）和降序（递减），排序方向有按行排序和按列排序。

数据排序有两种：简单排序和复杂排序。

（1）简单排序是指对一个关键字（单一字段）进行升序或降序排列。简单排序可以通过单击"数据"选项卡"排序和筛选"组中的"升序"按钮 、"降序"按钮 快速实现，也可以通过"排序"按钮 打开"排序"对话框进行操作。

（2）复杂排序是指对一个以上关键字（多个字段）进行升序或降序排列。当排序的字段值相同，可按另一个关键字继续排序。复杂排序必须通过单击"数据"选项卡"排序和筛选"组中的"排序"按钮 来实现。

实例 5-20：对"学生成绩表"（数据清单）排序，按主要关键字"院系"升序排序，院系相同时按次要关键字"英语"降序排序，院系和英语都相同时，按第三关键字"计算机"降序排序。排序效果如图 5-36 所示。

	A	B	C	D	E	F	G
1	学号	姓名	院系	高数	英语	计算机	总分
2	413001	王 晓	教科系	83	95	86	179
3	413004	关超峰	教科系	94	84	73	179
4	413002	刘 洋	教科系	65	45	70	111
5	411002	刘 东	数学系	81	94	86	176
6	411001	徐青羽	数学系	90	87	95	178
7	411003	吴晓燕	数学系	88	55	80	144
8	412004	宋 南	英语系	95	96	98	192
9	412003	李天宇	英语系	81	96	83	168
10	412002	吴海洋	英语系	72	81	91	154

图 5-36　复杂排序结果

参考操作步骤：

（1）建立学生成绩表数据清单。在实例 5-19 中的工作表中选定数据区域 A2:G12，右击，在弹出的快捷菜单中选择“复制”命令；新建一个工作簿，选定工作表 Sheet1 中的单元格 A1，右击，在弹出的快捷菜单中选择“选择性粘贴”命令，在弹出的对话框的“粘贴”区中选择“数值”，单击“确定”按钮，创建好数据清单。

（2）选择数据清单中任意单元格，单击“数据”选项卡“排序和筛选”组中的“排序”按钮，打开“排序”对话框，选择“主要关键字”为“院系”、排序依据为“数值”，次序为“升序”，单击“添加条件”按钮，选择“次要关键字”为“英语”、“排序依据”为“数值”，“次序”为“降序”，再单击“添加条件”按钮，选择“次要关键字”为“计算机”，“排序依据”为“数值”，“次序”为“降序”，如图 5-37 所示，最后单击“确定”按钮。

图 5-37　“排序”对话框

3. 数据筛选

当数据列表中记录非常多，用户只对其中一部分数据感兴趣时，可以使用电子表格处理软件提供的数据筛选功能将不感兴趣的记录暂时隐藏起来，只显示感兴趣的数据。当筛选条件被清除时，隐藏的数据又恢复显示。

数据筛选有两种：自动筛选和高级筛选。自动筛选可以实现单个字段筛选，以及多字段筛选的“逻辑与”关系（即同时满足多个条件），操作简便，能满足大部分应用需求；高级筛选能实现多字段筛选的“逻辑或”关系，较复杂，需要在数据清单以外建立一个条件区域。

实例 5-21：在“学生成绩表”中筛选出英语系计算机大于等于 90 的记录。其效果如图 5-38 所示。

	A	B	C	D	E	F	G
1	学号	姓名	院系	高数	英语	计算机	总分
4	412002	吴海洋	英语系	72	81	91	154
5	412004	宋 南	英语系	95	96	98	192

图 5-38　自动筛选效果图

操作参考步骤：

（1）选择数据清单中的任意单元格。

（2）单击"数据"选项卡"排序和筛选"组中的"筛选"按钮 ，在各个字段名的右边会出现筛选箭头，单击"院系"列的筛选箭头，在下拉列表中仅选择"英语"选项，筛选结果只显示英语系的学生记录。

（3）再单击"计算机"列的筛选箭头，在下拉列表中指向"数字筛选"，然后选择其中的"大于或等于"命令，打开"自定义自动筛选方式"对话框。在"大于或等于"下拉列表右边的文本框中输入"90"，单击"确定"按钮。

4．分类汇总

微 课

分类汇总

实际应用中经常用到分类汇总，像仓库的库存管理经常要统计各类产品的库存总量，商店的销售管理经常要统计各类商品的售出总量等。它们的共同特点是首先要进行分类（排序），将同类别数据放在一起，然后再进行数量求和之类的汇总运算。电子表格处理软件提供了分类汇总功能。

分类汇总就是对数据清单按某个字段进行分类（排序），将字段值相同的连续记录作为一类，进行求和、求平均、计数等汇总运算。针对同一个分类字段，可进行多种方式的汇总。

在分类汇总前，必须先对分类字段排序，否则将得不到正确的分类汇总结果；其次，在分类汇总时要清楚对哪个字段分类，对哪些字段汇总以及汇总的方式，这些都需要在"分类汇总"对话框中逐一设置。分类汇总有两种：简单汇总和嵌套汇总。

实例 5-22：在"学生成绩表"中，求各院系高数、英语和计算机的平均值，分类汇总结果如图 5-39 所示。

	A	B	C	D	E	F	G
1	学号	姓名	院系	高数	英语	计算机	总分
2	413001	王 晓	教科系	83	95	86	179
3	413004	关超峰	教科系	94	84	73	179
4	413002	刘 洋	教科系	65	45	70	111
5			教科系 平均值	80.66667	74.66667	76.33333	
6	411002	刘 东	数学系	81	94	86	176
7	411001	徐青羽	数学系	90	87	95	178
8	411003	吴晓燕	数学系	88	55	80	144
9			数学系 平均值	86.33333	78.66667	87	
10	412004	宋 南	英语系	95	96	98	192
11	412003	李天宇	英语系	81	96	83	168
12	412002	吴海洋	英语系	72	81	91	154
13	412001	肖 占	英语系	50	78	40	129
14			英语系 平均值	74.5	87.75	78	
15			总计平均值	79.9	81.1	80.2	

图 5-39 分类汇总结果

操作参考步骤：

（1）选择第 C 列（"院系"数据），单击"数据"选项卡"排序和筛选"组中"升序"按钮对"院系"按升序排序。

（2）选择数据清单中的任意单元格，单击"数据"选项卡"分级显示"组中的"分类汇总"按钮，打开"分类汇总"对话框。选择"分类字段"为"院系"，"汇总方式"为"求和"，"选定汇总项"（即汇总字段）为"高数""英语""计算机"，并清除其余默认汇总项，然后单击"确定"按钮。

5.3　演示文稿制作软件 PowerPoint 2016

PowerPoint 2016 是微软公司推出的 Office 2016 办公软件的重要组件之一。PowerPoint 2016 是制作和演示幻灯片的软件，能够制作出集文字、图形、图像、声音以及视频剪辑等多媒体元素于一体的演示文稿，把自己所要表达的信息组织在一组图文并茂的画面中，用于介绍公司的产品、展示学术成果等。

5.3.1　PowerPoint 2016 工作环境

PowerPoint 2016 最常用的启动方法是选择"开始"→"PowerPoint 2016"命令，进入 PowerPoint 2016 的工作窗口，如图 5-40 所示。

图 5-40　PowerPoint 2016 工作窗口

PowerPoint 2016 根据建立、编辑、浏览和放映幻灯片的需要，提供了 4 种视图方式：普通视图、幻灯片浏览视图、阅读视图和幻灯片放映视图。各个视图之间的切换可以通过"视图"选项卡中的相应按钮或者单击窗口底部的 4 个视图按钮 来实现。

1）普通视图

如图 5-40 所示的就是普通视图，它是系统的默认视图，只能显示一张幻灯片。在普通视图中，可以查看每张幻灯片的文本外观，也可以在单张幻灯片中添加图形、影片和声音，并创建超链接及向其中添加动画。它按照幻灯片的编号顺序显示演示文稿中全部幻灯片的图像。

2）幻灯片浏览视图

在幻灯片浏览视图中，可以同时显示多张幻灯片，方便对幻灯片进行移动、复制、删除等操作。

3）阅读视图

如果希望在一个方便审阅的窗口中查看演示文稿，而不想使用全屏的幻灯片放映视图，则可以使用阅读视图。如果要更改演示文稿，可以随时从阅读视图切换到其他视图。

4）放映视图

在幻灯片放映视图中，幻灯片按顺序全屏放映，可以观看动画和超链接效果等。按【Enter】键或单击鼠标左键将显示下一张幻灯片，按【Esc】键可以退出幻灯片放映视图。

5.3.2 制作一个演示文稿

1. 建立演示文稿

利用 PowerPoint 2016 创建演示文稿常用的方法有"模板""根据现有内容新建"和"空白演示文稿"。

1）模板

模板包括各种主题和版式。可以利用演示文稿软件提供的现有模板自动、快速地形成每张幻灯片的外观，节省设计格式的时间，专注于具体内容的处理。除了内置模板外，还可以联机在网上搜索下载更多的演示文稿模板以满足要求。

2）根据现有内容新建

如果对所有的设计模板不满意，而喜欢某一个现有文稿的设计风格和布局，可以直接在上面修改内容来创建新演示文稿。

3）空白演示文稿

用户如果希望建立具有自己风格和特色的幻灯片，可以从空白的演示文稿开始设计。"空白演示文稿"是最常用的方法。

在 PowerPoint 2016 中，单击"文件"按钮，在菜单中选择"新建"命令，单击"空白演示文稿"按钮，界面中就会出现一张空白的"标题幻灯片"。按照占位符中的文字提示来输入内容，还可以通过"插入"选项卡中的相应命令插入所需要的各种对象，如：表格、图像、插图、链接、文本、符号、媒体等。

一个完整的演示文稿往往由多张幻灯片组成，其默认扩展名为.pptx。新建张幻灯片时，单击"开始"选项卡"幻灯片"组中"新建幻灯片"的下拉按钮，在展开的幻灯片版式库中单击需要的版式，然后开始新幻灯片的制作。在 PowerPoint 2016 中预设了标题幻灯片、标题和内容、节标题、两栏内容等 11 种幻灯片版式以供选择。要修改幻灯片的版式时，可以选定幻灯片，单击"开始"选项卡"幻灯片"组中"版式"的下拉按钮，在幻灯片版式库中重新选择即可。

2. 编辑演示文稿

编辑演示文稿包括两部分：编辑幻灯片中的对象；编辑幻灯片。

1）编辑幻灯片中的对象

在幻灯片上添加对象有 2 种方法：建立幻灯片时，通过选择幻灯片版式为添加的对象提供占位符，再输入需要的对象；或通过演示文稿制作软件提供的"插入"选项卡中的相应命令，如"文本框""艺术字""图片""图表""表格"等来实现。

用户在幻灯片上添加的对象除了文本框、艺术字、图片、表格、组织结构图、公式等外，还可以是视频、音频和超链接等。

插入视频和音频：在幻灯片中插入视频、音频，可以通过单击"插入"选项卡中的相应按钮来实现。

插入超链接：用户可以在幻灯片中插入超链接，利用它能跳转到同一文档的某张幻灯片上，或者跳转到其他的演示文稿、Word 文档、网页或电子邮件地址等。超链接只能在"幻灯片放映"视图下起作用。

链接有 2 种形式：

（1）以下画线表示的超链接：通过"插入"选项卡"链接"组中的"超链接"按钮来实现。

（2）以动作按钮表示的链接：通过"插入"选项卡"插图"组的"形状"下拉按钮，在下拉列表中的"动作按钮"区中的各种动作按钮来实现。

2）编辑幻灯片

幻灯片的删除、移动、复制等操作在"幻灯片浏览"视图或"普通"视图中，通过编辑命令或编辑快捷操作方式来进行。

实例 5-23：新建"北京冬奥吉祥物简介"演示文稿，共 3 张幻灯片。第 1 张幻灯片插入视频（"clock.avi"）、音频（"雪花.mp3"）和图片（"北京冬奥.jpg"），如图 5-41 所示；第 2 张幻灯片插入图片（"冬奥精神.jpg"）和动作按钮，并设置超链接："冰墩墩"和动作按钮均超链接到下一张幻灯片，如图 5-42 所示；第 3 张幻灯片由第 2 张复制而成。

图 5-41　第 1 张幻灯片

图 5-42　第 2 张幻灯片

参考操作步骤：

（1）在 PowerPoint 2016 中单击"文件"按钮，在菜单中选择"新建"命令，单击"空白演示文稿"按钮。

（2）在标题幻灯片上单击"标题"占位符，输入"北京冬奥会吉祥物简介"，再单击"副标题"输入"制作人：点点"。

（3）单击"插入"选项卡"图像"组中的"图片"按钮，在打开的"插入图片"对话框中找到图片"北京冬奥.jpg"插入幻灯片，并适当调整大小和位置。

（4）单击"插入"选项卡"媒体"组中的"视频"下拉按钮，在下拉列表中选择"PC 上的视频"命令，在"插入视频文件"对话框中找到视频文件"clock.avi"插入幻灯片，并适当调整大小和位置。插入音频的方法和插入视频的方法类似，参考上述步骤插入音频文件"雪花.mp3"，插入音频之后幻灯片上会出现声音图标。

（5）单击"开始"选项卡"幻灯片"组中的"新建幻灯片"下拉按钮，选择"标题和内容"版式，插入一张幻灯片并输入相应的内容。

（6）单击"插入"选项卡"插图"组中的"形状"下拉按钮，在"动作按钮"区中选择"动作按钮：前进或下一项" ▷，将它画在幻灯片右下角的合适位置，在出现的"操作设置"对话框中确认超链接到下一张幻灯片后，单击"确定"按钮。

5.3.3　定制演示文稿的视觉效果

美化演示文稿包括两部分：分别美化每张幻灯片；统一设置幻灯片的外观。

1. 分别美化每张幻灯片

用户在幻灯片中输入标题、文本后，为了使幻灯片更加美观、易读，可以设定文字和段落的格式。在演示文稿软件中，这利用"开始"选项卡中的相应命令按钮来实现。除了对文字和段落进行格式化外，还可以对插入的文本框、图片、自选图形、表格、图表等其他对象进行格式化操作，只要双击这些对象，在打开的相应的工具选项卡中设置即可。此外，还可以设置幻灯片主题和背景等，这通过"设计"选项卡中的相应命令按钮来操作。

实例 5-24：将实例 5-23 演示文稿中的第一张幻灯片标题文字设置为华文行楷、66、分散对齐；第二张幻灯片的背景设置为预设渐变"顶部聚光灯-个性色 1"；第三张幻灯片的主题设置为"切片"。效果如图 5-43 所示。

图 5-43　美化幻灯片中的对象

参考操作步骤：

（1）在幻灯片普通视图下单击第 1 张幻灯片，选定标题文字，在"开始"选项卡"字体"组中设置字体为"华文行楷"，字号为"66"，在"段落"组设置对齐方式为"分散对齐"。

（2）选定第 2 张幻灯片，单击"设计"选项卡"自定义"组中的"设置背景格式"按钮，打开"设置背景格式"任务窗格。单击"填充"选项卡，选中"渐变填充"单选按钮，单击"预设渐变"下拉按钮，在打开的预设渐变颜色库中选择"顶部聚光灯-个性色 1"，单击"关闭"按钮。

（3）选定第 3 张幻灯片，在"设计"选项卡"主题"组中右击"切片"主题，在打开的快捷菜单中选择"应用于选定幻灯片"命令。

2. 统一设置幻灯片的外观

一个演示文稿由若干张幻灯片组成，为了保持风格一致和布局相同，提高编辑效率，可以通过 PowerPoint 2016 提供的母版功能来设计好一张母版，使之应用于所有幻灯片。

母版包括可出现在每一张幻灯片上的显示元素，可以对整个文稿中的幻灯片进行统一调整，避免重复制作。在 PowerPoint 2016 中，母版分为：幻灯片母版、讲义母版和备注母版。

幻灯片母版是最常用的，它可以控制当前演示文稿中，相同幻灯片版式上输入的标题和文本的格式与类型，使它们具有相同的外观。如果要统一修改多张幻灯片的外观，没有必要一张张幻灯片进行修改，只需要在相应幻灯片版式的母版上做一次修改即可。如果用户希望某张幻灯片与幻灯片母版效果不同，则直接修改该幻灯片即可。

单击"视图"选项卡"母版视图"组中的"幻灯片母版"按钮，进入"幻灯片母版"视图，在左侧窗格列出 11 种版式。

母版通常有 5 个占位符：标题、文本、日期、幻灯片编号和页脚。在母版中可以更改标题和文本样式，也可以设置日期、页脚和幻灯片编号，还可以向母版插入对象。在幻灯片母版中操作完毕后，单击"幻灯片母版"选项卡"关闭"组中的"关闭母版视图"按钮返回。

讲义母版用于控制幻灯片以讲义形式打印的格式；备注母版主要提供演讲者备注使用的

空间以及设置备注幻灯片的格式。可以通过"视图"选项卡"母版视图"组中的相应命令来实现。

实例 5-25：在实例 5-24 演示文稿中为每张幻灯片添加幻灯片编号，并设置页脚"一起向未来"，在标题母版中设置页脚字号为 24 pt。

参考操作步骤：

（1）单击"插入"选项卡"文本"组中的"页眉页脚"按钮，打开"页眉页脚"对话框，选中"幻灯片编号"和"页脚"复选框，并在页脚文本框中输入"一起向未来"，最后单击"全部应用"按钮。

（2）单击"视图"选项卡"母版视图"组中的"幻灯片母版"按钮，进入"幻灯片母版"视图，在左边窗格中选择"标题幻灯片"版式，在页脚区中选定"一起向未来"，设置字号为"24"，再单击"幻灯片母版"选项卡"关闭"组中的"关闭母版视图"按钮。

5.3.4　设置演示文稿的播放效果

1. 设计动画效果

设计动画效果包括设计幻灯片中对象的动画效果、设计幻灯片间切换的动画效果两部分。

1）设计幻灯片中对象的动画效果

在为幻灯片中的对象设计动画效果时，可以分别对它们的进入、强调、退出以及动作路径进行设置。

（1）进入动画效果：是对象进入幻灯片时产生的效果，一般包括基本型、细微型、温和型及华丽型 4 种。

（2）强调动画效果：用于让对象突出，引人注目，一般选择一些较华丽的效果。

（3）退出动画效果：包括百叶窗、飞出、轮子、棋盘等多种效果，可根据需要进行设置。

（4）动作路径：用于自定义动画运动的路线及方向，也可用软件预设的多种路径。

添加动画可以通过单击"动画"选项卡"动画"组"动画样式"库中的相应按钮来完成，PowerPoint 将一些常用的动画效果放置于"动画样式"库中。也可以单击该选项卡"高级动画"组中的"添加动画"按钮，在其下拉列表中选择操作。如果想使用更多的效果，可以选择"动画样式"库或"添加动画"按钮下拉列表中的相应命令："更多进入效果""更多强调效果""更多退出效果"和"其他动作路径"。

2）设计幻灯片间切换的动画效果

幻灯片间的切换效果是指移走屏幕上已有的幻灯片，并以某种效果开始新幻灯片的显示，例如平移、百叶窗、溶解、随机等。对幻灯片切换效果的设置中，包括切换方式、切换方向、切换声音以及换片方式 4 种。这可以通过"切换"选项卡"切换到此幻灯片"组和"计时"组中的相应按钮来实现，如图 5-44 所示。其中"换片方式"可以用鼠标单击进行人工切换，或者设置时间间隔来自动切换；如果要将所选的动画效果应用于其他幻灯片，单击"计时"组的"全部应用"按钮即可。

图 5-44　"切换"选项卡

2．播放演示文稿

在放映幻灯片之前，有时需要将某些幻灯片隐藏，或者设置幻灯片的放映方式等。

1）隐藏幻灯片

在普通视图幻灯片窗格中选定幻灯片，右击，在弹出的快捷菜单中选择"隐藏幻灯片"命令。或选定幻灯片，单击"幻灯片放映"选项卡"设置"组中的"隐藏幻灯片"按钮 。

2）排练计时

排练计时是对幻灯片的放映进行排练，对每个动画所使用的时间进行控制，以后将其用于自动运行放映。整个文稿播放完毕后，系统会提示用户幻灯片放映总共所需要的时间并询问是否保留排练时间，单击"是"按钮后，将演示文稿制作软件切换到"幻灯片浏览"视图下，并且在每个幻灯片下方显示出放映所需要的时间。幻灯片排练计时是通过"幻灯片放映"选项卡"设置"组中的"排练计时"按钮 来实现的。

3）设置幻灯片的放映方式

在播放演示文稿前，可以根据使用者的不同需要设置不同的放映方式。这可以通过单击"幻灯片放映"选项卡"设置"组中"设置放映方式"按钮，在"设置放映方式"对话框中操作实现，如图 5-45 所示。

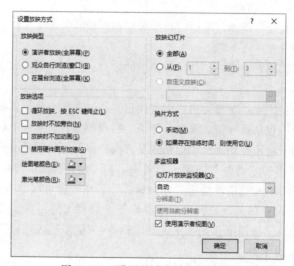

图 5-45 "设置放映方式"对话框

有以下 3 种放映方式：

（1）演讲者放映（全屏幕）。以全屏幕形式显示，演讲者可以控制放映的进程，可用绘图笔勾画，适于大屏幕投影的会议、讲课。

（2）观众自行浏览（窗口）。以窗口形式显示，可编辑、浏览幻灯片，适于人数少的场合。

（3）在展台浏览（全屏幕）。以全屏幕形式在展台上做演示用，按事先预定的或通过"排练计时"命令设置的时间和次序放映，不允许现场控制放映的进程。

要播放演示文稿有多种方式，如按【F5】键；选择"幻灯片放映"选项卡"开始放映幻灯片"组中"从头开始"按钮；在视图显示栏中单击"幻灯片放映"按钮 等。其中，除了最后一种方法是从当前幻灯片开始放映外，其他方法都是从第一张幻灯片放映到最后一张幻灯片。

实例 5-26：将实例 5-25 中的第 2 张幻灯片的标题设置"空翻"动画效果，速度为"中速"，声音为"风铃"，从上一动画开始 1 s 后发生；设置全部幻灯片的切换效果为"形状"，换片方式为"单击"鼠标换页或"每隔 8 s 换页"。

参考操作步骤：

（1）普通视图幻灯片窗格中，单击第 2 张幻灯片，选定该幻灯片的标题，单击"动画"选项卡"动画"组中动画库中的"更多进入效果"命令，在打开的"更改进入效果"对话框"华丽"区中选择"空翻"效果，单击"确定"按钮。

（2）选定标题，单击"动画"选项卡"动画"组右下角的对话框启动器按钮，打开"空翻"动画效果对话框，在"效果"选项卡中设置"声音"为"风铃"；然后单击"计时"选项卡，在"开始"下拉列表中选择为"上一动画之后"，在"延迟"数值框中选择或输入"1"，在"期间"下拉列表中选择"中速（2 秒）"，单击"确定"按钮。

（3）选定任意幻灯片，单击"切换"选项卡"切换到此幻灯片"组中的"幻灯片切换"库中的"形状"按钮，并在"计时"组中做相应设置（见图 5-44），单击"全部应用"按钮。

（4）按【F5】键观看放映，查看动画播放效果。

习　　题

一、选择题

1. 在 Word 2016 中，要调整段落间距，那么应在（　　　）中进行设置。

    A. "字体"对话框　　　　　　　　　B. "段落"对话框

    C. "页面设置"对话框　　　　　　　D. "边框和底纹"对话框

2. 在 Word 2016 中，下述关于分栏操作的说法，正确的是（　　　）。

    A. 可以将指定的段落分成指定宽度的两栏

    B. 任何视图下均可看到分栏效果

    C. 栏与栏之间不可以设置分隔线

    D. 设置的各栏宽度和间距与页面宽度无关

3. Word 2016 有关文档分页的叙述中，不正确的是（　　　）。

    A. 分页符也可以打印出来

    B. 分页符标志着新一页的开始

    C. 人工分页符可以删除

    D. 可以由系统自动分页，也可以在任何位置人工分页

4. 在 Excel 2016 中，工作表和工作簿之间的关系是（　　　）。

    A. 工作簿包含在工作表中

    B. 工作簿和工作表是同一个概念

    C. 工作簿和工作表是两个不同的文件

    D. 工作簿由若干个工作表组成

5. 在一个单元格中若输入了 3/6，按【Enter】键后默认应显示为（　　　）。

    A. 0 6　　　　　　B. 3/6　　　　　　C. 0 3/6　　　　　　D. 3 月 6 日

6. 在幻灯片播放时，如果要结束放映，可以按（　　　）键。

    A. Esc　　　　　　B. Shift　　　　　　C. Enter　　　　　　D. Back space

二、填空题

1. 在 Word 2016 的_____视图方式下，可以显示页眉页脚。

2. Word 2016 中可以在文档的每页上将图片或文字作为页面背景，这种特殊的文本效果被称为_____。

3. 在 Excel 2016 中，用来存储数据的基本单位称为_____。

4. 在 Excel 2016 中，要选择多个不连续的区域，应该按住_____键拖动鼠标。

5. 在 PowerPoint 2016 中，要进行幻灯片大小设置、主题选择，可以在_____选项卡中操作。

6. PowerPoint 2016 版演示文稿文件默认的扩展名为_____。

三、简答题

1. 在 Word 2016 中，特殊的标点符号、数学符号、单位符号、希腊字母等如何输入？特殊的图形符号如¥、📖等如何输入？

2. Word 2016 中字符排版、段落排版和页面排版主要包括什么内容？

3. 电子表格处理主要用来解决什么问题？需要借助什么来实现？

4. 单元格引用方式有几种？如果希望使用公式填充的方法来快速实现大量数据的同类运算，应该使用哪种引用？

5. 如何在幻灯片中插入音频、视频、艺术字、图形等？

6. 如何设计幻灯片中对象的动画效果？如何设计幻灯片间切换的动画效果？

第6章

计算机网络与信息安全

本章导读

计算机网络是计算机和通信技术密切结合的产物,它代表了目前计算机体系结构发展的一个极其重要的方面。计算机网络技术包括了硬件、软件、网络体系结构和通信技术。计算机网络已经广泛应用于社会各个领域,各种信息系统给人们的生活工作带来了巨大的变革,加速了社会的发展。随着全球信息化程度的不断提高,信息安全问题不容忽视。

本章从计算机网络基础开始,介绍计算机网络的组成、IP 地址与域名、Internet 接入与应用,最后介绍信息安全。通过本章的学习,掌握计算机网络的基本概念,并对计算机安全的概念有所了解,初步掌握计算机病毒的防治方法。

学习目标

◎掌握计算机网络的定义、分类、拓扑结构,了解计算机网络的形成与发展和体系结构。

◎掌握局域网的拓扑结构和组成,了解虚拟局域网和无线局域网。

◎了解 Internet 的发展和 TCP/IP,掌握 IP 地址和域名。

◎理解信息安全的基本概念,掌握计算机病毒的基本知识。

6.1　计算机网络基础

计算机网络是通信技术和计算机技术相结合的产物,始于 20 世纪 50 年代。计算机网络是信息收集、分发、存储和处理的重要载体,一个国家网络建设的规模和水平是衡量一个国家综合国力、科技水平和社会信息化的重要标志。目前,计算机网络技术已经进入一个崭新的时代,特别在当今的信息社会,网络技术已经日益深入到国民经济各部门和社会生活的各个方面,成为人们日常生活、工作不可或缺的工具。

计算机网络是指将不同地理位置上分散的具有独立处理能力的多台计算机经过传输介质和通信设备相互连接起来,在网络操作系统和网络通信软件的控制之下,按照统一的协议进行协同工作,以达到资源共享的目的。计算机网络由硬件和软件两大部分组成。硬件主要由多台计算机组成的计算机资源子网,以及连于计算机之间的通信线缆和通信设备组成的通信子网组成;软件主要包括各种网络操作系统和信息资源。

6.1.1　计算机网络的形成与发展

微　课

计算机网络由最初的终端与主机之间的远程通信，到今天世界范围内成千上万台计算机之间互联。世界上公认的、最成功的第一个远程计算机网络是在 1969 年由美国高级研究计划署（Advanced Research Projects Agency，ARPA）组织研制成功的 ARPANET，它就是现在 Internet 的前身。计算机网络的发展大致经历 4 个主要阶段。

计算机网络的
形成与发展

（1）第一阶段：以单台计算机为中心的联机系统。

20 世纪 60 年代末，计算机网络发展的萌芽阶段。该阶段又称为终端-计算机网络，是早期计算机网络的主要形式，它是将一台计算机经通信线路与若干终端直接相连。终端是一台计算机的外围设备，包括显示器和键盘，无 CPU 和内存。美国于 20 世纪 50 年代建立的半自动地面防空系统 SAGE 就属于这一类网络。

其主要特征是：为了增加系统的计算能力和资源共享，把小型计算机连成实验性的网络。这种系统虽然不是现代意义上的网络，但已经能够简单地满足用户从异地使用计算机的要求。

（2）第二阶段：多个自主功能的主机通过通信线路互联的计算机网络。

第二阶段的计算机网络是以多个主机通过通信线路互联起来，为用户提供服务，主机之间不是直接用线路相连，而是由接口报文处理机（IMP）转接后互联的。IMP 和它们之间互联的通信线路一起负责主机间的通信任务，构成了通信子网。通信子网互联的主机负责运行程序，提供资源共享，组成资源子网。

这个时期，网络概念为"以能够相互共享资源为目的互联起来的具有独立功能的计算机之集合体"，形成了计算机网络的基本概念。

两个主机间通信时对传送信息内容的理解、信息表示形式以及各种情况下的应答信号都必须遵守一个共同的约定，称为协议。

（3）第三阶段：计算机网络互联标准化。

计算机网络互联标准化是指具有统一的网络体系结构并遵循国际标准的开放式和标准化的网络。ARPANET 兴起后，计算机网络发展迅猛，各大计算机公司相继推出自己的网络体系结构及实现这些结构的软硬件产品。由于没有统一的标准，不同厂商的产品之间互联很困难，人们迫切需要一种开放性的标准化实用网络环境，这样两种国际通用的最重要的体系结构应运而生了，即 TCP/IP 体系结构和国际标准化组织的 OSI 体系结构，由此计算机网络进入新的阶段。计算机局域网及其互联产品的集成使得局域网与局域网互联、局域网与各类主机互联，以及局域网与广域网互联的技术越来越成熟。

（4）第四阶段：计算机网络高速和智能化发展（高速网络技术阶段）。

20 世纪 90 年代初至今是计算机网络飞速发展的阶段，Internet 把已有的计算机网络通过统一的协议连成一个世界性的大计算机网，从而构造出一个虚拟世界。Internet 上不仅有分布于世界各地计算机上成千上万的资源，而且 Internet 上丰富的网络应用程序也为网络用户提供了各种各样的服务，使得计算机网络成为人们社会生活中不可或缺的组成部分。可以说 Internet 的普及应用，是人类由工业社会向信息社会发展的重要标志。

任何一台计算机都必须以某种形式联网，以实现资源共享或协同工作，否则就不能充分发挥计算机的性能。计算机的发展已经完全与网络融为一体，体现了"网络就是计算机"的口号。

6.1.2　计算机网络的分类

计算机网络的分类标准有很多，可以从覆盖范围、交换方式、拓扑结构、传输介质、通信方式等方面进行分类。

1．根据覆盖范围分类

按网络的覆盖范围进行分类，计算机网络可以分为三种基本类型：局域网（Local Area Network，LAN）、城域网（Metropolitan Area Network，MAN）和广域网（Wide Area Network，WAN）。这种分类方法也是目前比较流行的一种方法。

1）局域网

局域网又称局部网，是指在有限的地理范围内构成的规模相对较小的计算机网络。它具有较高的传输速率，通常将一座大楼或一个校园内分散的计算机连接起来构成局域网。它的特点是分布距离近、传输速度高、连接费用低、数据传输可靠、误码率低。

2）城域网

城域网又称市域网，它是在一个城市内部组建的计算机网络，提供全市的信息服务。城域网是介于广域网与局域网之间的一种高速网络，通常是将一个地区或一座城市内的局域网连接起来构成城域网。城域网一般具有以下几个特点：采用的传输介质相对复杂；数据传输速率低于局域网；数据传输距离相对局域网要长，信号容易受到干扰；组网比较复杂，成本较高。

3）广域网

广域网又称远程网，它的联网设备分布范围很广。所涉及的地理范围可以是市、地区、省、国家，乃至世界范围。广域网是通过卫星、微波、无线电、电话线、光纤等传输介质连接的国家网络和国际网络，它是全球计算机网络的主干网络。广域网一般具有以下几个特点：地理范围没有限制；传输介质复杂；由于长距离的传输，数据的传输速率较低，且容易出现错误，采用的技术比较复杂；是一个公共的网络，不属于任何一个机构或国家。

2．根据交换方式分类

按交换方式分类，计算机网络可以分为三种基本类型：电路交换网、报文交换网和分组交换网。

1）电路交换网

电路交换网类似于传统的电话网络，用户在开始通信前，必须申请建立一条从发送端到接收端的物理信道，并且在双方通信期间始终占用该信道，直到通信一方释放这条物理通道。电话交换网的优点是数据传输可靠，传输延迟小，实时性好，但线路使用效率低。电路交换适用于模拟信息的传输和实时性大批量连续的数字信息传输，电路交换网络主要用于远程用户或移动用户连接企业局域网，或用作高速线路的备份。

2）报文交换网

报文交换是以报文为单位进行存储交换的技术，所谓报文就是需要发送的整个数据块，其长度并无限制。报文交换采用存储-转发原理，中间节点把收到的报文存储起来，等到信道空闲时再把报文转发到下一个节点。报文经过多个中转节点存储转发，最终到达目标节点。报文包含三部分：报头、正文和报尾。报头中有报文号、源地址和目的地址，每个中间节点根据目的地址为报文进行路由选择，使其能最终到达目的端。报文交换网线路利用率高，但节点存储转发的时延较大，不适用于实时交互通信。

3）分组交换网

分组交换把要传输的报文分成若干个小的数据块，称为分组，然后以分组为单位按照与报文

交换相同的方法进行传输。分组交换 1969 年首次在 ARPANET 上使用,现在人们都公认 ARPANET 是分组交换网之父,并将分组交换网的出现作为计算机网络新时代的开始。分组头中包含了分组编号,当各个分组都到达目的节点后,目的节点按照分组编号重组报文。由于分组长度有限,可以在中间节点机的内存中进行存储处理,其转发速度大大提高,但由于要在目的节点对报文进行重组,因此增加了目的节点加工处理的时间和处理的复杂性。

根据网络的拓扑结构,可以将计算机网分为星状网、总线网、环状网、树状网和网状网;根据网络的传输介质,可以将计算机网络分为有线网、光纤网和无线网三种类型;根据网络的通信方式可分为广播式传输网络和点到点传输网络。除了以上几种分类方法外,还可按网络信道的带宽分为窄带网和宽带网;按网络不同的用途分为科研网、教育网、商业网、企业网等。

6.1.3 计算机网络的体系结构

计算机网络是一种复杂、多样、无处不在的大系统。计算机网络的实现要解决很多复杂的技术问题:支持多种通信介质;支持多厂商、异种机互联,包括软件的通信协议以及硬件接口的规范;支持多种业务;支持高级人-机界面,满足人们对多媒体日益增长的需求。工程设计中常常将一个复杂的问题分解成若干个容易处理的子问题。根据这一思想,将计算机网络按照功能划分成不同的层次,各层次独立完成一定的功能。网络体系结构(Network Architecture)就是为了完成计算机间的通信合作,把每台计算机互联的功能划分成有明确定义的层次,并规定了同层次进程通信的协议及相邻层之间的接口及服务。

目前,计算机网络体系结构模型主要有 OSI 参考模型和 TCP/IP 参考模型两种。

1. 开放系统互连参考模型 OSI/RM

1977 年,国际标准化组织(ISO)为适应网络向标准化发展的需求,成立了 SC16 委员会,在研究并吸取各计算机厂商网络体系结构标准化经验的基础之上,制定了开放系统互联参考模型(OSI/RM),形成了网络体系结构的国际标准。所谓"开放"是指任何两个系统只要遵守参考模型和有关标准,都能够进行互连。OSI 采用层次化结构的构造技术,该模型把整个系统分为 7 层,从低到高分别为物理层、数据链路层、网络层、传输层、会话层、表示层和应用层,如图 6-1 所示。

(1)物理层:最底层,建立在物理通信介质的基础上,作为系统和通信介质的接口,为数据链路层实体间实现透明的比特(bit)流传输。

用户要传递信息就要利用一些物理媒体,如双绞线、同轴电缆等,但具体的物理媒体并不在 7 层之内。物理层的任务是为它的上层提供一个物理连接,以及他们的机械、电气、功能和过程特性,如规定使用电缆和接头的类型、传送信号的电压等。

(2)数据链路层:通过物理层提供的比特流服务,在相邻节点之间建立链路,对传输中可能出现的差错进行检错和纠错,向网络层提供无差错的透明传输。包括逻辑链路控制子层 LLC 和介质访问控制子层 MAC,LLC 负责与网络层通信,MAC 负责对物理层的控制。

以帧为单位传送数据,每一帧包括一定数量的数据和一些必要的控制信息。和物理层类似,数据链路层要负责建立、维持和释放数据链路的连接。在传送数据时,如果接收点检测到数据中有差错,就要通知发送方重发这一帧。

(3)网络层:为传输层实体提供端到端的交换网络数据传送功能。使得传输层摆脱路由选择、交换方式、拥挤控制等网络传输细节;为传输层实体建立、维持和拆除一条或多条通信路径;对网络传输中发生的不可恢复的差错予以报告。

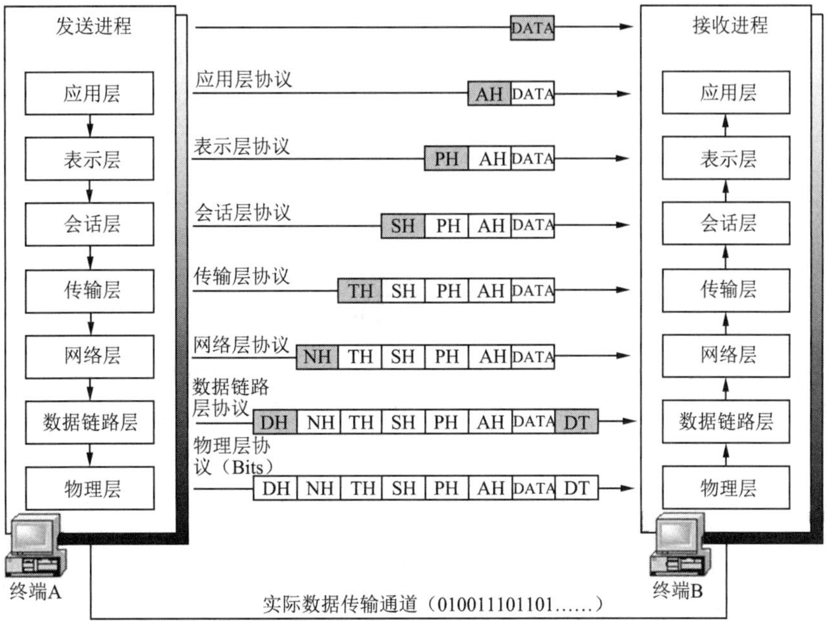

图 6-1　OSI/RM 参考模型

网络层将从高层传送下来的数据打包，再进行必要的路由选择，差错控制，流量控制及顺序检测等处理，使发送站传输层所传下来的数据能够正确无误地按照地址传送到目的站，并交付给目的站传输层。

（4）传输层：为会话层提供透明的、可靠的数据传输服务，保证端到端的数据完整性；选择网络层能提供最适合的服务；提供建立、维护和拆除传输连接等功能。

传输层将数据分段，建立端到端的虚连接，提供可靠的 TCP 或者不可靠的 UDP 传输。在这一层，信息的传送单位是报文。传输层在 OSI/RM 中起到承上启下的作用，是整个网络体系结构的关键。

（5）会话层：负责在两个进程之间建立、组织和同步会话，解决进程之间会话的具体问题。

这一层也可以称为会晤层或对话层，在会话层及以上的高层次中，数据传送的单位不再另外命名，统一称为报文。会话层不参与具体的运输，它提供包括访问验证和会话管理在内的建立和维护应用之间通信的机制。如服务器验证用户登录便是由会话层完成的。

（6）表示层：负责定义信息的表示方法，并向上层提供一系列的信息转换，是人机之间的协调者。即将欲交换的数据从适合于某一用户的抽象语法，转换为适合于 OSI 系统内部使用的传送语法，提供格式化的表示和转换数据服务。如进行二进制与 ASCII 码的转换、数据的压缩和解压缩、加密和解密等。

（7）应用层：人机通信的接口，直接为用户访问 OSI 环境提供各种服务。应用层包括了各种公共应用程序，如电子邮件、文件传输、远程登录等，并提供网络管理功能。

OSI 参考模型规定的是两个开放系统进行互联所要遵循的标准，其中高 4 层定义了端到端对等实体之间的通信，低 3 层涉及通过通信子网进行数据传送的规程。

2．TCP/IP 参考模型

TCP/IP 集是一组工业标准协议，于 20 世纪 70 年代首先在 ARPANET 中使用，后来经过许多

大学和研究所的研究，以及网络商业化的发展，TCP/IP 集已被众多网络产品商家和用户支持和采用，实现了在异构环境中不同节点的相互通信，成为计算机网络中使用最广泛的体系结构之一。TCP/IP 参考模型分为四层：网络接口层、网际层、传输层和应用层。与 OST/RM 的分层方法类似，TCP/IP 通常表示为如图 6-2 所示的层次模型。

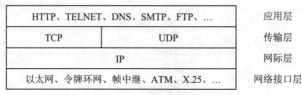

图 6-2　TCP/IP 集及其主要协议

（1）网络接口层：负责将 IP 分组封装成适合在物理网络上传输的格式，以比特的形式进行传输；或者将从物理网络中接收到的帧解封，取出 IP 分组递交至网络层。该层相当于 OSI 参考模型中的数据链路层和物理层。

实际上，TCP/IP 并没有为网络接口层定义任何协议，它仅定义了与不同的网络进行连接的接口，所以这一层称为网络接口层。因此，TCP/IP 集可以用来连接不同类型的网络，包括局域网（如以太网、令牌环网等）和广域网（如 X.25、帧中继等），并独立于任何特定的物理网络，使得 TCP/IP 集能运行在原有的和新型的物理网络之上。

（2）网际层：该层用于实现各种网络的互联，把分组独立地从信源传递到信宿，该层相当于 OSI 参考模型的网络层。该层有 5 个重要的协议：IP、ICMP、ARP、RARP 和 IGMP。

IP 负责将数据分组从源主机传输到目的主机，无论中间经过什么样的网络或经过多少个网络。IP 协议规定每一个分组中都包含一个源 IP 地址字段和一个目的 IP 地址字段，IP 协议利用目的 IP 地址字段的信息将分组转发到目的主机。IP 不仅可以运行在各种主机上，也可以运行在网络中的分组交换和转发设备上，这些设备称为路由器。

ICMP 为路由器提供机制，以便向请求传输路由信息或路由可达性状态信息的其他路由器或主机提供这些信息，还可以为其他节点通告当前时间等。

ARP 负责将 IP 地址解析为主机的物理地址，以便于物理设备按该地址发送和接收数据。

RARP 负责将物理地址解析为 IP 地址，这个协议主要针对无盘工作站获取 IP 地址而设计。

IGMP 负责对 IP 多播组进行管理，包括多播组成员的加入和删除等。

（3）传输层：在源主机和目的主机对等实体之间提供端对端可靠的数据传送服务，该层相当于 OSI 参考模型中的传输层。为保证数据传输的可靠性，传输层协议规定接收端必须发回确认，并且假定报文丢失，必须重新发送。传输层还要解决不同应用进程的标识问题，因为在计算机中，常常是多个应用进程同时访问网络。此外，传输层的每个报文均带有一个校验和，以便目的主机检查所接收的分组是否正确。

传输层有两个主要的协议：TCP 和 UDP。TCP 是一个可靠的、面向连接的协议。UDP 是一个不可靠的、无连接的传输层协议。

（4）应用层：应用层为用户的应用程序提供了访问网络服务的能力并定义了不同主机上的应用程序之间交换用户数据的一系列协议。应用层包括了所有的高层协议，由于不同的网络应用对网络服务的要求各不相同，因此应用层的协议非常丰富，并且不断有新的协议加入。主要协议有：FTP、DNS、SMTP 和 HTTP 等。

TCP/IP 是该模型的核心。TCP 提供传输层服务，IP 提供网络层服务。TCP/IP 参考模型和 OSI

参考模型的对比如图 6-3 所示。

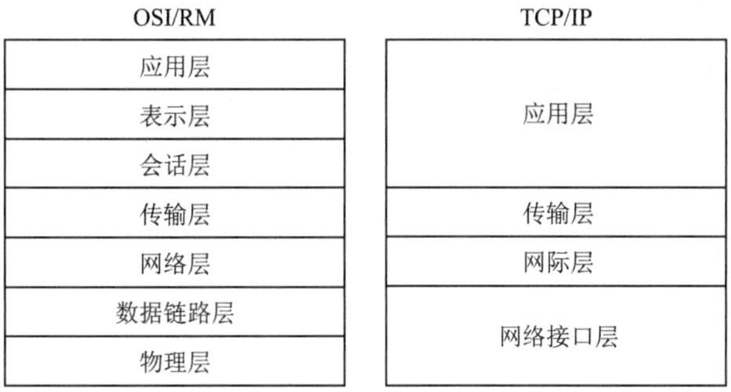

```
            OSI/RM                      TCP/IP
    ┌──────────────────┐      ┌──────────────────┐
    │      应用层       │      │                  │
    ├──────────────────┤      │      应用层       │
    │      表示层       │      │                  │
    ├──────────────────┤      │                  │
    │      会话层       │      │                  │
    ├──────────────────┤      ├──────────────────┤
    │      传输层       │      │      传输层       │
    ├──────────────────┤      ├──────────────────┤
    │      网络层       │      │      网际层       │
    ├──────────────────┤      ├──────────────────┤
    │     数据链路层     │      │                  │
    ├──────────────────┤      │     网络接口层     │
    │      物理层       │      │                  │
    └──────────────────┘      └──────────────────┘
```

图 6-3　OSI/RM 参考模型和 TCP/IP 参考模型的对比

6.2　计算机网络的组成

计算机网络由计算机系统、通信线路和通信设备、网络协议、网络软件 4 部分组成。计算机网络是利用通信设备和传输介质，将分布在不同地理位置上的具有独立功能的计算机相互连接，在网络协议控制下进行信息交流，实现资源共享和协同工作。

6.2.1　拓扑结构

计算机网络的拓扑结构，即是指网上计算机或设备与传输介质形成的结点与线的物理构成模式。网络的结点有两类：一类是转换和交换信息的转接结点，包括结点交换机、集线器和终端控制器等；另一类是访问结点，包括计算机主机和终端等。线则代表各种传输介质，包括有线传输介质和无线传输介质。

计算机网络的拓扑结构主要有：总线拓扑、星状拓扑、环状拓扑、树状拓扑和网状拓扑。

1. 总线拓扑

总线结构由一条高速公用主干电缆即总线连接若干个结点构成网络，如图 6-4 所示。网络中所有的结点通过总线进行信息的传输。这种结构的特点是结构简单灵活、建网容易、使用方便、性能好。其缺点是主干总线对网络起决定性作用，总线故障将影响整个网络。总线拓扑是使用最普遍的一种网络。

2. 星状拓扑

星状拓扑由中央结点集线器与各个结点连接组成，如图 6-5 所示。这种网络各结点必须通过中央结点才能实现通信。星状结构的特点是结构简单、建网容易，便于控制和管理；故障隔离和检查容易；网络延迟时间短。其缺点是中央结点负担较重，容易形成系统的"瓶颈"，线路的利用率也不高。

3. 环状拓扑

环状拓扑由各结点首尾相连形成一个闭合环型线路，如图 6-6 所示。环型网络中的信息传送是单向的，即沿一个方向从一个结点传到另一个结点；每个结点需安装中继器，以接收、放大、发送信号。这种结构的特点是结构简单，建网容易，便于管理。其缺点是当结点过多时，将影响传输效率，不利于扩充。

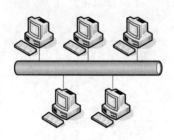

图 6-4 总线拓扑结构

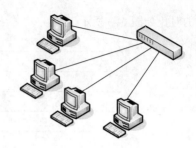

图 6-5 星状拓扑结构

4. 树状拓扑

树状拓扑是一种分级结构，如图 6-7 所示。在树型结构的网络中，任意两个结点之间不产生回路，每条通路都支持双向传输。这种结构的特点是扩充方便、灵活，成本低，易推广，适合于分主次或分等级的层次型管理系统。

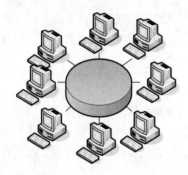

图 6-6 环状拓扑结构图

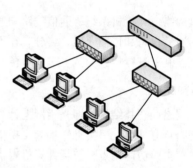

图 6-7 树状拓扑结构图

5. 网状拓扑

主要用于广域网，由于结点之间有多条线路相连，所以网络的可靠性较高，如图 6-8 所示。由于结构比较复杂，建设成本较高。

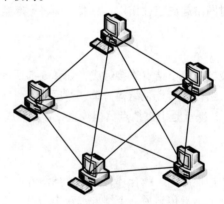

图 6-8 网状拓扑结构图

除了以上常见的拓扑结构外，还有混合型拓扑和蜂窝拓扑结构。在一个较大的网络中，往往根据需要，利用不同形式的组合，形成网络拓扑结构。广域网多用树状拓扑或网状拓扑，局域网多用总线、环状和星状拓扑。

126

6.2.2　传输介质

网络传输介质是指在网络中传输信息的载体，常用的传输介质分为有线传输介质和无线传输介质两大类。有线传输介质主要有双绞线、同轴电缆和光纤，双绞线和同轴电缆传输电信号，光纤传输光信号；无线传输介质又分为微波、卫星和红外线多种。

1．双绞线

将一对以上的双绞线（Twisted Pair，TP）封装在一个绝缘外套中，为了降低信号的干扰程度，电缆中的每一对双绞线一般是由两根绝缘铜导线相互扭绕而成，也因此把它称为双绞线。

双绞线分为屏蔽双绞线（Shield Twisted Pair，STP）和非屏蔽双绞线(Unshield Twisted Pair，UTP)。非屏蔽双绞线价格便宜，传输速度偏低，抗干扰能力较差；屏蔽双绞线抗干扰能力较好，具有更高的传输速度，但价格相对较贵，适用于网络流量较大的高速网络协议应用。

双绞线又可分为 3 类、4 类、5 类、超 5 类、6 类和 7 类双绞线，现在常用的是 5 类 UTP，其频率带宽为 100 MHz。6 类、7 类双绞线分别可工作于 200 MHz 和 600 MHz 的频率带宽上，且采用特殊设计的 RJ-45 插头。超五类非屏蔽双绞线如图 6-9 所示，六类屏蔽双绞线如图 6-10 所示。

图 6-9　超五类非屏蔽双绞线　　　　图 6-10　六类屏蔽双绞线

双绞线一般用于 10BASE-T 和 100BAST-T 的以太网中，具体规定是：双绞线每端需要安装一个 RJ-45 头（水晶头），连接网卡与集线器，最大网线长度为 100 m，如果要加大网络的范围，在两段双绞线之间可安装中继器，最多可安装 4 个中继器，如安装 4 个中继器连 5 个网段，最大传输范围可达 500 m。

2．同轴电缆

同轴电缆（Coaxial）由同轴的内外两个导体组成，内导体是一根金属线，外导体是一根圆柱形的套管，一般是细金属线编制成的网状结构，内外导体之间有绝缘层，如图 6-11 所示。同轴电缆又分为基带同轴电缆（阻抗为 50 Ω）和宽带同轴电缆（阻抗为 75 Ω）。基带同轴电缆用来直接传输数字信号，它又分为粗缆和细缆，其中粗缆用于较大局域网的网络干线，布线距离长，可靠性较好，但网络安装、维护等方面比较困难，造价较高，而细缆安装容易，且造价低，但因受网络布线结构的限制，日常维护不方便；宽带同轴电缆用于频分多路复用的模拟信号发送，闭路电视所使用的 CATV 电缆就是宽带同轴电缆。

3．光纤

光纤（Fiber Optic）是光导纤维的简写，是一种利用光在玻璃或塑料制成的纤维中的全反射原理而达成的光传导工具。根据光源的不同分为多模光纤和单模光纤。多模光纤使用的材料是发光二极管，价格较便宜，但定向性差。单模光纤使用的材料是注入型激光二极管，定向性好、损耗少、效率高、传播距离长，但价格昂贵。多条光纤制作在一起称为光缆，如图 6-12 所示。

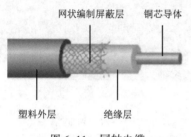

图 6-11　同轴电缆

图 6-12　光缆

4．微波和卫星

微波传输使用的频率范围为 2～40 GHz。频率越高，意味着可用带宽越宽，因此数据传输速率就越高。和任何传输系统一样，损耗的主要原因是衰减，它与距离的平方成正比。一般微波系统的中继器间隔为 10～100 km，长途通信时必须建立多个中继站。中继站的功能是变频和放大，进行功率补偿。另外，微波的衰减还会随天气变化，雨雪天气对微波产生吸收损耗。随着微波应用的日益普及，传输区域的重叠会造成严重的干扰，所以微波频带的使用与分配要受到国家的严格控制。

卫星实际上是一个微波中继站，它被用来连接两个以上的微波收发系统。卫星接收来自地面发送站发出的电磁波信号后，再以广播方式用不同的频率发回地面，由地面工作中接收。卫星通信可以克服地面微波通信距离的限制，一个同步卫星可以覆盖地球三分之一以上的表面，3 个卫星就可以覆盖全球上通信区域，这样地球上的各个地面站就可以相互通信了。卫星通信的优点是容量大、距离远，缺点是传播延迟长。

6.2.3　网络设备

一个计算机网络是由各种各样的网络设备连接组成的，使用网络设备可以建立更大规模的网络，支持更多的计算机，提供更多的带宽。

1．网络适配器

网络适配器简称网卡，是连接计算机与网络的硬件设备，是网络的基本部件之一，如图 6-13 所示。网络适配器插在计算机总线插槽中，与网络程序配合工作，负责将要发送的数据转换成网络上其他设备能够识别的格式，通过网络介质进行传输，或从网络介质接收信息，转换成网络程序能够识别的格式，提交给网络操作系统。无论是双绞线连接、同轴电缆连接还是光纤连接，都必须借助于网卡才能实现数据的通信。

图 6-13　网卡

网卡拥有 MAC 地址，实现了物理层和数据链路层的功能，它使得用户可以通过电缆或无线相互连接。MAC 地址是一个独一无二的 48 位序列号，被写在卡上的一块 ROM 中。电气电子工程师协会（IEEE）负责为网卡生产商分配 MAC 地址，没有任何两块被生产出来的网卡拥有同样的地址。

网卡是局域网中连接计算机和传输介质的接口，局域网中每一台联网计算机都需要安装一块或多块网卡。网卡完成物理层和数据链路层的大部分功能，包括网卡与网络电缆的物理连接、介质访问控制、数据帧的拆装、帧的发送与接收、错误校验、数据信号的编/解码、数据的串/并行转换等功能。

无线网卡是终端无线网络设备，采用无线信号进行数据传输，其功能与普通网卡一样。无线网卡是一个信号收发的设备，只有在找到上互联网的出口时才能实现与互联网的连接，所有无线网卡只能局限在已布有无线局域网的范围内。无线网卡根据接口不同，主要有 PCMCIA 无线网卡、PCI 无线网卡、MiniPCI 无线网卡、USB 无线网卡、CF/SD 无线网卡等。

网卡有多种类型，选择网卡时应从计算机总线的类型、传输介质的类型、组网的拓扑结构、节点之间的距离及网络段的最大长度等几个方面来考虑。

2．集线器

集线器（Hub）是对网络进行集中管理的最小单元，在局域网中广泛使用的网络设备，可将来自多个计算机的双绞线集中于一体，并将接收到的数据转发到每一个端口，从而构成一个局域网，还可连接多个网段，扩展局域网的物理作用范围。

集线器本质上是一个多端口的中继器，如图 6-14 所示，工作中当一个端口接收到数据信号时，由于信号在从源端口到集线器的传输过程中已有了衰减，所以集线器便将该信号进行整形放大，使被衰减的信号再生（恢复）到发送时的状态，紧接着转发到其他所有处于工作状态的端口上。从它的工作方式可以看出，集线器在网络中只起到信号放大和重发作用，其目的是扩大网络的传输范围，而不具备信号的定向传送能力，是一个标准的共享式设备。集线器级联起来作为多个网段的转接设备。集线器是局域网的星状连接点，一旦它出问题整个网络便无法工作。

图 6-14　集线器

HUB 按照对输入信号的处理方式，可以分为无源 Hub、有源 Hub、智能 Hub 和其他 Hub；按照带宽可以分为 10 Mbit/s、100 Mbit/s、10/100 Mbit/s 及自适应 Hub 等；按照结构的不同可以分为：独立型 Hub、可堆叠型 Hub 和模块化 Hub。

3．网桥

网桥工作在数据链路层的 MAC 子层，将两个相似的网络连接起来可提高网络的性能、可靠性和安全性。网桥监听所有流经它所连接的网段的数据帧，并检查每个数据帧中的 MAC 地址，以此决定是否将该帧发往其他网段。网桥还是一个存储转发设备，具有对数据帧进行缓冲的能力。网桥可以把两个（或多个）物理网络连接成 一个逻辑网络，使这个逻辑网络的行为从外部看起来就像一个单独的物理网络一样。网桥的功能在延长网络跨度上类似于中继器，然而它能提供智能化连接服务，即根据帧的终点地址处于哪一网段来进行转发和滤除。

根据网桥的路径选择方法，可以将网桥分为两种类型：透明网桥和源路由网桥。透明网桥类似于一个黑盒子，对网络上的站点完全透明。优点是安装和管理十分方便，即插即用，且与现有的 IEEE 802 产品兼容，但不能选择最佳路径，也就无法充分利用冗余的网桥来分担负载。透明网

桥多用于以太网中,也可以用于令牌环网和 FDDI。源路由网桥要求主机参与路由选择,从理论上来说,它可以选择最佳路径,因而可以充分利用冗余的网桥来分担负载,但实际实现起来并不容易。源路由网桥主要用于令牌环网和 FDDI。

4. 交换机

交换机是一种廉价且高效的网络连接设备,已经逐渐取代传统集线器在网络连接中的地位。使用网桥进行网络分段可以在一定程度上缓解由于冲突而引起的网络性能下降和网络阻塞问题,但网络分段对网路上的通信拥挤问题解决得并不彻底。以太网交换机既能解决网段分割问题,又能解决网络分段带来的网络主干拥挤问题。

以太网交换机也是根据数据帧中的源 MAC 地址来构造转发表,根据目标 MAC 地址进行过滤转发操作,但转发速度接近线速。并且,交换机比网桥具有更高的端口密度。当工作站需要通信时,交换机能连通许多对端口,每一对互相通信的工作站能像独占通信媒体那样,无冲突地传输数据,通信完成后自动断开连接。与集线器的分类相似,以太网交换机也可分为独立型、可堆叠型和模块化机箱式三种。

5. 路由器

路由器是互联网的主要节点设备,是不同网络之间互相连接的枢纽。在互联网中,路由器是骨干网络的重要组成部分之一。路由器工作在 OSI 模型的网络层。它的主要功能是为经过路由器的每个数据分组选择一条最佳路径。路由器中用路由表来保存路由信息,路由表中包含了互联网络中各个子网的地址、到达各子网所经过的路径以及与路径相联系的传输开销等内容。

一个路由器有多个网络接口,分别连接一个网络或另一个路由器。当路由器在某个接口上收到一个分组时,它就找出该分组中的目的网络地址,并到路由表中查找这个地址。路由表中的每个网络地址都对应一个转发接口,所以一旦查到了地址,路由器知道该分组应该从哪个接口转发出去。互联网中各个网络和它们之间相互连接的情况经常会发生变化,因此路由表中信息也会及时更新。

6. 网关

网关工作在网络层以上,通常由运行在一台计算机上的专用软件来实现。常见的网关有两种:协议网关和安全网关。协议网关通常用于实现不同体系结构网络之间的互联或在两个使用不同协议的网络之间做协议转换。网络互联的层次越高,就能对差别越大的异构网实现互联,但是互联的代价就会越大,效率也会越低。校园网的典型结构是由一个主干网和若干个子网段组成。主干网和子网之间常选用路由器或第三层交换机进行连接;校园网和其他网络一般采用网关进行互联。安全网关通常又称防火墙,主要用于网络的安全防护。

7. 服务器主机

服务器主机是运行网络服务软件,在网络环境中为客户端提供各种服务的计算机系统。服务器主机大部分为 PC 服务器,它从 PC 发展而来,它们在计算机体系结构、设备兼容性、制造工艺等方面,没有太大差别,两者在软件上完全兼容。但是在设计目标上,PC 服务器与 PC 不同,它更加注重对数据的高性能处理能力(如采用多 CPU,大容量内存等);对 I/O 设备的吞吐量有更高的要求;要求设备有很好的可靠性(如支持连续运行,热插拔等)。PC 服务器一般运行 Windows Server、Linux 等操作系统。

6.2.4　网络协议和网络软件

1. 网络协议

为了实现人与人之间的交互，通信的约定规则无处不在。例如，在使用邮政系统发信件时，信封必须按照一定的格式书写（如收信人和发信人的地址必须按照一定的位置书写），否则，信件可能不能到达目的地。同时，信件的内容也必须遵循一定的规则（如使用可理解的语言书写），否则，收信人可能无法理解信件的内容。

同样，在计算机网络中为了实现各种服务，就要在计算机系统之间进行通信和对话。为了使通信双方能正确理解、接受和执行，就要遵守相同的规定。具体来说，在通信内容、怎样通信以及何时通信方面，两个对象要遵从相互可以接受的一组约定和规则，这些约定和规则的集合称为协议。因此，协议是指通信双方必须遵守的控制信息交换的规则集合，其作用是控制并指导通信双方的对话过程，发现对话过程中出现的差错并确定处理策略。

一般来说，网络协议是由语法、语义和时序三个要素组成。语法是用户数据与控制信息的结构与格式，以及数据出现的顺序。语义是解释控制信息每个部分的意义。它规定了需要发出何种控制信息，以及完成的动作与做出什么样的响应。时序是对事件发生顺序的详细说明（也可称为"同步"）。

计算机网络是一个庞大、复杂的系统，网络的通信规则也不是一个协议可以描述清楚的。因此，在计算机网络中存在多种协议，每一种都有其设计的目的和需要解决的问题。同时，每一种协议也有其优点和使用限制，这样做的主要目的是使协议的设计、分析、实现和测试简单化。如 TCP /IP（Transmission Control Protocol/Internet Protocol）是 Internet 采用的协议标准，它包括了很多协议，如 http、telnet、FTP 等，而 TCP 和 IP 是保证数据完整传输的两个最基本的重要协议。因此，常用 TCP /IP 来代表整个 Internet 协议系列。

2. 网络软件

网络按照一定的结构构造完成后，需要通过软件对网络资源进行全面管理，合理的调度和分配，并采取一系列的保密安全措施，以防止用户不合理地访问数据和信息，以及防止数据和信息被破坏和丢失。网络软件是实现网络功能不可缺少的软环境，主要有网络操作系统、网络通信协议软件以及网络应用软件。

1）网络操作系统

网络操作是管理计算机网络资源的系统软件，是网络用户与计算机网络之间的接口。网络操纵系统既有单机操作系统的处理机管理、存储器管理、文件管理、设备管理和用户接口等功能，还具有对整个网络的资源进行协调管理，实现计算机之间高效可靠的通信，提供各种网络服务和为网上用户提供便利的操作与管理平台等网络管理功能。网络操作系统的水平决定着整个网络的水平及能否使所有网络用户都能方便、有效地利用计算机网络的功能和资源。

2）网络通信软件与协议软件

网络通信软件支持计算机与相应的网络连接，能够较容易地控制自己的应用程序与多个节点进行通信，并对大量的通信数据进行加工和处理。

网络协议软件是计算机网络中各部件之间遵循的规则的集合，计算机网络体系结构也由协议决定，网络管理软件、网络通信软件以及网络应用软件等都要通过网络协议软件才能发挥作用。网络协议软件的种类有很多，如 TCP /IP、IEEE802 系列协议等均有各自对应的协议软件。

3）网络应用软件

软件开发者根据网络用户的需要，用开发工具开发出来各种应用软件。网络应用软件随着计算机网络的发展和普及也越来越丰富，例如浏览软件、传输软件、电子邮件管理软件、游戏软件、聊天软件等。

6.3　IP 地址和域名

Internet 是国际互联网，又称因特网。通俗地说 Internet 是将世界上各个国家和地区成千上万的同类型和异类型网络连接在一起，而形成的一个全球性大型网络系统。从网络通信技术的角度看，Internet 是以 TCP/IP 连接各个国家、各个地区及各个机构的计算机网络的数据通信网；从信息资源的角度来看，Internet 是集各个部门、各个领域的各种信息资源为一体，供网上用户共享的信息资源网。Internet 包含了难以计数的信息资源，向全世界提供信息服务。Internet 成为获取信息的一种方便、快捷、有效的手段，是信息社会的重要支柱。

6.3.1　Internet 基础

1．了解 Internet

Internet 起源于 20 世纪 60 年代末，其前身是美国国防部高级计划研究署建立的"ARPANET"，该网于 1969 年投入使用。ARPANET 是现代计算机网络诞生的标志。

最初，ARPANET 主要是用于军事研究，其指导思想是：网络必须经受得住故障的考验而维持正常的工作，一旦发生战争，当网络的某一部分因遭受攻击而失去工作能力时，网络的其他部分应能维持正常的通信工作。ARPANET 在技术上的另一个重大贡献是 TCP/IP 协议簇的开发和利用。作为 Internet 的早期骨干网，ARPANET 奠定了 Internet 存在和发展的基础，较好地解决了异种机网络互联的一系列理论和技术问题。在 20 世纪 70 年代，ARPANET 上的计算机约有 200 台。

从 1969 年 ARPANET 诞生直到 20 世纪 80 年代中期，是 Internet 发展的第一阶段，即试验研究阶段。

这时的 ARPANET，通信能力已趋于饱和，因而，1983 年，ARPANET 分裂为两部分，ARPANET 和纯军事用的 MILNET。同时，局域网和广域网的产生和蓬勃发展对 Internet 的进一步发展起了重要的作用。其中最引人注目的是美国国家科学基金会 NSF（National Science Foundation）建立的 NSFnet。NSF 在全美国建立了按地区划分的计算机广域网，并将这些地区网络和超级计算机中心互联起来。NSFnet 于 1990 年 6 月彻底取代了 ARPANET 而成为 Internet 的主干网。NSFnet 包括 6 个超级计算机中心，这些中心之间有高速专线，作为 NSFnet 的主干线。在这一时期，美国很多大学和研究机构的校园网和局域网也纷纷连入 NSFnet，从而使 NSFnet 成为当时最大的 TCP/IP 网络，起着 Internet 的主干网作用。到 20 世纪 80 年代末，连上 Internet 的计算机数量已有 8 万台左右。

NSFnet 对 Internet 的最大贡献是使 Internet 向全社会开放，而不像以前的那样仅供计算机研究人员和政府机构使用。1990 年 9 月，Merit、IBM 和 MCI 公司联合建立了一个非营利的组织，即先进网络科学公司（Advanced Network &Science Inc，ANS）。ANS 的目的是建立一个全美范围的 T3 级主干网，它能以 45 Mbit/s 的速率传送数据。到 1991 年底，NSFnet 的全部主干网都与 ANS 提供的 T3 级主干网相连通。

但此时的 Internet 已成为一个巨大的"国际网"，网上方便的信息共享和通信对商界产生了巨大的吸引力。因此，在 20 世纪 90 年代，Internet 开始走向商业化的经营方向。到 1995 年，原由国家资助的主干网 NSFnet 结束了它的使命，正式宣布停运，取而代之的是一个由多个公司分摊经营的 Internet 骨干网络。从此，Internet 才真正向社会公众开放，任何团体、个人都可申请接入 Internet。商界的介入，为 Internet 注入了大量的资金，使 Internet 得以飞速发展。

在短短的几十年时间里，Internet 从研究试验阶段发展到用于教育、科研的学术性阶段，进而发展到商业化阶段，这一历程充分体现了 Internet 发展的迅速，以及技术的日益成熟和应用的日益广泛。

2. TCP/IP 协议

TCP/IP 是 Transmission Control Protocol/Internet Protocol 的缩写，中文译名为传输控制协议/网际协议，是 Internet 最基本的协议。TCP/IP 是一个协议簇，主要协议如下：

1）IP

网际协议 IP 是 TCP/IP 的心脏，也是网络层中最重要的协议。

IP 接收由更低层（网络接口层，例如以太网设备驱动程序）发来的数据，并把该数据发送到更高层（TCP 或 UDP 层）；相反，IP 层也把从 TCP 或 UDP 层接收来的数据传送到更低层。IP 数据报是不可靠的，因为 IP 并没有做任何事情来确认数据报是按顺序发送的或者没有被破坏。IP 数据报中含有发送它的主机的地址（源地址）和接收它的主机的地址（目的地址）。

各个厂家生产的网络系统和设备，如以太网、分组交换网等，它们相互之间不能互通，不能互通的主要是因为它们所传送数据的基本单元（技术上称之为"帧"）的格式不同。IP 协议实际上是一套由软件程序组成的协议软件，它把各种不同"帧"统一转换成"IP 数据报"格式，这种转换是因特网一个最重要的特点，使各种计算机都能在因特网上实现互通，即具有"开放性"的特点。

每个数据报都有报头和报文这两个部分，报头中有目的地址等必要内容，使每个数据报经过不同的路径都能准确地到达目的地。在目的地重新组合还原成原来发送的数据。这就需要 IP 具有分组打包和集合组装的功能。在实际传送过程中，数据报还要能根据所经过网络规定的分组大小来改变数据报的长度，IP 数据报的最大长度可达 65 535 个字节。

IP 中还有一个非常重要的内容，那就是给因特网上的每台计算机和其他设备都规定了一个唯一的地址，称为"IP 地址"。由于有这种唯一的地址，才保证了用户在联网的计算机上操作时，能够高效而且方便地从千千万万台计算机中选出自己所需的对象来。

2）TCP

TCP 被用来在一个不可靠的互联网络中为应用程序提供可靠的端点间的字节流服务。所有 TCP 连接都是全双工和点对点的。发送方的 TCP 实体将应用程序的输出不加分割地放在数据缓冲区中，输出时将数据块划分成长度适中的段，每个段封装在一个 IP 数据报中传输。段中的每个字节都被分配一个序号，接收方 TCP 实体完全根据字节序号将各个段组装成连续的字节流交给应用程序，并不需要知道这些数据是由发送方应用程序分几次写入的，对数据流的解释和处理完全由高层协议来完成。

TCP 实体间交换数据的基本单元是"段"。对等的 TCP 实体在建立连接时，可以向对方声明自己所能接收的最大段长（Maximum Segment Size，MSS），如果没有声明，则双方将使用一个默认的 MSS。在不同的网络环境中，每个网络都有一个最大传输单元（Maximum Transfer Unit，MTU），当然也不能超过 IP 数据报的最大长度 65 535 B。当一个段经过一个 MTU 较小的网络时，需要在路由器中再分成更小的段来传输。

为了实现可靠的数据传输服务，TCP 提供了对段的检错、应答、重传和排序功能，提供了可靠的建立连接和拆除连接的方法，还提供了流量控制和阻塞控制的机制。

在 TCP/IP 协议中，TCP 协议提供可靠的连接服务，采用三次握手建立一个连接。

第一次握手：建立连接时，客户端发送 SYN 置 1 的 TCP 段，将客户进程所选择的初始连接序号放入 SEQ 域中（设为 x）。

第二次握手：服务器收到 SYN 包，同时返回一个 ACK 和 SYN 都置 1 的 TCP 段，将服务进程所选择的初始连接序号放入 SEQ 域中（设为 y），并在 ACK 域中对客户进程的初始连接序号进行应答（x+1）。

第三次握手：客户端向服务器发送 ACK 置 1 的 TCP 段，在 ACK 域中对服务器的初始连接序号进行应答（y+1）。发送完毕，客户端和服务器进入 ESTABLISHED 状态，完成三次握手。

面向连接的服务（例如 Telnet、FTP、SMTP 等）需要高度的可靠性，所以它们使用 TCP。DNS 在某些情况下使用 TCP（发送和接收域名数据库），但使用 UDP 传送有关单个主机的信息。

3）UDP 协议

UDP 是 User Datagram Protocol 的简称，中文名是用户数据报协议，是 OSI 参考模型中一种无连接的协议，提供不可靠信息传送服务。UDP 与 TCP 位于同一层，但它不管数据包的顺序、错误或重发。因此，UDP 不被应用于那些使用虚电路的面向连接的服务，UDP 主要用于那些面向查询-应答的服务，例如 NFS。相对于 FTP 或 Telnet，这些服务需要交换的信息量较小。使用 UDP 的服务包括 NTP（网络时间协议）和 DNS（DNS 也使用 TCP）。

欺骗 UDP 包比欺骗 TCP 包更为容易，因为 UDP 没有建立初始化连接（也可以称为握手）（因为在两个系统间没有虚电路），也就是说，与 UDP 相关的服务面临着更大的危险。虽然 UDP 是一个不可靠的协议，但它是分发信息的一个理想协议。例如，在屏幕上报告股票市场、在屏幕上显示航空信息，等等。UDP 也用在路由信息协议（Routing Information Protocol，RIP）中修改路由表。在这些应用场合下，如果有一个消息丢失，在几秒之后另一个新的消息就会替换它。UDP 广泛用在多媒体应用中，例如，Progressive Networks 公司开发的 RealAudio 软件，它是在因特网上把预先录制的或者现场音乐实时传送给客户机的一种软件，该软件使用的 RealAudio audio-on-demand protocol 协议就是运行在 UDP 之上的协议，大多数因特网电话软件产品也都运行在 UDP 之上。

4）ICMP

ICMP 是 Internet Control Message Protocol 的缩写，用于在 IP 主机、路由器之间传递控制消息。控制消息是指网络通不通、主机是否可达、路由是否可用等网络本身的消息。这些控制消息虽然并不传输用户数据，但是对于用户数据的传递起着重要的作用。

ICMP 提供一致易懂的出错报告信息。发送的出错报文返回到发送原数据的设备，因为只有发送设备才是出错报文的逻辑接受者。发送设备随后可根据 ICMP 报文确定发生错误的类型，并确定如何才能更好地重发失败的数据报。但是 ICMP 唯一的功能是报告问题而不是纠正错误，纠正错误的任务由发送方完成。

在使用网络中经常会用到 ICMP，比如用于检查网络通不通的 Ping 命令（Linux 和 Windows 中均有），这个"Ping"的过程实际上就是 ICMP 协议工作的过程。还有其他的网络命令如跟踪路由的 Tracert 命令也是基于 ICMP 协议的。

除了上述主要的协议以外，还有 SMTP（Simple Mail Transfer Protocol，简单邮件传输协议）、SNMP（Simple Network management Protocol，简单网络管理协议）、FTP（File Transfer Protocol，文件传输协议）、ARP（Address Resolution Protocol，地址解析协议），等等。

6.3.2 IP 地址

微　课

IP 地址

在现实生活中，确定某个人的身份主要通过两个方面：一是硬件，即每个人与生俱来的唯一的生理特征（如眼底虹膜、指纹、DNA 等）；二是软件，即给每个人都规定一种身份、由一个特殊的部门颁发唯一的证件（如身份证）。

网络中识别一台计算机也是这样：一是网卡生产厂家在生产时已经在每一块网卡上都烧录了唯一的 ID 号（即 MAC 地址）；二是通过为每一台计算机分配一个唯一的 IP 地址，从而人为地将一般计算机的身份变得特殊化。

Internet 上的每台主机都有一个唯一的 IP 地址。IP 协议的一项重要功能就是屏蔽主机原来的 MAC 地址，从而在全网中使用统一的 IP 地址。IP 协议就是使用该地址在主机之间传递信息，这是 Internet 能够运行的基础。

1. IP 地址的构成

TCP/IP 协议规定，IP 地址的长度为 32 位，即 4 字节。IP 地址由网络号和主机号组成，网络号用来标识一个网络，主机号用来标识这个网络上的某一台主机，如图 6-15 所示。寻址时先按 IP 地址中的网络号把网络找到，再按主机号把主机找到。所以 IP 地址并不只是一个计算机的编号，而是指出了连接到某个网络上的某个计算机。

网络号	主机号

图 6-15　IP 地址的结构

IP 地址由 32 位二进制数组成，按 8 为单位分成 4 字节。如：11000000 10101000 00000000 01100011。由于二进制不容易记忆，IP 地址通常用点分十进制的方式表示。点分十进制方式就是将 32 位的 IP 地址中的每 8 位用其等效的十进制数字表示，每个十进制数字之间用小数点隔开。例如：上述二进制数用点分十进制方式可以表示为：193.168.0.99，相对于二进制形式，这种表示要直观得多，便于阅读和理解。因为 1 个字节的二进制数最大表示为 255，所以 IP 地址中每段的取值范围为 0~255。

IP 地址是对联网主机的逻辑标识，而不是对主机自身的物理表示，这二者是不同的。当一台主机在网络上的位置发生变化时，IP 地址可随之改变，这要依赖于网络建造的方式，但 MAC 地址保持不变。MAC 地址和 IP 地址之间并没有必然的联系。MAC 地址就如同一个人的身份证号，无论人走到哪里，他的身份证号永远不变；IP 地址则如同邮政编码，人换个地方，其通信邮政编码就会随之发生改变。

2. IP 地址的分类

在 Internet 中，网络数量是难以确定的，但是每个网络的规模却比较容易确定。Internet 管理委员会按网络规模的大小把 IP 地址分为五类：A 类、B 类、C 类、D 类和 E 类。A、B 和 C 类地址被称为基本的 Internet 地址，供用户使用，为主类地址。D 类和 E 类地址为次类地址：D 类地址称为组播地址，E 类地址被称为保留地址。五类 IP 地址的格式如图 6-16 所示。

A 类地址第一个字节的第一位是"0"，其余 7 位为网络号，后 3 个字节为主机号。A 类地址中网络数为 126（2^7-2）个，网络号全"0"和全"1"这两个值保留用于特殊目的。每个网络包含的主机数为 16 777 214（$2^{24}-2$）个，全"0"和全"1"也有特殊用途。一台主机能使用的 A 类地址的有效范围是 1.0.0.1~126.255.255.254，一般用于世界上少数的具有大量主机的网络。

B 类地址第一个字节的前两位是"10"，其余 6 位加上第二个字节的 8 位（14 位）为网络号，后两个字节为主机号。B 类地址中网络数为 16 382（$2^{14}-2$）个，网络号全"0"和全"1"这两个

值保留用于特殊目的。每个网络包含的主机数为 65 534（2^{16}-2）个，全"0"和全"1"也有特殊用途。一台主机能使用的 B 类地址的有效范围是 128.0.0.1~191.255.255.254，主要用于一些国际大公司和政府机构等中等规模的网络。

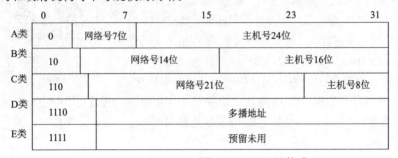

图 6-16　IP 地址格式

C 类地址第一个字节的前三位是"110"，其余 5 位加上第二、三字节共 21 位表示网络号，最后一个字节为主机号。C 类地址中网络数为 2 097 150（2^{21}-2）个，网络号全"0"和全"1"这两个值保留用于特殊目的。每个网络包含的主机数为 254（2^{8}-2）个，全"0"和全"1"也有特殊用途。一台主机能使用的 C 类地址的有效范围是 192.0.0.1~223.255.255.254，主要用于一些小公司和普通的研究机构等小型网络。

D 类地址第一个字节的前四位是"1110"，地址范围为 224.0.0.0~239.255.255.255。通常用于已知的多点传送或者组播的寻址，主要是留给 Internet 体系结构委员会 IAB 使用。

E 类地址第一个字节的前五位是"11110"，是一个实验性地址，保留给将来使用。

IP 地址不是任意分配的，分配 A 类 IP 地址的国际组织是国际网络信息中心 NIC；分配 B 类地址的国际组织是 InterNIC、APNIC 和 ENIC；分配 C 类地址的组织是国家或地区网络的 NIC。

还有一些特殊的地址：主机号全为"0"时，表示本地网络；例如，"11.0.0.0"表示 A 类"11"这个本地网络；主机号各位全为"1"的地址称为广播地址，用以标识网络上的所有主机；IP 地址的 32 位全为"1"，即 255.255.255.255，用于本网广播，主机在获知自身的 IP 地址之前或本地网络的 IP 地址之前使用本地网络广播地址；回路测试地址，形如 127.xx.yy.zz，发送到这个地址的分组不输入到线路上，它们被内部处理并当作输入分组。

6.3.3　域名系统

虽然使用 IP 地址可以唯一地识别 Internet 上的一台主机，但是，对用户来说作为数字的 IP 地址不便于记忆。为了便于使用和记忆，也为了便于网络地址的分层管理和分配，在 IP 地址的基础上向用户提供了域名系统 DNS 服务，采用字符来识别网络上的计算机，即用字符为计算机命名。DNS 域名系统一方面可以帮助人们用容易记住的名字来标识自己的计算机，还可以建立域名与 IP 地址的对应关系。域名和用数字表示的 IP 地址就像大街上的一个商店，既可以通过门牌号又可以通过商店名称找到它，如通过 www.xcu.edu.cn 或 211.67.191.19 都可以访问许昌学院主页。

但对于 Internet 内部数据来说，使用的还是 IP 地址，Internet 并不能识别域名，这时就需要域名服务器解决。Internet 上有很多负责将主机地址转换成 IP 地址的服务系统，即域名服务器，这个服务系统会自动将域名解析为 IP 地址。域名服务器实际上是一种域名服务软件，运行在指定的机器上，完成域名和 IP 地址之间的映射。为了把一个域名映射为 IP 地址，应用程序调用客户方的解析程序，解析器将 UDP 分组传送到 DNS 服务器上，DNS 服务器查找域名并将 IP 地址返回给解析器，解析器再返回给调用者。

Internet 采用了层次树状结构的命名方法，就像全球邮政系统和电话系统那样。采用这种命名方法，任何一个连接到 Internet 上的主机或路由器都有一个唯一的层次结构的名字，即域名。域还可以继续划分为子域，如二级域、三级域等。如：…三级域名.二级域名.顶级域名。

每一级别的域名都由英文字母和数字组成，级别最低的域名写在最左边，而级别最高的顶级域名写在最右边。完整的域名不超过 255 个字符。顶级域名一般分成两类：通用域名和国家域名。通用域名包括 com、edu、gov、int、mil、net 和 org 七个组织，见表 6-1。国家域是按国家来划分的，每个申请加入 Internet 的国家都可以作为一个顶级域，并向 NIC 注册一个域名，如 cn 代表中国，us 代表美国，jp 代表日本等。

表 6-1 顶级域名分配

顶 级 域 名	分 配 情 况	顶 级 域 名	分 配 情 况
com	商业组织	net	主要网络支持中心
edu	教育机构	org	非营利组织
gov	政府部门	int	国际组织
mil	军事部门	国家或地区代码	各个国家或地区

6.3.4 从 IPv4 到 IPv6

在 IPv4 中，全部 32 位 IP 地址有 2^{32} = 42 亿个，这几乎可以为地球上三分之二的人提供地址。但由于分配不合理，目前可用的 IPv4 地址已经基本分配完了。为了解决 IP 地址不足的问题，IETF 先后提出了多种技术解决方案。

1. IPv6 的历史

目前使用的 IPv4 技术，核心技术属于美国，它的最大问题是网络地址资源有限，从理论上讲可编址 1600 万个网络，40 亿台主机，但采用 A、B、C 三类编码方式后，可用的网络地址和主机地址的数目大打折扣，以至目前的 IP 地址已经枯竭。其中北美洲占 3/4，约 30 亿个，而人口最多的亚洲只有不到 4 亿个，中国只有 3 千多万个，只相当于美国麻省理工学院的数量。地址不足严重制约了我国及其他国家 Internet 的应用和发展。

随着电子技术及网络技术的发展，可能身边的每一样东西都需要连入全球 Internet，而 Ipv4 地址资源接近枯竭。为了解决因特网中存在的问题，IETF 推出了 IPv6（TCP/IP 协议第 6 版）。Ipv6 是负责制定国际互联网通信协议标准的互联网小组 IETF 设计的，用于替代现行版本 Ipv4 协议的下一代 IP 协议。IP 是 TCP/IP 协议簇中网络层的协议，是 TCP/IP 协议簇的核心协议。

如果说 IPv4 实现的是人机对话，而 IPv6 则扩展到任意事物之间的对话，它不仅可以为人类服务，还将服务于众多硬件设备，如家用电器、无线传感器、远程照相机、汽车等，它将实现无时不在、无处不在的深入社会每个角落的真正的宽带网。而且它所带来的经济效益将非常巨大。Ipv6 正处于不断发展和完善的过程中，我国电信网络运营商已于 2005 年开始向 IPv6 过渡，中国教育科研网（CERNET2）的大部分网络结点也采用了 IPv6 协议。

2. IPv6 的特点

与 IPv4 相比，IPv6 具有如下优势：

（1）IPv6 具有更大的地址空间。IPv6 的每个地址为 128 位，大约有 2^{128} 个地址。IPv6 采用"冒分十六进制"的方式表示 IP 地址。它是将地址中每 16 位分为一组，写成四位十六进制数，两组间用冒号分隔（如 x：x：x：x：x：x：x：x），地址中的前导 0 可不写。例如：

69DC:8864:FFFF:FFFF:0000:1280:8C0A:FFFF。如果四个数字都是零，可以被省略，上述地址等价于：69DC:8864:FFFF: FFFF: :1280:8C0A:FFFF。

（2）IPv6 使用更小的路由表。IPv6 在地址分配时，路由器能在路由表中用一条记录表示一片子网，大大减少了路由器中路由表的长度，提高了路由器转发数据包的速度。

（3）IPv6 增强了组播的支持。IPv6 通过增强主播技术以及对流的支持，为网络上的多媒体应用提供了很大的发展空间，为服务质量控制提供了良好的网络平台。

（4）增加了自动配置的支持。IPv6 加入了对自动配置的支持，这是对 DHCP 协议的改进和扩展，使得网络的管理更加方便和快捷。

（5）具有更高的安全性。IPv6 具有更高的安全性，使用 IPv6 网络的用户可以对网络层的数据进行加密并对 IP 报文进行校验，极大增强了网络的安全性。

（6）允许扩充。如果新的技术或应用需要时，IPV6 允许协议进行扩充。

（7）更好的头部格式。IPV6 使用新的头部格式，其选项与基本头部分开，如果需要，可将选项插入基本头部与上层数据之间。这就简化和加速了路由选择过程，因为大多数的选项不需要由路由选择。

3．过渡技术

IPv6 不可能立刻替代 IPv4，因此在相当一段时间内 IPv4 和 IPv6 会共存在一个环境中。要提供平稳的转换过程，使得对现有的使用者影响最小，就需要有良好的转换机制。IETF 推荐了双协议栈技术、隧道技术以及网络地址转换技术等转换机制。

1）双协议栈技术

双栈机制就是使 IPv6 网络节点具有一个 IPv4 栈和一个 IPv6 栈，同时支持 IPv4 和 IPv6 协议。IPv6 和 IPv4 是功能相近的网络层协议，两者都应用于相同的物理平台，并承载相同的传输层协议 TCP 或 UDP，如果一台主机同时支持 IPv6 和 IPv4 协议，那么该主机就可以和仅支持 IPv4 或 IPv6 协议的主机通信。

2）隧道技术

隧道机制就是必要时将 IPv6 数据包作为数据封装在 IPv4 数据包里，使 IPv6 数据包能在已有的 IPv4 基础设施（主要是指 IPv4 路由器）上传输的机制。随着 IPv6 的发展，出现了一些运行 IPv4 协议的骨干网络隔离开的局部 IPv6 网络，为了实现这些 IPv6 网络之间的通信，必须采用隧道技术。隧道对于源站点和目的站点是透明的，在隧道的入口处，路由器将 IPv6 的数据分组封装在 IPv4 中，该 IPv4 分组的源地址和目的地址分别是隧道入口和出口的 IPv4 地址，在隧道出口处，再将 IPv6 分组取出转发给目的站点。隧道技术的优点在于隧道的透明性，IPv6 主机之间的通信可以忽略隧道的存在，隧道只起到物理通道的作用。隧道技术在 IPv4 向 IPv6 演进的初期应用非常广泛。但是，隧道技术不能实现 IPv4 主机和 IPv6 主机之间的通信。

3）网络地址转换技术

网络地址转换（Network Address Translator，NAT）技术是将 IPv4 地址和 IPv6 地址分别看作内部地址和全局地址，或者相反。例如，内部的 IPv4 主机要和外部的 IPv6 主机通信时，在 NAT 服务器中将 IPv4 地址（相当于内部地址）变换成 IPv6 地址（相当于全局地址），服务器维护一个 IPv4 与 IPv6 地址的映射表。反之，当内部的 IPv6 主机和外部的 IPv4 主机进行通信时，则 IPv6 主机映射成内部地址，IPv4 主机映射成全局地址。NAT 技术可以解决 IPv4 主机和 IPv6 主机之间的互通问题。

由于 IPv6 与 IPv4 协议互不兼容，因此从 IPv4 到 IPv6 是一个逐渐过渡的过程，而不是彻底改变的过程。要实现全球 IPv6 的网络互联，仍然需要很长一段时间。

6.4 Internet 接入与应用

Internet 使用用户可以随时从网上选用世界各地的信息和技术资源。随着万维网的出现，扫清了用户入网的困难和障碍。它使不熟悉网络的用户也能十分方便地、快捷地从网上获取所需要的各种信息资源，还能借此传送信息或发布自己的信息。Internet 正在改变着人们的工作和生活方式，它为信息时代带来一场新的革命。

6.4.1 Internet 接入技术

传统的 Internet 接入方式是利用电话网络，采用拨号方式进入，随着 Internet 接入技术的发展，高速访问 Internet 技术已经进入人们的生活。常见的网络接入技术包括电话线、HFC、xDSL 接入技术等。

1. 电话拨号接入

采用拨号入网方式的用户需配备一台个人计算机，一套普通的拨号软件，一台调制解调器和一条电话线（普通电话或 ISDN 电话），通过特别的接入号码进入互联网。拨号上网用户获得动态 IP 地址，普通电话拨号上网的最高速率可达 56 Kbit/s，ISDN 电话拨号上网的最高速率可达 128 Kbit/s。

使用拨号接入网络的客户端计算机要求必须安装调制解调器(Modem)，俗称"猫"。其作用是：一方面将计算机的数字信号转换成可在电话线上传送的模拟信号（这一过程称为"调制"）；另一方面，将电话线传输的模拟信号转换成计算机所能接收的数字信号（这一过程称为"解调"）。在安装好调制解调器之后，客户端用户需使用拨号软件拨通接入号 16300(公用账号 16300，密码 16300)，或接入号 16900(公用账号 16900，密码 16900)。

使用拨号接入网络，要进行数字信号和模拟信号之间的转换，因此网络连接速度慢、性能较差。此外，拨号上网所需的电话线路因被调制解调器占用，所以无法提供电话语音服务。用户上网除了要支付网络流量所产生的费用外，还需要支付拨通接入号码所产生的电话费用。现在，拨号接入方式基本已经很少被使用，只有在需要网络接入而其他接入方式又不能实现的情况下才会使用。

2. ISDN 接入技术

ISDN（Integrated Service Digital Network，综合业务数字网）接入技术俗称"一线通"，它采用数字传输和数字交换技术，将电话、传真、数据、图像等多种业务综合在一个统一的数字网络中进行传输和处理。用户利用一条 ISDN 用户线路，可以在上网的同时拨打电话、收发传真，就像两条电话线一样。ISDN 基本速率接口有两条 64 kbit/s 的信息通路和一条 16 kbit/s 的信令通路，简称 2B+D，当有电话拨入时，它会自动释放一个 B 信道来进行电话接听。

就像普通拨号上网要使用 Modem 一样，用户使用 ISDN 也需要专用的终端设备，主要由网络终端 NT1 和 ISDN 适配器组成。网络终端 NT1 就像有线电视上的用户接入盒一样必不可少，它为 ISDN 适配器提供接口和接入方式。ISDN 适配器和 Modem 一样又分为内置和外置两类，内置的一般称为 ISDN 内置卡或 ISDN 适配卡；外置的 ISDN 适配器则称为 TA。可以以 128 kbit/s 的速率上网，而且在上网的同时可以打电话、收发传真，是用户接入 Internet 及局域网互联的理想方法。

3. ADSL 接入技术

ADSL（Asymmetrical Digital Subscriber Line，非对称数字用户线路）是基于公众电话网提供宽带数据业务的技术，也是目前极具发展前景的一种接入技术。ADSL 接入技术利用现有的一对电话铜线，为用户提供上、下行非对称的传输速率（带宽）。非对称主要体现在上行速率（最高 640 Kbit/s）和下行速率（最高 8 Mbit/s）的非对称性上。上行（从用户到网络）为低速的传输，可达 640 Kbit/s；下行（从网络到用户）为高速传输，可达 8 Mbit/s。ADSL2 在速率、覆盖范围上拥有比第一代 ADSL 更优的性能，其下行最高速率可达 12 Mbit/s，上行最高速率可达 1 Mbit/s。ADSL2+除了具备 ADSL2 的技术特点外，还有一个重要的特点是扩展了 ADSL2 的下行频段，从而提高了短距离内线路上的下行速率，其在短距离（1.5 km 内）的下行速率可以达到 20 Mbit/s。

由于传统的电话线使用了 0～4 kHz 的低频段进行语音传送，而电话线理论上有接近 2 MHz 的带宽。ADSL Modem 采用频分多路复用（FDM）技术和回波消除（Echo Cancellation）技术在电话线上分隔有效带宽来实现多路信道。

频分多路复用技术在现有带宽中分配一段频带作为数据下行通道，同时分配另一段频带作为数据上行通道，下行通道通过时分多路复用（TDM）技术再分为多个高速信道和低速信道，同样在上行通道也由多路低速信道组成。同波消除技术则使上行频带与下行频带叠加，通过本地同波抵消来区分两频带。

使用 ADSL 连接网络时，ADSL Modem 便在电话线上产生了 3 个信息通道：一个为标准电话服务的通道，一个速率为 640 Kbit/s～1.0 Mbit/s 的上行通道，一个速率为 1～8 Mbit/s 的高速下行通道，并且这 3 个通道可以同时工作，而这一切都是在一根电话线上同时进行的。

ADSL 使用了 26 kHz 以后的高频带提供非常高的速度，它的具体工作流程是，用户计算机产生的数字信号和电话产生的语音信号经滤波器编码后，信号通过电话线中的中速上行通道传到电话局后再通过一个信号识别/分离器，如果是语音信号就传到电话交换机上，如果是数字信号就接入到互联网上。互联网的返回数据在电信局端也同样与电话模拟信号进行混合，使用下行通道传输到用户端的滤波器时重新被分离为数字信号和模拟信号。

ADSL 接入技术具有以下特点：

（1）可直接利用现有用户电话线，节省投资。

（2）可享受超高速的网络服务，为用户提供上、下行不对称的传输带宽。

（3）节省费用，上网同时可以打电话，互不影响，而且上网时不需要另交电话费。

（4）安装简单，不需要另外申请增长率加线路，只需要在普通电话线上加装 ADSL Modem，在计算机上装上网卡即可。

Modem，在计算机上装上网卡即可。

4. HFC 接入技术

HFC（Hybrid Fiber-Coaxial，混合光纤同轴电缆网）基于有线电视网络，通常由光纤干线、同轴电缆支线和用户配线网络 3 部分组成，从有线电视台出来的信号先变成光信号在干线上传输；到用户区域后把光信号转换成电信号，经分配器分配后通过同轴电缆送到用户。

HFC 与早期 CATV 同轴电缆网络的不同之处，主要是在干线上用光纤传输光信号，在前端需完成电–光转换，进入用户区后要完成光–电转换。最初 HFC 网络是用来传输有线电视信号的，HFC 网络除了可以提供有线电视节目外还可以提供电话、Internet 接入、高速数据传输和多媒体等业务。

HFC 网络接入主要采用局端系统（Cable Modern Termination Sys），完成数据到射频 RF 转换，并与有线电视的视频信号混合，送入 HFC 网络中。除了与高速网络连接外，也可以作为业务接入设备，通过 Ethernet 网口挂接本地服务器提供本地业务。

用户在接入 HFC 网络时，需要一台 Cable Modem 和用户计算机。电缆调制解调器(cable Modem，CM）是一种将数据终端设备（计算机）连接到 HFC，以使用户能进行数据通信，访问 Internet 等信息资源的设备，主要用于在有线电视网中进行数据传输。

HFC 网络具有以下特点：

（1）传输容量大，易实现双向传输。从理论上讲，一对光纤可同时传送 150 万路电话或 2 000 套电视节目。

（2）频率特性好，在有线电视传输带宽内无须均衡。

（3）传输损耗小，可延长有线电视的传输距离，25 km 内无须中继放大；光纤间不会有串音现象，不怕电磁干扰，能确保信号的传输质量。

但是，HFC 是在单向的基础上进行双向改造来进行传输的。由于它共享一条信道，其带宽在用户量增加的时候，会不断减少，相互的干扰过大。没有一个网络在 Cable 上的用户超过 5 000 个。目前有线电视网在带宽共享方式、网络安全和网络管理等方面依然存在缺陷。而且从网络结构上来看，整个 HFC 用户网络都是属于同一个广播域，随着网络用户的增加，网络性能会迅速下降。

5. DDN 接入技术

DDN（Digital Data Network，数字数据网络）是随着数据通信业务的发展而迅速发展起来的一种新型网络。DDN 的主干网传输媒介有光纤、数字微波和卫星信道等，到用户端多使用普通电缆和双绞线。

DDN 利用数字信道传输数据信号，这与传统的模拟信道相比有本质区别，DDN 传输的数据具有质量高、速度快和网络时延小等一系列优点，特别适合于计算机主机之间、局域网之间、计算机主机与远程终端之间的大容量、多媒体和中高速通信的传输，DDN 可以说是我国原来的中高速信息国道。

由于 DDN 是采用数字传输信道传输数据信号的通信网，因此它可提供点对点和点对多点透明传输的数据专线出租电路，为用户传输数据、图像和声音等信息。DDN 接入具有如下特点：

（1）DDN 是透明传输网。由于 DDN 将数字通信的规则和协议寄托在智能化程度的用户终端来完成，本身不受任何规程的约束，所以是全透明网，是一种面向各类数据用户的公用通信网，它可以看成一个大型的中继开放系统。

（2）传输速率高，网络时延小。由于 DDN 用户数据信息是根据事先的协议，在固定通道带宽和预先约定速率的情况下顺序连接网络，这样只需按时隙通道就可以准确地将数据信息送到目的地，从而免去了目的终端对信息的重组，因而减少了时延。

（3）DDN 可提供灵活的连接方式。DDN 可以支持数据、语音和图像传输等多种业务，它不仅可以和客户终端设备进行连接，而且还可以和用户网络进行连接，为用户网络互联提供灵活的组网环境。DDN 的通信速率可根据用户需要在 $N\times64$ Kbit/s（N=1～32）之间进行选择，当然速度越快租用费用也就越高。

（4）灵活的网络管理系统。DDN 采用的图形化网络管理系统可以实时地收集网络内发生的故障并进行故障分析和定位。通过网络图形颜色的变化，显示出故障点的信息，其中包括网络设备的地点、网络设备的电路板编号及端口位置，从而提醒维护人员及时准确地排除故障。

（5）保密性高。由于 DDN 专线提供点到点的通信，信道固定分配，保证通信的可靠性，不会受其他客户使用情况的影响，因此通信保密性强，特别适合金融及保险客户的需要。

总之，DDN 将数字通信技术、计算机技术、光纤通信技术，以及数字交叉连接技术有机地结合在一起，提供了高速度、高质量的通信环境，为用户规划和建立安全、高效的专用数据网络提供了条件，因此在多种接入方式中深受广大客户的青睐。

6. 高速局域网接入技术

一般单位的局域网都已接入 Internet，局域网用户可通过局域网中的服务器（或代理服务器）接入 Internet。局域网接入传输容量较大，可提供高速、高效、安全、稳定的网络连接。现在许多住宅小区也可以利用局域网提供宽带接入。

用户在选择接入 Internet 的方式时，可以从地域、质量、价格、性能、稳定性等方面考虑，选择适合自己的接入方式。

6.4.2　Internet 应用

1. WWW 服务

WWW（World Wide Web，万维网）的信息资源分布在全球数亿个网站（Web Site）上，网站的服务内容由 ICP（因特网信息提供商）进行发布和管理。用户通过浏览器软件（如 IE）即可浏览到网站上的信息，网站主要采用网页（Web Page）的形式进行信息描述和组织，网站是多个网页的集合。

1）网页和站点

网页是一种超文本（Hypertext）文件，超文本有两大特点：一是超文本的内容可以包括：文字、图片、音频、视频、超链接等；二是超文本采用超链接的方法，将不同位置（如不同网站）的内容组织在一起，构成一个庞大的网状文本系统。超文本普遍以电子文档的方式表示，网页都采用超文本形式。

多个网页合在一起便组成了一个 Web 站点，如图 6-17 所示。从硬件的角度看，放置 Web 站点的计算机称为 Web 服务器；从软件的角度看，它指提供 WWW 服务的服务程序。

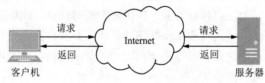

图 6-17　WWW 服务

用户输入域名访问 Web 站点时看到的第一个网页称为主页，它是一个 Web 站点的首页。从主页出发，通过超链接可以访问所有页面，也可以链接到其他网站。主页文件名一般为 index.html 或者 default.html。如果将 WWW 视为 Internet 上一个大型图书馆，Web 站点就像图书馆中的一本本书，主页则像是一本书的封面或目录，而 Web 页是书中的某一页。

2）URL

为了使客户程序能找到位于整个 Internet 范围内的某个信息资源，WWW 系统使用统一资源定位规范。URL 的一般形式是：

<URL 的访问方式>://<主机>:<端口>/<路径>，例如：http://www.xcu.edu.cn。

其中：<URL 的访问方式>最常用的有三种方式：ftp（文件传输协议）、http（超文本传输协议）和 news（USENET 新闻）。<主机>是必须的，<端口>和<路径>有时可以省略。

3）浏览器和服务器

WWW 采用客户机/服务器工作模式。用户在客户机上使用浏览器发出访问请求，服务器根据请求向浏览器返回信息。

浏览器和服务器之间交换数据使用超文本传输协议（Hypertext Transfer Protocol，HTTP）。为了安全，可以使用 HTTPS 协议。

常用的浏览器有 Microsoft Internet Explorer、360 安全浏览器、Mozilla Firefox；常用的 Web 服务器软件有 Microsoft IIS、Apache 和 Tomcat。

2．电子邮件

电子邮件（E-mail）是一种利用计算机网络交换电子信件的通信手段，它是因特网上最受欢迎的服务之一。电子邮件服务可以将用户邮件发送到收信人的邮箱中，收信人可随时进行读取。电子邮件不仅能传送文字信息，还可以传送图像、声音等多媒体信息。

电子邮件系统采用客户端/服务器工作模式，邮件服务器包括接收邮件服务器和发送邮件服务器。发送邮件服务器一般采用 SMTP（简单邮件传输协议）通信协议，当用户发出一份电子邮件时，发送方邮件服务器按照电子邮件地址，将邮件送到收信人的接收邮件服务器中。接收方邮件服务器为每个用户的电子邮箱开辟了一个专用的硬盘空间，用于存放对方发来的邮件。当收件人将自己的计算机连接到接收邮件服务器（一般为登录邮件服务器的网页），并发出接收操作后（用户登录后，邮件服务器会自动发送邮件目录），接收方通过 POP3（邮局协议版本 3）或 IMAP（交互式邮件存取协议）读取电子信箱内的邮件。当用户采用网页方式进行电子邮件收发时，用户必须登录到邮箱后才能收发邮件；如果用户采用邮件收发程序（如微软公司的 Outlook Express），则邮件收发程序会自动登录邮箱，将邮件下载到本地计算机中。电子邮件的收发过程如图 6-18 所示。

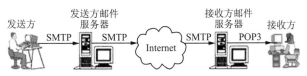

图 6-18　电子邮件的收发过程

每个用户经过申请，都可以拥有自己的电子邮箱。每个电子邮箱都有一个唯一的邮件地址，邮件地址的组成形式为：邮箱名@邮箱所在的主机名。例如，xcu123@163.com 是一个电子邮件地址，它表示邮箱的名字是 xcu123，邮箱所在的主机是 163.com。

3．文件传输

FTP 服务是一种在两台计算机之间传送文件的服务，因使用 FTP 协议（File Transfer Protocol）而得名。

FTP 采用客户机/服务器工作方式，如图 6-19 所示。用户的本地计算机称为 FTP 客户机，远程提供 FTP 服务的计算机称为 FTP 服务器。从远程服务器上将文件复制到本地计算机称为下载（Download），将本地计算机上的文件复制到远程服务器上，称为上传（Upload）。

构建服务器的常用软件有 IIS（包含 FTP 组件）和 Ser-U FTP Server；客户机上使用 FTP 服务的常用软件有 Internet Explorer 以及专用软件 CutFTP。

访问 FTP 服务器有以下两种方式：

（1）匿名方式，不使用账号和密码。匿名 FTP 服务器允许任何用户以匿名账户 FTP 或 anonymous 登录到 FTP 服务器，并对授权的文件进行查阅和传输。有些 FTP 服务器习惯上要求用户以自己的 E-mail 地址作为登录密码，但这并没有成为大多数服务器的标准作法。

（2）使用账号和密码。只允许该 FP 服务器系统上的授权用户使用。在使用授权 FTP 服务器之前必须向系统管理员申请用户名和密码，连接此类 FTP 服务器时必须输入用户名和密码。

FTP 用户的权限是在 FTP 服务器上设置的，不同的 FTP 用户拥有不同权限。

图 6-19　FTP 服务

4．信息资源检索

信息检索是指知识有序化识别和查找的过程。广泛的信息检索包括信息存储与检索，狭义的信息检索则仅指该过程的后半部分，即根据用户的需要查找信息，并借助检索工具从信息集合中找出所需信息的过程。对于在校大学生来说，常用的信息检索包括 Internet 信息检索、文献信息检索与图书信息检索等，为了快速地搜索资源，我们应该学会使用检索工具。Internet 上的信息检索主要有两种方式：搜索引擎检索和网站的数据库检索。

1）使用搜索引擎查找信息

随着 Internet 技术的迅速发展，利用 Internet 进行传播、交流、共享资源已成为计算机发展的新方向。以前只有在图书馆、资料室才能获取的资料，如今在 Internet 上可以轻松获取，比手动查找更方便、更快捷、更有效，而且成本低廉。同时，其他领域的发展也越来越借助 Internet，如远程教学、远程医疗。

Internet 上的资源十分丰富，而且更新速度快。面对信息资源的海洋，怎么能更迅速、更准确地检索到所需要的信息呢？专门提供信息检索功能的服务器称为搜索引擎。通常，"搜索引擎"是一些网站的特点：它们有自己的数据库，保存了因特网上很多网页的检索信息，并且不断地更新。当用户查找某个关键词时，所有在页面内容中包含了该关键词的网页都将作为搜索结果被检索出来，再经过复杂的算法进行排序并按照与搜索关键词的相关度，依次排序呈现在结果网页中。Internet 上常见的搜索引擎网站见表 6-2。

表 6-2　常见的搜索引擎

公 司 名 称	服务器地址	公 司 名 称	服务器地址
百度	www.baidu.com	搜狐	www.sohu.com
新浪	www.sina.com.cn	网易	www.163.com

搜索引擎并不是真正搜索 Internet，它搜索的是预先整理好的网页索引数据库。当用户以某个关键字查找时，所有在页面内容中包含了该关键词的网页都将作为搜索结果被搜出来。经过复杂的算法进行排序后，这些结果将按照与搜索关键词的相关度高低，依次排列，呈现给用户的是到达这些网页的链接。搜索结果中的网页快照是保存在数据库中的网页，访问速度快，但网页可能会凌乱。

除了搜索网页外，各搜索引擎都提供了许多重要的分类搜索。如百度提供的重要分类搜索有如下几种：

（1）百度百科，内容开放、自由的网络百科全书。

（2）百度地图，网络地图搜索服务。

（3）百度文库，在线开放互动式文档分享平台。

2）信息数据库检索

Internet 上很多网站提供资料极其丰富的在线数据库，用户可以用它来进行文献检索，如许昌学院图书馆的资源数据库系统。可以利用在线数据库来查看各专业的相关文献、学术论文、期刊等。下面介绍常用的在线数据库：

万方数据资源系统（http://www.wanfangdata.com.cn）：这是中国科技信息研究所（万方数据集团公司）设立在全国各地的信息服务机构，是科技部直属的国家级综合性科技信息中心，是一个以科技信息为主，集经济、金融、社会、人文信息为一体，以 Internet 为网络平台的现代化、网络化的信息服务系统。万方数据资源系统目前有百余个数据库，基本包括了目前国内使用频率较高的数据库。目前已经上网的科技期刊有 1 000 余种，所有的期刊都全文上网，与印刷本同时发行，用户不仅可以阅读全文，还可以进行回溯性检索、统计等。

SCI 科学引文数据库（http://isiknowledge.com）是美国科学情报研究所（Institute for Scientific Information，ISI）出版的期刊文献检索工具。SCI 的网络版数据库 Science Citation Index Expanded 共收录期刊 5 600 余种，每周新增 17 750 条记录，记录包括论文与引文（参考文献），Science Citation Science Expanded 是一个多学科的综合性的数据库，其所涵盖的学科超过 100 个，主要涉及农业、生物及环境科学；工程技术及应用科学；医学与生命科学；物理学及化学和行为科学。该数据库能够提供科学技术领域最重要的研究成果。

3）图书信息检索工具

超星数字图书馆（www.ssreader.com）开通于 1999 年，是全球最大的中文数字图书馆，向互联网用户提供数十万种中文电子书的阅读、下载、打印等服务的同时还向所有用户、作者免费提供原创作品发布平台、读书小区、博客等服务。超星数字图书馆收录了大量的信息资源，其中包括文学、经济、计算机等几十余大类。并且每天仍在不断地增加与更新。数字图书馆上图书不仅可以直接在线阅读，还可以下载和打印。多种图书浏览方式、强大的检索功能与在线找书专家的共同指引，能够帮助用户及时、准确地查找到要阅读的书籍。

6.5　信　息　安　全

6.5.1　信息安全概述

信息是社会发展的重要战略资源，也是衡量国家综合国力的一个重要参数。随着计算机网络的发展，政治、军事、经济、科学等各个领域的信息越来越依赖计算机的信息存储方式，信息安全保护的难度也大大高于传统方式的信息存储模式。信息的地位与作用因信息技术的快速发展而急剧上升，信息安全问题同样因此而日渐突出。

1. 信息安全和信息系统安全

1）信息安全

信息安全是指信息网络的硬件、软件及其系统中的数据受到保护，不受到偶然的或者恶意的原因而遭到破坏、更改、泄露，系统连续可靠正常地运行，信息服务不中断。信息安全的基本属性有完整性、可用性、保密性、可控性和可靠性。

（1）完整性：信息在存储或传输过程中保持不被修改、不被破坏、不被插入、不延迟、不乱序和不丢失的特性。破坏信息的完整性是对信息安全发动攻击的最终目的。

大学计算机

（2）可用性：指信息可被合法用户访问并能按要求顺序使用的特性，即在需要时就可以取用所需的信息。对可用性的攻击就是阻断信息的可用性，例如破坏网络和有关系统的正常运行就用于这种类型的攻击。

（3）保密性：指信息不泄露给非授权的个人和实体，或供其使用的特性。军用信息的安全尤其注重信息的保密性（相比较而言，商用信息则更注重于信息的完整性）。

（4）可控性：指授权机构可以随时控制信息的机密性。

（5）可靠性：指信息以用户认可的质量连续服务于用户的特性（包括信息的迅速、准确和连续地转移等）。

信息安全是一门涉及计算机科学、网络技术、通信技术、密码技术、信息安全技术、应用数学、数论、信息论等多种学科的综合性学科。

2）信息系统安全

建立在网络基础之上的现代信息系统，其安全定义较为明确，那就是：保护信息系统的硬件、软件及相关数据，使之不因为偶然或者恶意侵犯而遭受破坏、更改及泄露，保证信息系统能够连续、可靠、正常地运行。

存储信息的计算机、数据库如果受到损坏，则信息将被丢失或损坏。信息的泄露、窃取和篡改也是通过破坏由计算机、数据库和网络所组成的信息系统的安全来进行的。

由此可见，信息安全依赖于信息系统的安全而得以实现。信息安全是需要的结果，确保信息系统的安全是保证信息安全的手段。

2. 信息系统的不安全因素

1）信息存储

在以信息为基础的商业时代，保持关键数据和应用系统始终处于运行状态，已成为基本的要求。如果不采取可靠的措施，尤其是存储措施，一旦由于意外而丢失数据，将会造成巨大的损失。

存储设备故障的可能性是客观存在的。例如：掉电、电流突然波动、机械自然老化等。为此，需要通过可靠的数据备份技术，确保在存储设备出现故障的情况下，数据信息仍然保持其完整性。磁盘镜像、磁盘双工和双机热备份是保障主要的数据存储设备可靠性的技术。

2）信息通信传输

信息通信传输威胁是反应信息在计算机网络上通信过程中面临的一种严重的威胁，体现为数据流通过程中的一种外部威胁，主要来自人为因素。

信息系统的攻击分为被动攻击和主动攻击：

（1）被动攻击指对数据的非法截取。主要是监视公共媒体。它只截获数据，但不对数据进行篡改。例如：监视明文、解密通信数据、口令嗅探、通信量分析等。

（2）主动攻击指避开或打破安全防护、引入恶意代码（如计算机病毒），破坏数据和系统的完整性。主动攻击的主要破坏有篡改数据、数据或系统破坏、拒绝服务及伪造身份连接。

3. 信息系统的安全隐患

1）缺乏数据存储冗余设备

为保证在数据存储设备在发生故障的情况下数据库中的数据不被丢失或破坏，就需要磁盘镜像、双机热备份这样的冗余存储设备。财务系统的数据安全隐患是最普遍存在的典型例子。

目前，各行各业都在大量使用计算机作为数据处理的主要手段，多数情况下重要的数据都存放在计算机上，通过定期备份数据来保证数据安全。一旦计算机磁盘损坏，总会有没来得及备份的数据丢失。

2）缺乏必要的数据安全防范机制

为保护信息系统的安全，就必须采用必要的安全机制。必要的安全机制有：访问控制机制、数据加密机制、操作系统漏洞修补机制和防火墙机制。缺乏必要的数据安全防范机制，或者数据安全防范机制不完善，必然为恶意攻击留下可乘之机，这是极其危险的。

（1）缺乏或不完善的访问控制机制。访问控制也称存取控制（Access Control），是最基本的安全防范措施之一。访问控制是通过用户标识和口令阻截未授权用户访问数据资源，限制合法用户使用数据权限的一种机制。缺乏或不完善的访问控制机制直接威胁信息数据的安全。

（2）不使用数据加密。如果数据未加密就进行网络传输是非常危险的。由于网络的开放性，网络技术和协议是公开的，攻击者远程截获数据变得非常容易。如果商业、金融系统中的数据不进行加密就在传输，后果是不堪设想的。

（3）忽视操作系统漏洞修补。对信息安全的攻击需要通过计算机服务器、网络设备所使用的操作系统中存在的漏洞进行。任何软件都存在一定的缺陷，在发布后需要进行不断升级、修补。Windows 2000、Windows XP、Windows 2003 自发布以来，已经公布了 10 余种补丁程序。通过安装补丁程序来修补系统代码漏洞，是防止网络攻击的重要手段。

用户可以登录微软公司网站下载系统补丁，也可以通过系统自带的 Windows Upgrade 程序进行升级。如果不对操作系统漏洞及时修补，会为数据和信息系统留下巨大的安全隐患。

（4）未建立防火墙机制。防火墙能极大地提高内部网络的安全性，并通过过滤不安全的服务而降低风险。防火墙是在网络之间执行控制策略，阻止非法入侵的安全机制。通常，防火墙要实现下列功能：

① 过滤进出网络的数据，强制性实施安全策略。

② 管理进出网络的访问行为。

③ 记录通过防火墙的信息内容和活动。

④ 对网络攻击检测和报警。

如果没有建立防火墙机制，将为非法攻击者大开方便之门。

4．信息安全的任务

信息安全的任务是保护信息和信息系统的安全。为保障信息系统的安全，需要做到下列几点：

（1）建立完整、可靠的数据存储冗余备份设备和行之有效的数据灾难恢复办法。

（2）建立严谨的访问控制机制，拒绝非法访问。

（3）利用数据加密手段，防范数据被攻击。

（4）系统及时升级、及时修补，封堵自身的安全漏洞。

（5）安装防火墙，在用户和网络之间、网络与网络之间建立起安全屏障。

随着计算机应用和计算机网络的发展，信息安全问题日趋严重。所以必须采取严谨的防范态度和完备的安全措施来保障在传输、存储、处理过程中的信息仍具有完整性、保密性和可用性。

6.5.2　信息安全防范技术

信息安全防范技术是指维护信息安全的技术，常用的有访问控制技术、数据加密技术、防火墙技术等。

1．访问控制技术

访问控制就是通过某种途径显式地准许或限制访问能力及范围的一种方法。访问控制作为信

息安全保障机制的核心内容和评价系统安全的主要指标，被广泛应用于操作系统、文件访问、数据库管理以及物理安全等多个方面，它是实现数据保密性和完整性机制的主要手段。传统访问控制技术主要有自主访问控制和强制访问控制两种。新型访问控制技术有 3 种，即基于角色的访问控制、基于任务的访问控制和基于组机制的访问控制。

1）自主访问控制

自主访问控制（Discretionary Access Control，DAC）是目前计算机系统中实现最多的访问控制机制，它是在确认主体身份及所属组的基础上，根据访问者的身份和授权来对访问进行限定的一种控制策略。所谓自主，是指具有授予某种访问权限的主体（用户）能够自己决定是否将访问控制权限的某个子集授予其他的主体或从其他主体那里收回所授予的访问权限。

2）强制访问控制

强制访问控制（Mandatory Access Control，MAC）的基本思想是：每个主体都有既定的安全级别，每个客体也都有既定安全级别，主体和客体的安全级别决定了主体是否拥有对客体的访问权。

3）基于角色的访问控制

基于角色的访问控制（Role-Based Access Control，RBAC）的基本思想是：在用户和访问权限之间引入角色的概念，将用户和角色联系起来，通过对角色的授权来控制用户对系统资源的访问。RBAC 参考模型如图 6-20 所示。

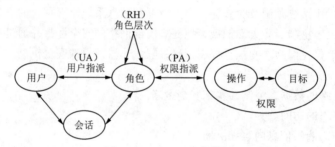

图 6-20　RBAC 参考模型

角色是访问权限的集合，用户可赋予不同的角色不同的访问权限。一个用户可拥有多个角色，一个角色可授权给多个用户；一个角色可包含多个权限，一个权限可被多个角色包含。用户通过角色享有权限，它不直接与权限相关联，权限对存取对象的操作许可通过活跃角色实现。在 RBAC模型系统中，每个用户进入系统时得到一个会话，一个用户会话可能激活的角色是该用户的全部角色的子集。对此用户而言，在一个会活内可获得全部被激活的角色所包含的访问权限。角色之间也可存在继承关系，即上级角色可继承下级角色的部分或全部权限，从而形成了角色层次结构。

在一个组织中，针对各种工作职能定义不同的角色，同时，根据用户的责任和资格来分配其角色。这样可十分简单地改变用户的角色分配，当系统中增加新的应用功能时可以在角色中添加新的权限。此外，可撤销用户的角色或从角色中撤销一些原有的权限。与 DAC 和 MAC 相比，RBAC具有明显的优越性，它几乎可以描述任何安全策略。

4）基于任务的访问控制

基于任务的访问控制（Task-Based Access control，TBAC）是一种新的安全模型，从应用和企业层角度来解决安全问题。它采用"面向任务"的观点，从任务（活动）的角度来建立安全模型和实现安全机制，在任务处理的过程中提供动态实时的安全管理。在 TBAC 中，对象的访问权限控制并不是静止不变的，而是随着执行任务的上下文环境发生变化。

5）基于组机制的访问控制

基于组机制的 NTree 访问控制模型，NTree 模型的基础是偏序的维数理论，组的层次关系由维数为 2 的偏厅关系（即 NTree 树）表示，通过比较组结点在 NTree 中的属性决定资源共享和权限隔离。

2. 数据加密技术

1）加密和解密

所谓数据加密（Data Encryption）技术是指将一个信息（或称明文，Plain Text）经过加密钥匙（Encryption Key）及加密函数转换，变成无意义的密文（Cipher Text），而接收方则将此密文经过解密函数、解密钥匙（Decryption Key）还原成明文。加密技术是网络安全技术的基石。下面以具体的实例描述加密解密过程，如图 6-21 所示。

在计算机网络中，加密可分为"通信加密"（即传输过程中的数据加密）和"文件加密"（即存储数据的加密）。

现代数据加密技术中，加密算法（如最为普及的 DES 算法、IDEA 算法和 RSA 算法）是公开的。密文的可靠性在于公开的加密算法使用不同的密钥，其结果是不可破解的。不言而喻，解密算法是加密算法的逆过程。

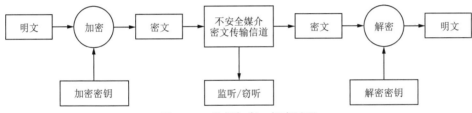

图 6-21　数据加密、解密过程

系统的保密不依赖于对加密体制或算法的保密，而依赖于密钥。密钥在加密和解密的过程中使用，它与明文一起被输入给加密算法，产生密文。对截获信息的破译，事实上是对密钥的破译。密码学对各种加密算法的评估，是对其抵御密码被破解能力的评估。攻击者破译密文，不是对加密算法的破译，而是对密钥的破译。理论上，密文都是可以破解的。但是，如果花费很长的时间和代价，其信息的保密价值也就丧失，因此，其加密也就是成功的。

目前，任何先进的破解技术都是建立在穷举方法之上的。也就是说，仍然离不开密钥试探。当加密算法不变时，破译需要消耗的时间长短取决于密钥的长短和破译者所使用的计算机的运算能力。表 6-3 列举了用穷举法破解密钥所需要的平均破译时间。

表 6-3　密钥长度和运算速度对破译时间的影响

密钥长度/位	破译时间（搜索 1 次/微秒）	破译时间（搜索 100 万次/微秒）
32	35.8 min	2.15 ms
56	1 142 a	10 h
128	$5.4×10^{24}$ a	$5.4×10^{18}$ a

从表 6-3 中数据可以看出，即使使用每微秒可搜索 100 万的计算机系统，对于 128 位的密钥来说，破译仍是不可能的。

因此，为提高信息在网络传输过程中的安全性，所用的策略无非是使用优秀的加密算法和更长的密钥。

2）数字签名

在信息技术迅猛发展的时代，电子商务、电子政务、电子银行、远程税务申报这样的应用要求有电子化的数字签名技术来支持。数字签名（又称公钥数字签名、电子签章）是一种类似写在纸上的普通的物理签名，但是使用了公钥加密领域的技术实现，是用于鉴别数字信息的方法。一套数字签名通常定义两种互补的运算，一个用于签名，另一个用于验证。数字签名的特点如下：

（1）不可抵赖：签名者事后不能否认自己签过的文件。

（2）不可伪造：签名应该是独一无二的，其他人无法伪造签名者的签名。

（3）不可重用：签名是消息的一部分，不能被挪用到其他文件上。

从接收者验证签名的方式可将数字签名分为真数字签名和公证数字签名两类。在真数字签名中，签名者直接把签名消息传送给接收者，接收者无须借助第三方就能验证签名。而在公证数字签名中，把签名消息经由被称作公证者的可信的第三方发送者发送给接收者，接收者不能直接验证签名，签名的合法性是通过公证者作为媒介来保证的，也就是说接收者要验证签名必须同公证者合作。

数字签名与手写签名的区别：手写签名根据不同的人而变化，而数字签名对于不同的消息是不同的，即手写签名因人而异，数字签名因消息而异。手写签名是模拟的，无论何种文字的手写签名，伪造者都容易模仿，而数字签名是在密钥控制下产生，在没有密钥的情况下，模仿者几乎无法模仿出数字签名。

3. 防火墙技术

防火墙是一种将内部网络与外部网络分开的方法，是提供信息安全服务，实现网络和信息安全的重要基础设施，主要用于限制被保护的内部网络与外部网络之间进行的信息存取、信息传递等操作。

防火墙是位于被保护网络和外部网络之间执行访问控制策略的一个或一组系统，包括硬件和软件，构成一道屏障，以防止发生对保护网络的不可预测的、潜在的破坏性的侵扰。防火墙放置的位置如图 6-22 所示。

通过网络防火墙，还可以很方便地监视网络的安全性，并产生报警。

防火墙的作用就在于可以使网络规划清晰明了，从而有效地防止跨越权限的数据访问。

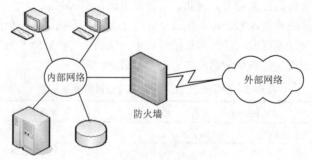

图 6-22　防火墙放置的位置

从实现原理上分，防火墙的技术包括四大类：网络级防火墙（也称包过滤型防火墙）、应用级网关、电路级网关和规则检查防火墙。它们之间各有所长，具体使用哪一种或是否混合使用，要看具体需要。

1）网络级防火墙

一般是基于源地址和目的地址、应用、协议以及每个 IP 包的端口来作出通过与否的判断。一个路由器便是一个"传统"的网络级防火墙，大多数路由器都能通过检查这些信息来决定是否将所收到的包转发，但它不能判断出一个 IP 包来自何方，去向何处。防火墙检查每一条规则直至发现包中的信息与某规则相符。如果没有一条规则能符合，防火墙就会使用默认规则，一般情况下，默认规则就是要求防火墙丢弃该包。其次，通过定义基于 TCP 或 UDP 数据包的端口号，防火墙能够判断是否允许建立特定的连接，如 Telnet、FTP 连接。

2）应用级网关

应用级网关能够检查进出的数据包，通过网关复制传递数据，防止在受信任服务器和客户机与不受信任的主机间直接建立联系。应用级网关能够理解应用层上的协议，能够做复杂一些的访问控制，并做精细的注册和稽核。它针对特别的网络应用服务协议即数据过滤协议，且能够对数据包分析并形成相关的报告。应用网关对某些易于登录和控制所有输出输入的通信的环境给予严格的控制，以防有价值的程序和数据被窃取。在实际工作中，应用网关一般由专用工作站系统来完成。但每一种协议需要相应的代理软件，使用时工作量大，效率不如网络级防火墙。应用级网关有较好的访问控制，是目前最安全的防火墙技术，但实现困难，而且有的应用级网关缺乏"透明度"。在实际使用中，用户在受信任的网络上通过防火墙访问网络时，经常会发现存在延迟并且必须进行多次登录（Login）才能访问的情况。

3）电路级网关

电路级网关用来监控受信任的客户或服务器与不受信任的主机间的 TCP 握手信息，这样来决定该会话（Session）是否合法，电路级网关是在 OSI 模型中会话层上来过滤数据包，这样比包过滤防火墙要高两层。

电路级网关还提供一个重要的安全功能：代理服务器（Proxy Server）。代理服务器是设置在 Internet 防火墙网关的专用应用级代码。这种代理服务准许网管员允许或拒绝特定的应用程序或一个应用的特定功能。包过滤技术和应用网关是通过特定的逻辑判断来决定是否允许特定的数据包通过，一旦判断条件满足，防火墙内部网络的结构和运行状态便"暴露"在外来用户面前，这就引入了代理服务的概念，即防火墙内外计算机系统应用层的"链接"由两个终止于代理服务的"链接"来实现，这就成功地实现了防火墙内外计算机系统的隔离。同时，代理服务还可用于实施较强的数据流监控、过滤、记录和报告等功能。代理服务技术主要通过专用计算机硬件（如工作站）来承担。

4）规则检查防火墙

该防火墙结合了包过滤防火墙、电路级网关和应用级网关的特点。它同包过滤防火墙一样，规则检查防火墙能够在 OSI 网络层上通过 IP 地址和端口号，过滤进出的数据包。它也像电路级网关一样，能够检查 SYN 和 ACK 标记和序列数字是否逻辑有序。当然它也像应用级网关一样，可以在 OSI 应用层上检查数据包的内容，查看这些内容是否能符合网络的安全规则。

规则检查防火墙虽然集成前三者的特点，但是不同于一个应用级网关的是，它并不打破客户机/服务器模式来分析应用层的数据，它允许受信任的客户机和不受信任的主机建立直接连接。规则检查防火墙不依靠与应用层有关的代理，而是依靠某种算法来识别进出的应用层数据，这些算法通过已知合法数据包的模式来比较进出数据包，这样从理论上就能比应用级代理在过滤数据包上更有效。

防火墙不是解决所有网络安全问题的万能药方，它只是网络安全策略的组成部分，因为防火墙不能防范绕过防火墙的攻击，如内部提供拨号服务；防火墙不能防范来自内部人员的恶意攻击；防火墙不能阻止被病毒感染的程序或文件的传递；防火墙不能防止数据驱动式攻击，如特洛伊木马。在实际应用中，一般综合采用以上几种技术以求互相取长补短，往往还在使用防火墙产品的同时集成防病毒软件的功能来提高系统的免疫力。

6.5.3　计算机病毒的诊断与清除

计算机病毒是一段可执行的程序代码，它们附着在各种类型文件上，随着文件从一个用户复制给另一个用户，计算机病毒也就传播蔓延开来。这种程序与其他程序不一样，它进入正常工作的计算机以后，会把已有的信息搞乱或者破坏。它具有再生的能力，会进入有关的程序进行自我复制，冲乱正在运行的程序，破坏程序的正常运转。因为它像微生物一样可以繁殖，因此被称为"计算机病毒"。计算机病毒具有非授权可执行性、隐蔽性、传染性、潜伏性、破坏性等特点，对计算机信息具有非常大的危害。

1．计算机病毒概述

1）计算机病毒的定义

关于计算机病毒的确切定义，至今尚无一个公认的概念。目前，使用较多的是美国病毒专家科恩（Fred Cohen）博士所下的定义："计算机病毒是一种能够通过修改程序，并把自己的复制品包括在内去感染其他程序的程序。"或者说，"计算机病毒是一种在计算机系统运行过程中，能把自己精确复制或有修改地复制到其他程序体中的程序"。我国颁布实施的《中华人民共和国计算机信息系统安全保护条例》第二十八条中对计算机病毒有明确的定义：计算机病毒，是指编制或者在计算机程序中插入的破坏计算机功能或者毁坏数据，影响计算机使用，并能自我复制的一组计算机指令或程序代码。也就是说：计算机病毒能够通过某一种途径潜伏在计算机的存储介质中，达到某种条件即被激活，它是对计算机资源具有破坏作用的一种程序或者指令集合。

病毒既然是计算机程序，它的运行就需要消耗计算机的资源。当然，病毒并不一定都具有破坏力，有些病毒可能只是恶作剧，例如计算机感染病毒后，只是显示一条有趣的消息和一幅恶作剧的画面，但是大多数病毒的目的都是设法毁坏数据。

2）计算机病毒的特征

病毒可以像正常程序一样执行以实现一定的功能，但又具有普通程序所没有的特征，一般有以下特征：

（1）传染性。计算机病毒具有再生机制，病毒通过将自身嵌入一切符合其传染条件的未受到传染的程序上，实现自我复制和自我繁殖，达到传染和扩散的目的。其中，被嵌入的程序称为宿主程序。这是计算机病毒最根本的属性，是检测、判断计算机病毒的重要依据。传染性是病毒的基本特征。病毒的传染可以通过各种移动存储设备，如软盘、移动硬盘、U盘、可擦写光盘、手机等；也可以通过有线网络、无线网络、手机网络等传染。

（2）潜伏性。病毒在进入系统之后通常不会马上发作，可长期隐藏在系统中，除了传染以外不进行什么破坏，以提供足够的时间繁殖扩散。病毒在潜伏期不破坏系统，因而不易被用户发现。潜伏性越好，其在系统中的存在时间就会越长，病毒的传染范围就会越大。病毒只有在满足特定触发条件时才能启动。不满足触发条件时，计算机病毒除了传染外不做什么破坏；触发条件一旦得到满足，有的在屏幕上显示信息、图形或特殊标识，有的则执行破坏系统的操作，如格式化磁盘、删除磁盘文件、对数据文件做加密、封锁键盘以及使系统锁死等。

（3）可触发性。病毒因某个事件或数值的出现，激发其进行传染，或者激活病毒的表现部分或破坏部分的特性称为可触发性。病毒如果完全不动，一直潜伏的话，病毒既不能感染也不能进行破坏，便失去了杀伤力。病毒既要隐蔽又要维持杀伤力，它必须具有可触发性。计算机病毒一般都有一个或者多个触发条件，可能是使用特定文件，也可能是某个特定日期或特定的时刻，或者是病毒内置的计数器达到一定次数等。病毒运行时，触发机制检查预定条件是否满足，满足条件时，病毒触发感染或破坏动作，否则继续潜伏。

（4）破坏性。这个特征是所有计算机病毒所共有的，无论这种"破坏"是否真正对计算机系统造成了不良影响，即使是恶作剧，也会影响到计算机用户对计算机的正常使用，更不用说那些以毁坏计算机系统为目的的计算机病毒。

计算机病毒对计算机系统造成的破坏常见的是占用计算机系统资源，造成系统运行速度的降低，或者是破坏计算机系统中的数据等。病毒是一种可执行程序，病毒的运行必然要占用系统资源，例如占用内存空间，占用磁盘存储空间以及系统运行时间等。因此，所有病毒都存在一个共同的危害，即占用系统资源，降低计算机系统工作效率，而具体的危害程序取决于具体的病毒程序。病毒的破坏性主要取决于病毒设计者的目的，体现了病毒设计者的真正意图。

（5）针对性。病毒是针对特定的计算机、操作系统、服务软件、甚至特定的版本和特定模板而设计的。例如："CodeBlue（蓝色代码）"专门攻击 Windows 2000 操作系统，英文 Word 中的宏病毒模板在同一版本的中文 Word 中无法打开而自动失效；感染 SWF 文件的 SWF.LFM.926 病毒由于依赖 Macromedia 独立运行的 Flash 播放器，而不是依靠安装在浏览器中的插件，使其传播受到限制。

（6）隐蔽性。计算机病毒具有很强的隐蔽性，有的可以通过病毒软件检查出来，有的根本就查不出来，有的时隐时现、变化无常，这类病毒处理起来通常很困难。大部分病毒都设计得短小精悍，一般只有几百 KB 甚至几十 KB 字节。而且，病毒通常都附在正常程序中或磁盘较隐蔽的地方（如引导扇区），或以隐含文件形式出现，目的是不让用户发现它的存在。病毒在潜伏期内并不破坏系统工作，受感染的计算机系统通常仍能正常运行，从而隐藏病毒的存在，使病毒可以在不被察觉的情况下，感染尽可能多的计算机系统。

（7）衍生性。变种多是当前病毒呈现出的新的特点。很多病毒使用高级语言编写，如"爱虫"是脚本语言病毒，"美丽莎"是宏病毒，它们比以往用汇编语言编写的病毒更容易理解和修改，通过分析计算机病毒的结构可以了解设计者的设计思想和设计目的，从而衍生出各种不同于原版本的新的计算机病毒，称为病毒变种，这就是计算机病毒衍生性。变种病毒造成的后果可能比原版病毒更为严重。"爱虫"病毒在 10 多天内出现 30 多种变种。"美丽莎"病毒也有多种变种，而且此后很多宏病毒都使用了"美丽莎"的传染机理。这些变种的主要传染和破坏的机理与母体病毒基本一致，只是改变了病毒的外部表象。

随着计算机软件和网络技术的发展，网络时代的病毒又具有很多新的特点，如利用微软漏洞主动传播，主动通过网络和邮件系统传播、传播速度极快、变种多；病毒与黑客技术融合，具有攻击手段，更具有危害性。

2. 病毒攻击目标

计算机病毒所攻击的目标，主要针对 Windows 操作系统。具体目标有以下几种：

（1）系统文件和可执行文件。这类病毒属于系统病毒，由于对系统文件进行破坏，所以这类病毒的前缀多命名为 Win32、PE、Win95、W32、W95 等。此类病毒主要感染 Windows 的 exe 文件、dll 文件，以及其他类型的运行程序。因为系统文件以及可执行文件使用频繁，对病毒传播造

成很好的条件，杀毒软件依然是对此类病毒防范的最好工具。

（2）电子邮件。电子邮件传播的蠕虫病毒，前缀多为 Worm，蠕虫顾名思义就是能够不停运行感染。所以，这类病毒具有非常可怕的攻击效果，主要是因为攻击范围比较广泛，是通过电子邮件传播的，同时，也感染其他文件，系统文件和可执行文件也会感染，向外发送大量的垃圾邮件，使网络阻塞。只要在平时对杀毒软件及时更新病毒库，就不容易感染蠕虫病毒。

（3）访问网络程序。访问网络的病毒看起来很笼统。但是，这些程序所感染的病毒也很广泛，其中有木马病毒和黑客病毒，木马病毒其前缀是 Trojan，黑客病毒前缀名一般为 Hack。这类病毒和蠕虫病毒一样，传播的时候先把本机感染，然后再传播到网络，感染别的计算机。我们常使用的聊天软件和网络游戏软件就可能成为这两个病毒的传播者。木马病毒和黑客病毒，最好的防范工具是木马监视工具，比如木马克星等软件。

（4）脚本程序。脚本程序多使用在网页中，在访问的时候，可以更好地让更多的人访问同一个网页。其中，Java 小程序以及 Active X 这两个是使用最广泛的，通过网页进行传播，这类脚本病毒的前缀是 Script。在访问网页的时候，使用脚本语言非常频繁。因此，很容易传播此类病毒，也就造成了此类病毒的泛滥。

（5）宏病毒。宏病毒也属于脚本病毒，但是因为它所感染的目标主要针对 Office 软件，所以另外分出类来，宏病毒的前缀是：Macro、Word、Word 97、Excel、Excel 97 等。这类病毒主要感染 Office 系列的文档，包括 Word、Excel 等。为了保护数据的安全，建议尽量把宏安全性提高到最高。另外，杀毒软件里都有宏病毒的检测，建议打开监控。

（6）后门病毒。后门病毒，其实并不是利用攻击来达到目的的。主要是潜入系统，在适当的时候开启某个端口或者服务，然后再利用其他工具进行攻击，后门病毒的前缀是 Backdoor。在平时的使用过程中，我们应该始终把防火墙打开，对端口进行编辑，以便在访问的时候，更清楚地知道有哪些端口访问了自己的计算机。

（7）病毒种植传播。种植的意思是靠一个程序来生成更多的程序，这类病毒就是靠这种方式来达到传播的目的。在程序被打开的情况下，在内存中自动复制程序，并且复制到其他文件目录下，感染更多的程序以及文件，后门病毒的前缀是 Backdoor。这类病毒也属于内存病毒，不仅传播病毒，而且占用很多的计算机资源。因此时常对内存以及进程文件进行检查也是个很好的习惯。

（8）破坏性病毒。破坏性病毒所针对的攻击目标，主要是计算机系统、硬盘或者其他硬件设备，而且会破坏系统文件，造成系统无法正常使用。如果是硬盘的话，还会删除文件、格式化硬盘。其他硬件设备，可能还会超频，导致计算机因硬件过热而损坏，破坏性程序病毒的前缀是 Harm。这类病毒会造成很严重的后果。

（9）玩笑性病毒。玩笑性病毒只是一段开玩笑的代码，它会出其不意地在用户的计算机里运行，并且开个玩笑，还可能会装作破坏一些软件或者程序来和用户开玩笑。对计算机没有实质性破坏，只会开玩笑和影响正常的工作学习，玩笑病毒的前缀是 Joke。

（10）程序捆绑病毒。和程序捆绑的病毒并不需要多大难度，只需要使用一个文件捆绑器，就可以把病毒文件和正常程序捆绑在一起，然后在运行程序的时候就会不知不觉地运行，程序捆绑病毒的前缀是 Binder。程序所捆绑的病毒的文件大小都是很小的，这样程序文件不会很大，所以不容易被发觉。而且它经常是对常用软件进行捆绑，比如 OICQ 软件、IE 软件等。

3．计算机病毒的类型与破坏方式

1）计算机病毒的类型

计算机病毒种类有很多，病毒分类的方法也很多，按其表现性可分为良性病毒和恶性病毒两种。良性病毒的危害性小，它一般只干扰屏幕，如"圆点"病毒就是如此；恶性病毒危害性较大，它可能毁坏数据或文件，也可以使程序停止工作或造成网络瘫痪，如"蠕虫"病毒就属于这一类。这类病毒发作后，会给用户造成不可挽回的损失。

通常计算机病毒可以分为以下几种类型。

（1）寄生病毒。这是一类传统、常见的病毒类型。这种病毒寄生在其他应用程序中。当被感染的程序运行时，寄生病毒程序也随之运行，继续感染其他程序，传播病毒。

（2）引导区病毒。这种病毒感染计算机操作系统的引导区，是系统在引导操作系统前先将病毒引导入内存，进行繁殖和破坏性活动。

（3）蠕虫病毒。蠕虫病毒通过不停地自我复制，最终使计算机资源耗尽而崩溃，或向网络中大量发送广播，致使网络阻塞。蠕虫病毒是目前网络中最为流行、猖獗的病毒。

（4）宏病毒。是专门感染 Word、Excel 文件的病毒，危害性极大。宏病毒与大多数病毒不同，它只感染文档文件，而不感染可执行文件。文档文件本来存放的是不可执行的文本和数字，但是"宏"是 Word 和 Excel 文件中的一段可执行代码。宏病毒就是伪装成 Word 和 Excel 中的"宏"，当 Word 或 Excel 文件被打开时，宏病毒会运行，感染其他文档文件。

（5）特洛伊病毒。又称为木马病毒。特洛伊病毒会伪装成一个应用程序、一个游戏而藏于计算机中。通过不断地将受到感染的计算机中的文件发送到网络中而泄露机密信息。

（6）变形病毒。这是一种能够躲避杀毒软件检测的病毒。变形病毒在每次感染时会创建与自己功能相同，但程序代码明显变化的复制品，使得防病毒软件难以检测。

2）计算机病毒的破坏方式

不同的计算机病毒实施不同的破坏，主要的破坏方式有以下几种：

（1）破坏操作系统，使计算机瘫痪。有一类病毒用直接破坏操作系统的磁盘引导区、文件分区表、注册表的方法，强行使计算机无法启动。

（2）破坏数据和文件。病毒发起攻击后会改写磁盘文件甚至删除文件，造成数据永久性地丢失。

（3）占用系统资源，使计算机运行异常缓慢，或使系统因资源耗尽而停止运行。例如，振荡波病毒，如果攻击成功，则会占用大量资源，使 CPU 占用率达到 100%。

（4）破坏网络。如果网络内的计算机感染了蠕虫病毒，蠕虫病毒会使该计算机向网络中发送大量的广播包，从而占用大量的网络带宽，使网络拥塞。

（5）传输垃圾信息。Windows XP 内置消息传送功能，用于传送系统管理员所发送的消息。Win32 QLExp 这样的病毒会利用这个服务，使网络中的各个计算机频繁弹出一个名为"信使服务"的窗口，广播各种各样的信息。

（6）泄露计算机内的信息。此类木马程序专门将所驻留计算机的信息泄露到网络中。有的木马病毒会向指定计算机传送屏幕显示情况或特定数据文件（如所搜索到的口令）。

（7）扫描网络中的其他计算机，开启后门。感染"口令蠕虫"病毒的计算机会扫描网络中其他计算机，进行共享会话，猜测别人计算机的管理员口令。如果猜测成功，就将蠕虫病毒传送到那台计算机上，开启 VNC 后门，对该计算机进行远程控制。被传染的计算机上的蠕虫病毒又会开启扫描程序，扫描、感染其他计算机。

各种破坏方式的计算机病毒自动复制，感染其他计算机，扰乱计算机系统和网络系统的正常运行；对社会构成了极大的危害。防治病毒是保障计算机系统安全的重要任务。

4．计算机病毒的防范与清除

对于计算机病毒，需要树立以防为主、以清除为辅的观念，防患于未然。由于计算机病毒处理过程上存在对症下药的问题，即发现病毒后，才找到相应的杀毒预防措施。

1）防范计算机病毒

为了最大限度地减少计算机病毒的发生和危害，必须采取有效的预防措施，使病毒的涉及范围、破坏作用减少到最小。下面列出一些简单有效的计算机病毒预防措施。

（1）备好启动盘，并设置写保护。在对计算机进行检查、修复和手工杀毒时，通常要使用无毒的启动盘，使设备在较为干净的环境下操作。

（2）尽量不用软盘、U盘、移动硬盘或其他移动存储设备启动计算机，而用本地硬盘启动。同时尽量避免在无防毒措施的计算机上使用可移动的存储设备。

（3）定期对重要的资料和系统文件进行备份，数据备份是保证数据安全的重要手段。可以通过比照文件大小、检查文件个数、核对文件名来及时发现病毒，也可以在文件损失后尽快恢复。

（4）重要的系统文件和磁盘可以通过赋予只读功能，避免病毒的寄生和入侵。也可以通过转移文件位置修改相应的系统配置来保护重要的系统文件。

（5）重要部门的计算机，尽量专机专用。

（6）安装杀毒软件、防火墙等工具。首次安装时对计算机做一次彻底的病毒扫描，以确保系统尚未受过病毒感染。定期对软件进行升级，对系统进行扫描、杀毒。

（7）使用可移动存储设备时应先扫描。

（8）从正规站点进行软件下载，安装新软件先杀毒。

（9）来历不明的电子邮件的附件不要打开。先将附件保存下来，使用杀毒软件查杀后再打开。

（10）使用复杂的密码，提高计算机的安全系数。密码的长度至少应是6位以上，不要用生日、电话号码等简单数字或英文单词作为密码；尽量采用大小写字母、数字和符号的组合；不要在不同的系统上使用相同的密码。

2）清除计算机病毒

由于计算机病毒不仅干扰计算机的正常工作，更严重的是继续传播病毒、泄密和干扰网络的正常运行，因此当计算机感染病毒后，需要立即采取措施予以清除。

清除病毒一般采用人工清除病毒和自动清除病毒两种方法。

（1）人工清除。借助工具软件打开被感染的文件，从中找到并摘除病毒代码，使文件复原。这种方法是专业防病毒研究人员用于清除新病毒时采用的，不适合一般用户。

（2）自动清除。杀毒软件是专门用于对病毒的防堵、清除的工具。自动清除就是借助杀毒软件来清除病毒，用户只需按照杀毒软件的菜单或联机帮助操作即可轻松杀毒。如今，各种计算机病毒的发作日益频繁，杀毒软件的使用成为计算机用户日常工作中不可或缺的工作内容之一。

一定要使用正版杀毒软件（如360杀毒、金山毒霸、瑞星等），因为正版杀毒软件能确保正确及时地升级。由于目前的杀毒软件都具有病毒防范和拦截功能，能够以快于病毒传播的速度发现、分析并部署拦截，因此安装杀毒软件将整个系统置于随时监控之下，是最有效地防范病毒感染的方法。

对于计算机病毒的防治，不仅是一个设备的维护问题，而且是一个合理的管理问题；不仅要有完善的规章制度，而且要有健全的管理体制。因此，只有提高认识、加强管理，做到措施到位，才能防患未然，减少病毒入侵后所造成的损失。

6.5.4　网络道德与相关法规

由于计算机网络系统的开放性和方便性，人们可以轻松地从网上获取信息或向网络发布信息，同时也很容易干扰其他网络活动和参加网络活动的其他人的生活。因此，要求网络活动的参加者具有良好的品德和高度的自律性，努力维护网络资源，保护网络的信息安全，树立和培养健康的网络道德，遵守国家有关网络的法律法规。

1. 网络道德

网络道德倡导网络活动参与者之间平等、友好相处、互利互惠，合理、有效地利用网络资源。网络道德讲究诚信、公正、真实、平等的理念，引导人们尊重知识产权、保护隐私、保护通信自由、保护国家利益。

网络道德的定义是：以善恶为标准，通过社会舆论、内心信念和传统习惯来评价人们的上网行为，调节网络时空中人与人之间以及个人与社会之间关系的行为规范。网络道德是时代的产物，与信息网络相适应，人类面临新的道德要求和选择，于是网络道德应运而生。网络道德是人与人、人与人群关系的行为法则，它是一定社会背景下人们的行为规范，赋予人们在动机或行为上的是非善恶判断标准。

网络道德不能像法律一样划定明确的界限，但是至少有一条"道德底线"：不从事有害于他人、社会和国家利益的网络活动。

强调、维护网络道德的意义就是使每个网络活动参与者能够自律，自觉遵守和维护网络秩序，逐步养成良好的网络行为习惯，形成对网络行为正确的是非判断能力。

强调、维护网络道德是建立健康、有序的网络环境的重要工作，是依靠所有网络活动参与者共同实施的。需要大力提倡网络道德，形成网络管理、自律与他律相互补充和促进的良好网络运行机制。

网络道德是抽象的，不易对其进行详细分类、概括、提炼之后提出具有一般意义的价值标准与具有普通约束力的道德规范。因此，只能就事论事，列出以下一些公认的违反网络道德的事例，从反面阐述网络道德的行为规范。这些违反网络道德的事例包括：

（1）从事危害政治稳定、损害安定团结、破坏公共秩序的活动，复制、传播有着上述内容的消息和文章。

（2）任意张贴帖子对他人进行人身攻击，不负责任地散布流言蜚语或偏激的语言，对个人、单位甚至政府造成损害。

（3）窃取或泄露他人秘密，侵害他人正当权益。

（4）进行网络赌博或从事有伤风化的活动。

（5）制造病毒，故意在网上发布、传播具有计算机病毒的信息，向网络故意传播计算机病毒，造成他人计算机甚至网络系统发生阻塞、溢出、死锁、瘫痪等。

（6）冒用他人 IP，从事网上活动，通过扫描、侦听、破解密码、安置木马、远程接管、利用系统缺陷等手段进入他人计算机。

（7）明知自己的计算机感染了损害网络性能的病毒仍然不采取措施，妨碍网络、网络服务系统和其他用户正常使用网络。

（8）缺乏网络文明礼仪，在网络中用粗鲁语言发言。

2. 网络安全法规

为了维护网络安全，国家和管理组织制定了一系列网络安全政策、法规。在网络操作和应用中应自觉遵守网络礼仪和道德规范。

1）知识产权保护

计算机网络中的活动与社会上其他方式的活动一样，需要尊重别人的知识产权。由于从计算机网络中容易获取信息，就可能忽略哪些知识产权是受到保护的，哪些是无偿提供的，人们也会无意识地侵犯他人的知识产权。为此，使用计算机网络信息时，要注意区分哪些是受到知识产权保护的信息。

知识产权是指人类智力劳动产生的智力劳动成果所有权。它是依照各国法律赋予符合条件的著作者、发明者或成果拥有者在一定期限内享有的独占权利，一般认为它包括版权和工业产权。版权是指著作权人对其文学作品享有的署名、发表、使用以及许可他人使用和获得报酬等的权利；工业产权则是包括发明专利、实用新型专利、外观设计专利、商标、服务标记、厂商名称、货源名称或原产地名称等的独占权利。20世纪80年代以来，随着世界经济的发展和新技术革命的到来，世界知识产权制度发生了引人注目的变化，特别是近年来，科学技术日新月异，经济全球化趋势增强，产业结构调整步伐加快，国际竞争日趋激烈。知识或智力资源的占有、配置、生产和运用已成为经济发展的重要依托，专利的重要性日益凸现。

在网络中还应注意避免侵犯别人的隐私权，不能在网上随意发布、散布他人的个人资料。这不仅包括照片，还包括他人的姓名、电子信箱、生日、性别、电话、职业等内容。

2）保密法规

Internet的安全性能对用户在进行网络互联时如何确保国家秘密、商业秘密和技术秘密提出了挑战。军队、军工、政府、金融、研究院所、电信部门以及企业提出的高度数据安全要求，使人们要高度提高警惕，避免因为泄密而损害国家、企业、团体的利益。

国家保密局2000年1月1日起颁布实施《计算机信息系统国际联网保密管理规定》，明确规定了哪些泄密行为或哪些信息保护措施不当造成泄密的行为触犯了法律。如该规定中第2章保密制度的第6条规定："涉及国家秘密的计算机信息系统，不得直接或间接地与国际互联网或其他公共信息网络相连接，必须实行物理隔离。"

国家有关信息安全的法律、法规要求人们加强计算机信息系统的保密管理，以确保国家、企业秘密的安全。

3）防止和制止网络犯罪的法规

我们必须认识到，网络犯罪已经不仅是不良和不道德的现象，而且也是触犯法律的行为。犯罪行为都会受到法律的追究。因此，在使用计算机和网络时，知道哪些事是违法行为、哪些事是不道德行为是非常重要的。

在《中华人民共和国计算机信息系统安全保护条例》《中华人民共和国电信条例》《互联网信息服务管理办法》等法律、法规文件中都有"破坏计算机系统""非法入侵计算机系统"等明确的罪名。《中华人民共和国刑法》第二百八十五条明确规定："违反国家规定，侵入国家事务、国防建设、尖端科学技术领域的计算机信息系统的，处三年以下有期徒刑或者拘役。"最高人民法院于1997年12月确定上述罪行的罪名为"非法侵入计算机信息系统罪"。

每个人需要学习上述法律文件和相关的文件，知法、懂法、守法，增强自身保护意识、防范意识，抵制计算机网络犯罪的行为。

每个人都应该自觉遵守国家有关计算机、计算机网络和互联网的相关法律、法规和政策，大力弘扬中华民族优秀文化传统和社会主义精神文明的道德准则，积极推动网络道德建设，将自己的才能和智慧应用到计算机事业的健康发展上。

习　　题

一、选择题

1. Internet 中，一个 IPv4 地址用四组十进制数表示，每组数字的取值范围是（　　）。
　　A. 0~127　　　　　　B. 0~128　　　　　　C. 0~255　　　　　　D. 0~256

2. 实现计算机网络需要硬件和软件。其中负责管理整个网络各种资源、协调各种操作的软件称为（　　）。
　　A. 网络应用软件　　B. 通信协议软件　　　C. OSI　　　　　　　D. 网络操作系统

3. 在下列网络的传输介质中，抗干扰能力最好的一个是（　　）。
　　A. 光缆　　　　　　B. 同轴电缆　　　　　C. 双绞线　　　　　　D. 电话线

4. 主要用于实现两个不同网络互联的设备是（　　）。
　　A. 转发器　　　　　B. 集线器　　　　　　C. 路由器　　　　　　D. 调制解调器

5. 下列选项中，合法的 IPv6 地址是（　　）。
　　A. 192.168.0.1　　B. C0:38:100　　　　　C. 2001::25de:25　　D. ff06::0:::c3

二、填空题

1. ＿＿＿＿＿＿＿是为数据通信而建立的规则、标准或约定。

2. 在客户机/服务器模型中，＿＿＿＿＿＿指网络服务请求方，＿＿＿＿＿＿指网络服务提供方。

3. 在 IPv4 中，IP 地址是一个＿＿＿＿＿＿位的标识符，一般采用"点分十进制"的方法表示。

4. Internet 由采用＿＿＿＿＿＿协议簇的众多计算机网络相互连接组成。

5. HTTP、HTML 与 FTP 分别指＿＿＿＿＿＿、＿＿＿＿＿＿和＿＿＿＿＿＿。

6. 计算机网络按照覆盖范围，可以分为＿＿＿＿＿＿、＿＿＿＿＿＿和＿＿＿＿＿＿。

三、简答题

1. 简述计算机网络的发展历程。

2. 简要说明计算机网络有哪些基本结构形式。

3. 与 IPv4 相比，IPv6 具有哪些优势？

4. 简述计算机病毒的特征。

第7章

数据库技术基础

 本章导读

　　数据库技术主要研究如何存储、使用和管理数据。数据库技术研究和管理的对象是数据，所以数据库技术所涉及的具体内容主要包括：通过对数据的统一组织和管理，按照指定的结构建立相应的数据库和数据仓库；利用数据库管理系统和数据挖掘系统设计出能够实现对数据库中的数据进行添加、修改、删除、处理、分析、理解、报表和打印等多种功能的数据管理和数据挖掘应用系统。

　　数据库技术是现代信息科学与技术的重要组成部分，是计算机数据处理与信息管理系统的核心。数据库技术研究和解决了计算机信息处理过程中大量数据有效地组织和存储的问题，在数据库系统中减少数据存储冗余、实现数据共享、保障数据安全以及高效地检索数据和处理数据。

　　数据库技术产生于20世纪60年代末70年代初，其主要目的是有效地管理和存取大量数据资源。数年来，数据库技术和计算机网络技术的发展相互渗透，相互促进，已成为当今计算机领域发展迅速、应用广泛的两大领域。数据库技术不仅应用于事务处理，并且进一步应用到情报检索、人工智能、专家系统、计算机辅助设计等领域。

 学习目标

◎了解数据库系统的概念及数据库管理技术的产生与发展。

◎了解数据模型及关系数据库。

◎掌握结构化查询语言 SQL 语句的应用。

◎掌握 Access 2016 的基本操作。

◎掌握 Access 2016 中创建数据库与表的方法。

◎掌握 Access 2016 中创建查询的方法。

7.1　数据库系统概述

　　数据库系统（Data Base System，DBS）通常由硬件、软件、数据库和人员组成。其中，硬件指构成计算机系统的各种物理设备，包括硬件配置及存储所需要的外围设备；软件主要包括操作系统、各种宿主语言、应用程序及数据库管理系统；数据库由数据库管理系统统一管理，数据的插入、修改和检索均要通过数据库管理系统进行；人员主要包括系统分析员和数据库设计人员、应用程序员、访问数据库的最终用户和数据管理员。其中，数据库管理员负责创建、监控和维护整个数据库，使数据能被任何有权使用的人有效使用。

在数据库系统中，数据以数据库的形式保存，在数据库中，数据按一定的数据模型进行组织；数据和应用程序之间彼此独立，具有较高的数据独立性，数据不再面向某个特定的应用程序，而是面向整个系统，从而实现了同一数据在多个应用程序之间的共享，数据成为多个用户或程序共享的资源；数据库管理系统同时还提供了各种控制功能，例如并发控制功能、数据的完全性控制功能和完整性控制功能。

7.1.1　数据管理技术的发展

数据管理技术是对数据进行分类、组织、编码、输入、存储、检索、维护和输出的技术。数据管理技术的发展大致经过了以下三个阶段：人工管理阶段、文件系统阶段、数据库系统阶段。

1．人工管理阶段

20 世纪 50 年代以前，计算机主要用于数值计算。从当时的硬件看，外存只有纸带、卡片、磁带，没有直接存取设备；从软件看（实际上，当时还未形成软件的整体概念），没有操作系统以及管理数据的软件；从数据看，数据量小，数据无结构，由用户直接管理，且数据间缺乏逻辑组织，数据依赖于特定的应用程序，缺乏独立性。

2．文件系统阶段

20 世纪 50 年代后期到 60 年代中期，出现了磁鼓、磁盘等数据存储设备。新的数据处理系统迅速发展起来。这种数据处理系统是把计算机中的数据组织成相互独立的数据文件，系统可以按照文件的名称对其进行访问，对文件中的记录进行存取，并可以实现对文件的修改，插入和删除，这就是文件系统。文件系统实现了记录内的结构化，即给出了记录内各种数据间的关系。但是，文件从整体来看却是无结构的。其数据面向特定的应用程序，因此数据共享性，独立性差，且冗余度大，管理和维护的代价也很大。

3．数据库系统阶段

20 世纪 60 年代后期，出现了数据库这样的数据管理技术，数据库的特点是数据不再只针对某一特定应用，而是面向全组织，具有整体的结构性，共享性高，冗余度小，具有一定的程序与数据间的独立性，并且实现了对数据进行统一的控制。

其中，数据库系统阶段，根据数据模型的发展，可以相应地划分为三个阶段：

1）层次型和网状型数据库

代表产品是 1969 年 IBM 公司研制的层次模型数据库管理系统 IMS。

2）关系型数据型

目前大部分数据库采用的是关系型数据库。1970 年 IBM 公司的研究员 E.F.Codd 提出了关系模型的概念，开创了数据库的关系方法和关系数据理论的研究，为数据库技术奠定了理论基础。

3）第三代数据库

面向对象数据库以及关系型数据库的扩充。数据库技术与分布式处理技术、并行处理技术、人工智能技术、移动通信技术、物联网技术、云计算技术、数据仓库技术等相结合，产生多种专用或者通用数据库。总体体现出数据模型更加丰富、数据管理功能更加强大的趋势。

7.1.2 数据库的基本概念

数据库技术涉及许多基本概念，主要包括信息、数据、数据处理、数据库、数据库管理系统以及数据库系统等。

1．信息

信息是对客观世界中各种事物的运动状态和变化的反映，是客观事物之间相互联系和相互作用的表征，泛指人类社会传播的一切内容。人通过获得、识别自然界和社会的不同信息来区别不同事物，得以认识和改造世界。事实上，信息的基本作用就是消除人们对事物了解的不确定性。信息可以简单地理解为数据中包含的有用的内容。一个消息越不可预测，它所含的信息量就越大。

2．数据

数据是反映客观事物属性的记录，是信息的具体表现形式。可存储具有明确意义的符号，包括数字、文字、图形和声音等。

数据处理是指对各种形式的数据进行收集、存储、加工和传播的一系列活动的总和。数据处理的第一个目的是从大量的、原始的数据中抽取、推导出对人们有价值的信息，以作为行动和决策的依据；第二个目的是借助计算机技术科学地保存和管理复杂的、大量的数据，以便人们能够方便而充分地利用这些宝贵的信息资源。

3．数据库

数据库（DataBase，DB）是按照数据结构来组织、存储和管理数据的仓库。数据库具有如下特性：

（1）数据库是具有逻辑关系和确定意义的数据集合。

（2）数据库是针对明确的应用目标而设计、建立和加载的。每个数据库都具有一组用户，并为这些用户的应用需求提供服务。

（3）一个数据库反映了客观事物的某些方面，而且需要与客观事物的状态始终保持一致。

4．数据库管理系统

数据库管理系统（DataBase Management System，DBMS）是对数据库进行管理的系统软件，数据库管理系统是数据库系统的核心，对数据库的一切操作，如原始数据的装入、检索、更新、再组织等，都是在DBMS的指挥、调度下进行的，它是用户与物理数据库之间的桥梁。能够支持关系型数据模型的数据库管理系统称为关系型数据库管理系统（Relational DataBase Management System，RDBMS)。

关系型数据库管理系统的基本功能包括以下4个方面：

（1）数据定义功能：RDBMS提供了数据定义语言(Data Definition Language，DDL)，利用DDL可以方便地对数据库中的相关内容进行定义。例如，对数据库、表、字段和索引进行定义、创建和修改。

（2）数据操纵功能：RDBMS提供了数据操纵语言(Data Manipulation Language，DML)，利用DML可以实现在数据库中插入、修改和删除数据等基本操作。

（3）数据查询功能：RDBMS提供了数据查询语言（Data Query Language，DQL)，利用DQL可以实现对数据库的数据查询操作。

（4）数据控制功能：RDBMS提供了数据控制语言(Data Control Language，DCL)，利用DCL可以完成数据库运行控制功能，包括并发控制（即处理多个用户同时使用某些数据时可能产生的问题）、安全性检查、完整性约束条件的检查和执行、数据库的内部维护（例如索引的自动维护）等。

RDBMS 的上述许多功能都可以通过结构化查询语言(Structured Query Language，SQL）来实现。SQL 是关系数据库中的一种标准语言，在不同的 RDBMS 产品中，SQL 中的基本语法是相同的。此外，DDL、DML、DQL 和 DCL 也都属于 SQL。

7.1.3　数据模型

　　数据库的核心和基础是数据模型（Data Model）。数据模型是数据特征的抽象。数据（Data）是描述事物的符号记录，模型（Model)是现实世界的抽象。数据模型从抽象层次上描述了系统的静态特征、动态行为和约束条件，为数据库系统的信息表示与操作提供了一个抽象的框架。数据模型所描述的内容有数据结构、数据操作和数据约束。

　　（1）数据结构：主要描述数据的类型、内容、性质以及数据间的联系等，是目标类型的集合。目标类型是数据库的组成成分，一般可分为两类：数据类型、数据类型之间的联系。数据结构是数据模型的基础，数据操作和约束都基本建立在数据结构上，不同的数据结构具有不同的操作和约束。

　　（2）数据操作：数据模型中数据操作主要描述在相应的数据结构上的操作类型和操作方式。它是操作算符的集合，包括若干操作和推理规则，用以对目标类型的有效实例所组成的数据库进行操作。

　　（3）数据约束：数据模型中的数据约束主要描述数据结构内数据间的语法、词义联系、他们之间的制约和依存关系，以及数据动态变化的规则，以保证数据的正确、有效和相容。它是完整性规则的集合，用以限定符合数据模型的数据库状态，以及状态的变化。

　　数据库技术发展至今，主要有三种数据模型：层次数据模型、网状数据模型、关系数据模型。层次数据模型发展最早，它以树结构为基本结构，由于多数实际问题中数据间关系不简单地是树型结构，层次型数据模型逐渐被淘汰。网状数据模型通过网状结构表示数据间的联系，开发较早且有一定优点，典型代表是 DBTG 模型。关系模型开发较晚，它是通过满足一定条件的二维表格来表示实体集合以及数据间联系的一种模型，具有坚实的数学基础与理论基础，使用灵活方便，适应面广，所以发展十分迅速。流行的一些数据库系统，如 ORACLE、SYBASE、INGRESS、INFORMIX 等都属于关系型数据库。

　　（1）层次数据模型：层次数据模型是指用树形结构组织数据，可以表示数据之间的多级层次结构。在树形结构中，各个实体被表示为结点，整个树形结构中只有一个为最高结点，其余的结点有而且仅有一个父结点，相邻两层的上级结点和下级结点之间表示了结点之间一对多的联系，如图 7-1 所示。

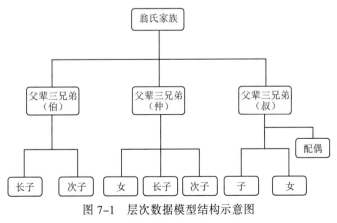

图 7-1　层次数据模型结构示意图

在现实世界中存在大量可以用层次结构表示的实体，例如家族的辈分关系、单位的行政组织机构等，某个磁盘上文件夹的结构等都是典型的层次结构。

这种数据模型的优点是存取方便且速度快；结构清晰，容易理解；数据修改和数据库扩展容易实现；检索关键属性十分方便。缺点是结构呆板，缺乏灵活性；同一属性数据要存储多次，数据冗余大；不适合于拓扑空间数据的组织。

（2）网状数据模型：它用连接指令或指针来确定数据间的显式连接关系，是具有多对多类型的数据组织方式。网状模型中用图的方式表示数据之间的关系，这种关系可以是数据之间多对多的联系。它突破了层次模型的两个限制，一是允许结点有多于一个的父结点，另一个是可以有一个以上的结点没有父结点，如图7-2所示。

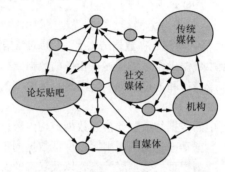

图7-2　网状数据模型结构示意图

这种数据模型的优点是能明确而方便地表示数据间的复杂关系，且数据冗余小。缺点在于网状结构的复杂性，增加了用户查询和定位的困难；需要存储数据间联系的指针，使得数据量增大；数据的修改不方便（例如：指针必须修改）。

（3）关系数据模型：关系数据模型可以用二维表格的形式来描述实体及实体之间的联系。在实际的关系模型中，操作的对象和操作的结果都用二维表表示，一个二维表就代表了一个关系，如图7-3所示。

学号 ▼	姓名 ▼	专业 ▼	性别 ▼	出生日期 ▼
2016031004	赵忠诚	数字媒体	男	1999-03-08
2016012001	赵明丽	戏剧影视文学	女	1996-12-09
2016000003	赵芳	坏境设计	女	1998-03-27
2016000001	张敏	坏境设计	男	1998-12-05
2016012005	张立群	戏剧影视文学	男	1996-05-11

图7-3　关系模型中的关系示意图

这种数据模型的优点在于结构特别灵活，概念单一，满足所有布尔逻辑运算和数学运算规则形成的查询要求；能搜索、组合和比较不同类型的数据；增加和删除数据非常方便；具有更高的数据独立性、更好的安全保密性。缺点是数据库大时，查找满足特定关系的数据费时；对空间关系无法满足。

7.2　关系型数据库

关系型数据库是指采用关系模型来组织数据的数据库，其以行和列的形式存储数据，关系型数据库这一系列的行和列被称为表，关系数据库包含一些相关的关系即表和其他数据实体的集合。

其他数据实体对象包括视图、存储过程、索引等。

7.2.1　关系模型的设计

关系型数据库中，关系是处理数据和建立关系型数据库的基本单元，关系模型可以简单理解为二维表格模型，如图 7-4 所示。

学号 ▼	性别 ▼	姓名 ▼	专业 ▼	出生日期 ▼	是否党员 ▼
2019000001	男	张海涛	环境设计	2001-12-05	☑
2019000002	女	王可清	环境设计	2002-05-03	☑
2019000003	女	赵珊珊	环境设计	1998-03-27	☑
2019000004	女	刘晓敏	环境设计	1999-06-29	☑
2019000005	男	封力	环境设计	1999-06-08	☐
2019000006	男	张宝新	环境设计	2000-09-12	☐
2019012001	女	赵明丽	戏剧影视文学	2002-12-09	☐
2019012002	男	郝立伟	戏剧影视文学	1998-06-23	☐
2019012003	男	唐亚辉	戏剧影视文学	1999-10-02	☑

图 7-4　名为"学生信息"的关系

1．关系模型的组成

在图 7-4 所示的描述关系的二维表中共有 6 列，垂直方向的每一列称为一个属性，在数据库文件中称为一个字段。

第一行是组成该表的各个栏目名称，称为属性名，在具体的文件中称为字段名，例如表中的"学号""姓名""出生日期"等。

其中，显然，"姓名"和"出生日期"字段表示的数据类型是不同的，一个是字符串即文本，另一个是时间日期，而同样是字符串类型的"姓名"和"专业"，它们包含的字符个数不同，也就是在宽度上是不一样的。因此，对于字段，除了有字段的名称以外，还应包括各个字段取值的类型、所占宽度等，这些都称为字段的属性，字段名和字段的属性组成了关系的框架，在文件中称为表的结构。

每个字段可以取值的范围称为该字段的域，例如，"性别"字段的取值范围只能是"男"或者"女"。

在这个二维表中，从第二行起的每一行称为一个元组，对应文件中的一条具体记录，因此，可以说这个关系表由 6 个字段 9 条记录组成。

行和列的交叉位置表示某条记录的某个属性的值，例如，第五条记录的"姓名"字段的值是"封力"。

2．关系模式

关系模式是指对关系结构的描述，用如下格式表示：

关系名(属性 1,属性 2,属性 3,…,属性 n)

例如，图 7-4 的关系模式可以表示为：

学生信息(学号,性别,姓名,专业,出生日期,是否党员)

可以看出，关系就是关系模式和元组的集合，在具体文件中，一张二维表就是表结构和记录的集合。

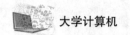

3. 关系模型的特点

关系模型通常具有以下特点：

（1）关系中的每一列不可再分割；

（2）同一个关系中不能出现相同的属性名，即不允许有相同的字段名；

（3）关系中不允许有完全相同的元组（记录），所谓完全相同，是指两个元组对应的所有属性的值都相同；

（4）关系中交换任意两行记录的位置不影响数据的实际含义；

（5）关系中交换任意两列数据的位置不影响数据的实际含义。

7.2.2 关系运算

在对关系数据库进行查询操作时，实际上是对关系进行了一系列的运算，关系的基本运算有两类，一类是传统的集合运算，包括并、差、交等；另一类是专门的关系运算，包括选择、投影、联接等，比较复杂的查询操作可由这几个基本运算组合实现。

1. 传统的集合运算

进行并、交、差这几个传统的集合运算时，要求参与运算的两个关系具有相同的关系模式，即相同的表结构，运算结果的关系模式不变。

1）并

两个具有相同结构的关系进行的并运算是用两个关系中的所有元组组成新的关系。例如，图 7–5 中两个关系 R 和 S，分别代表选修"程序设计"和"高等数学"的学生。R 和 S 的并运算可以表示为 $R \cup S$，结果表示查询选修了"程序设计"或者"高等数学"的学生。

学号	姓名
2019000001	张敏
2019000002	王可
2019000003	赵芳

（a）关系R：选修"程序设计"的学生

学号	姓名
2019000001	张敏
2019000003	赵芳
2019000004	刘玉梅

（b）关系S：选修"高等数学"的学生

学号	姓名
2019000001	张敏
2019000002	王可
2019000003	赵芳
2019000004	刘玉梅

（c）$R \cup S$ 的运算结果

图 7–5　并运算

在进行并运算时，要消除重复的元组，所以 $R \cup S$ 的运算结果中有四个元组。

2）差

两个具有相同结构的关系 R 和 S 进行差运算，R 与 S 的差 $R-S$ 由属于 R 但不属于 S 的元组组成，即从 R 中去掉 S 中也有的元组，而 S 与 R 的差 $S-R$ 则由属于 S 但不属于 R 的元组组成，即从 S 中去掉 R 中也有的元组。

例如，$R-S$ 表示选修了"程序设计"但没有选修"高等数学"的学生，而 $S-R$ 表示选修了"高等数学"但没有选修"程序设计"的学生，如图 7–6 所示。

学号	姓名
2019000002	王可

（a）$R-S$ 的运算结果

学号	姓名
2019000004	刘玉梅

（b）$S-R$ 的运算结果

图 7–6　差运算

3）交

两个具有相同结构的关系 R 和 S 进行交运算，其结果由既属于 R 又属于 S 的元组组成，即 R 和 S 中共同的元组。

例如，R 和 S 的交运算 R∩S 表示同时选修了"程序设计"和"高等数学"两门课程的学生，如图 7-7 所示。

学号	姓名
2019000001	张敏
2019000003	赵芳

图 7-7　R∩S 的运算结果

2．专门的关系运算

1）选择

选择是从指定的关系中选择满足给定条件的元组组成一个新的关系。其中的条件是以逻辑表达式给出的，值为真的元组将被选取。这种运算是从水平方向抽取元组。

例 7-1　如图 7-8 所示，从关系 S1 中选择高等数学大于 80 的元组组成新的关系 S2。

关系S1			
学号	姓名	高等数学	程序设计
2019012001	赵明丽	80	91
2019012002	马立伟	94	86
2019012003	唐鹏飞	81	67
2019012004	尚悦	74	79
关系S2			
2019012002	马立伟	94	86
2019012003	唐鹏飞	81	67

图 7-8　例 7-1 图

2）投影

投影是从指定关系的属性集合中选取若干个属性组成新的关系。

例 7-2　从例 7-1 的关系 S1 中选择"学号""姓名""程序设计"组成新的关系 S3，如图 7-9 所示。

关系S3		
学号	姓名	程序设计
2019012001	赵明丽	91
2019012002	马立伟	86
2019012003	唐鹏飞	67
2019012004	尚悦	79

图 7-9　关系 S3

选择和投影运算的操作对象只有一个关系表，选择是对表的横向选择，而投影则是对表的纵向切割。

3）联接

联接运算在两个表之间进行，是将两个关系模式拼接成一个更宽的关系模式，生成的新关系中包含满足联接条件的所有元组，而新关系中的属性是原来两个关系中的所有属性。

例7-3 关系 R 和 S 的数据如图 7-10 所示，对 R 和 S 进行联接运算，联接条件是 S 的第 D 列小于 R 的第 B 列。

关系R

A	B	C
1	3	6
9	12	15
18	21	24

（a）

关系S

D	E
6	9
15	21

（b）

A	B	C	D	E
9	12	15	6	9
18	21	24	6	9
18	21	24	15	21

关系R和关系S联结果

（c）

图 7-10　例 7-3 图

本例中联接条件是 $D<B$，联接结果中包含了两个关系中的所有字段名。

4）自然联接

如果联接条件是按字段值相等进行联接，则这种联接称为等值联接，在对两个同名字段进行等值联接时，如果连接结果中只保留同名属性中的一个，这样的联接就是自然联接，显然，自然联接是联接的一个特例，它是最常用的一种联接。

例7-4 将例 7-1 中的关系 S1 和 S4 进行自然连接运算,按相同学号的元组合并组成新的关系 S5。

所得的运算结果 S5 中有两个元组，是由 S1 和 S4 中学号相同的元组组成，两个关系中的同名字段"学号"只保留了一个，如图 7-11 所示。

关系S4		
学号	姓名	大学英语
2019012001	赵明丽	90
2019031002	高伟强	80
2019012003	唐鹏飞	72
2019031006	杨婉卿	86

关系S5				
学号	姓名	高等数学	程序设计	大学英语
2019012001	赵明丽	80	91	90
2019012003	唐鹏飞	81	67	72

图 7-11　例 7-4 图

7.2.3　关系数据库的完整性约束

关系完整性是为保证数据库中数据的正确性和相容性，对关系模型提出的某种约束条件或规则。系统在更新、插入或删除等操作时都要检查数据的完整性，核实其约束条件，即关系模型的完整性规则。关系模型中有四类完整性约束：域完整性、实体完整性、参照完整性和用户定义完整性。

1. 域完整性

域完整性是针对某一具体关系数据库的约束条件，域完整性是保证数据库字段取值的合理性，它保证表中某些列不能输入无效的值。包括限制类型（数据类型），格式（通过检查约束和规则），可能值范围（通过外键约束，检查约束，默认值定义，非空约束和规则）。例如，在课程信息表中，"课程名称"属性值是汉字或英文字符串，所以不能取出数值来，同时，名称是课程的主要特征，要求必须有课程名称，即名称属性不能为空。

2. 实体完整性

实体完整性是指关系的主关键字不能重复也不能取空值。关系模型中每一个表就是一个实体，在现实世界中，实体是可区分的，即它们具有唯一标识。实体映射到关系模型后，每个表也应该具有唯一的标识，这个标识称为主键，用于标识表中唯一的元组。主键不能为空，如果主键为空，则说明存在某个不可标识的实体，而这和唯一标识相矛盾，即不存在这样的实体。例如，图 7-4 中的关系"学生信息"，其字段"学号"作为主键，其值不能为空，也不能有两条记录的学号值相同。

3. 参照完整性

参照完整性也称"引用完整性"，是定义建立关系之间联系的主关键字与外部关键字引用的约束条件。参照完整性约束规则是对相关联的主表和从表之间的约束，具体地说，就是从表中的每一条记录，其外键的值必须是主表中存在的，因此，如果在两个表之间建立了关联关系，则对一个表进行的操作要影响到另一个表中的记录。

例如，如果在学生信息表和成绩信息表之间通过学号建立关联，学生信息表是主表，课程信息表是从表，那么，在向从表中输入一条新记录时，系统要检查新记录的学号在主表中是否已存在，如果存在，则允许执行输入操作，否则拒绝输入；如果要修改从表中学号的值，系统也要检查修改后的学号在主表中是否存在，如果不存在，系统同样会拒绝修改，这就是参照完整性约束。

参照完整性还体现在对主表中记录进行删除和修改操作时对从表产生的影响，例如，如果删除主表中的一条记录，则从表中凡是外键的值与主表的主键值相同的记录也会被同时删除，这就是级联删除；如果修改主表中主关键字的值，则从表中相应记录的外键值也随之被修改，这就是级联更新。

4. 用户自定义完整性

用户定义的完整性约束规则是针对某一具体字段的数据设置的具体约束条件。它反映某一具体应用所涉及的数据必须满足的语义要求。主要包括非空约束、唯一约束、检查约束、主键约束、外键约束。例如某个属性必须取唯一值；某个非主属性也不能取空值；某个属性的取值范围为 0 ~ 100；等等。用户定义完整性可以涵盖实体完整性、域完整性、参照完整性等完整性类型。

7.3　结构化查询语言 SQL

结构化查询语言（Structured Query Language，SQL）的语言结构简洁，功能强大，简单易学，自从由 IBM 公司 1981 年推出以来，SQL 语言得到广泛应用。无论是 Oracle、Sybase、Informix、SQL server 这些大型的数据库管理系统，还是 Visual Foxpro，PowerBuilder 这些微机上常用的数据

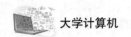

库开发系统，都支持 SQL 语言作为查询语言。

7.3.1 认识 SQL

微　课 ●
结构化查询语言
简介 ●

SQL 是一种数据库查询和程序设计语言，用于存取数据以及查询更新和管理关系数据库系统。

SQL 语言是高级的非过程化编程语言，只提操作要求，不必描述操作步骤，也不需要导航。使用时只需要告诉计算机"做什么"，而不需要告诉它"怎么做"，允许用户在高层数据结构上工作。它不要求用户指定对数据的存放方法，也不需要用户了解具体的数据存放方式，所以具有完全不同底层结构的不同数据库系统可以使用相同的结构化查询语言作为数据输入与管理的接口。SQL 语言语句可以嵌套，这使他具有极大的灵活性和强大的功能。

SQL 的特点和功能有查询、操作、定义和控制四个方面，SQL 语言具有高度的非过程化、语言简洁、语义明显、语法结构简单、直观易懂的特点。SQL 语言既可以作为独立语言使用，使用户在终端键盘上直接键入 SQL 命令对数据库进行操作，也可以作为嵌入式语言，嵌入到其他高级语言中。

目前，它的影响已经超出数据库领域，得到其他领域的重视和采用，如人工智能领域的数据检索，第四代软件开发工具中嵌入 SQL 的语言等。

7.3.2 SQL 语句

SQL 是关系数据库的标准语言，它可以在数据库管理系统中查询数据，或通过 RDBMS 对数据库中的数据进行更改。常见的 RDBMS 包括：Oracle Database（甲骨文公司）、SQL Server（微软公司）、DB2（IBM 公司）、PostgreSQL（开源）、MySQL（开源）。

SQL 语句具体到不同的数据库管理系统时又会有一些不同，如 SQL Server 中可用 TOP N 选取结果前 N 个元素，而 MySQL 中则无此用法，所以，在学习基本概念后应到具体环境中印证书上的知识。

SQL 语言按照实现的功能不同主要分为 3 类：数据操纵语言、数据定义语言、数据控制语言。

（1）数据操纵语言（Data Manipulation Language，DML）：主要用来处理数据库中的数据内容。允许用户对数据库中的数据进行查询、插入、更新和删除等操作。DML 常用语句及其功能见表 7-1。

表 7-1　DML 常用语句及其功能

DML 语句	DML 语句	DML 语句	功 能 说 明
SELECT	从表或视图中检索数据行	UPDATE	更新数据
INSERT	插入数据到表或视图	DELETE	删除数据

（2）数据定义语言（Data Definition Language，DDL）：是一组 SQL 命令，用于创建和定义数据库对象，并且将对这些对象的定义保存到数据字典中。通过 DDL 语句可以创建数据库对象、修改数据库对象和删除数据库对象等。DDL 常用语句及其功能见表 7-2。

表 7-2　DDL 常用语句及其功能

DDL 语句	功 能 说 明	DDL 语句	功 能 说 明
CREATE	创建数据库结构	DROP	删除数据库结构
ALTER	修改数据库结构		

（3）数据控制语言（Data Control Language，DCL）：数据控制语言用于修改数据库结构的操作权限。DCL 语句主要有 2 种，其功能见表 7-3。

表 7-3　DCL 主要语句及其功能

DCL 语句	功 能 说 明	DCL 语句	功 能 说 明
CRANT	授予其他用户对数据库结构的访问权限	REVOKE	收回用户访问数据库结构的权限

编写 SQL 语句时需要遵循一定的规则：

（1）SQL 关键字、对象名和列名不区分大小写。

（2）字符值和日期值要区分大小写。

（3）在应用程序中，如果 SQL 语句文本很长，可以将语句分布到多行上，并且可以通过使用跳格和缩进提高代码的可读性。

（4）SQL*Plus 中的 SQL 语句以分号（；）结束。

7.3.3　SQL 语句的应用

SQL 语句的命令格式中，约定定界符"[ ]"中的内容是可选项，界限符"< >"中的内容是必选项，"|"表示在其中任选一项。

1. SELECT

语法格式：

```
SELECT [ DISTINCT ] * | < 列表达式 1 >[ As <别名 1> ]
[,……,< 列表达式 n >[ AS <别名 n>]]
            FROM < 表名 1 > [, ……, < 列表达式 n > ]
            [ WHERE < 条件 > ]
            [ ORDER BY < 排序关键字 > [ ASC | DESC ] ]
            [ GROUP BY < 分组字段 >[ HAVING <条件> ] ]
```

说明：执行此语句时，将数据表中满足 WHERE<条件>的记录作为整个查询的结果。

|< 列表达式 1 >[, ……, < 列表达式 n >]，用来指定某列显示的值。只有""时，列标题为所有字段。

< 别名 1 >[, ……, < 别名 n >]为输出表达式值指定对应列名。如果省略此项，当表达式是一个字段名时，字段名即为列名。

系统默认情况下，输出数据可能有重复行(对应字段值相同)。如果使用 DISTINCT，则对那些重复的数据仅输出第一行。

FROM 之后可以使用多个表名，用","分隔开，用于指出数据来源，即从哪些表中提取出操作的数据。

[WHERE < 条件 >]不仅用于说明选择数据记录的条件，也用于设置多个表的连接条件。

ORDER BY 用于说明输出结果数据的排序关键字，排序关键字可以是单独字段，也可以是表达式。系统默认按关键字值升序（ASC）排列，也可以按关键字值降序（DESC）排列。

GROUP BY 用于说明数据分组的关键字段，分组字段值相同的数据记录汇总成一行输出。HAVING <条件>指出仅输出那些符合"条件"的分组行。

例7-5　设教务.accdb 中有数据表"学生信息"，其包含字段：学号（C）、姓名（C）、专业（C）、性别（C）、出生日期（D）、是否党员（L）、补助（N）、分数（N）、等级（C）。不考虑数据库及表的打开和关闭，列出年龄小于等于 20 岁的学生记录，并按照分数的降序排列。请写出 SQL 语句。

SQL 语句如下：

```
SELECT 学生信息.*
FROM 学生信息
WHERE (Year(Date())-Year(学生信息.出生日期)<=20)
ORDER BY 分数 DESC;
```

例7-6 设教务.accdb 中有数据表"学生信息"，其包含字段：学号（C）、姓名（C）、专业（C）、性别（C）、出生日期（D）、是否党员（L）、补助（N）、分数（N）、等级（C）。不考虑数据库及表的打开和关闭，列出各个专业的平均分数并赋值给变量"平均分"，并且只显示平均分在 80 以上的专业平均分情况，请写出 SQL 语句。

SQL 语句如下：

```
SELECT 专业, AVG(分数) AS 平均分
FROM 学生信息
GROUP BY 专业
HAVING AVG(分数)>80;
```

例7-7 设教务.accdb 中有数据表"学生信息"，其包含字段：学号（C）、姓名（C）、专业（C）、性别（C）、出生日期（D）、是否党员（L）、补助（N）、分数（N）、等级（C）。不考虑数据库及表的打开和关闭，要求使用 SQL 语句，对所有记录按照成绩的降序排列，成绩相同时再按补助的升序排列，并生成表名为"学生成绩表"的新表。

SQL 语句如下：

```
SELECT 学生信息.* INTO 学生成绩表
FROM 学生信息
ORDER BY 成绩 DESC, 补助;
```

2. INSERT

语法格式： INSERT INTO <表名> [(<字段名表>)] VALUES (<表达式表>)

说明： 此语句在指定的表尾部追加新纪录，"字段名表"指要追加数据的各个字段名，用"表达式表"中的各个表达式值填写对应字段值。表达式与字段名按前后顺序一一对应，且表达式值的数据类型必须与对应字段的数据类型一致。如果省略"字段名表"，则表示要填写表中所有字段值，并按照表中字段顺序与表达式一一对应。

例7-8 设教务.accdb 中有数据表"学生信息"，其包含字段：学号（C）、姓名（C）、专业（C）、性别（C）、出生日期（D）、是否党员（L）、补助（N）、分数（N）、等级（C）。本数据库中另有数据表"戏剧影视文学专业名单"，其包含字段学号（C）、姓名（C）、专业（C）、性别（C）、等级（C）。不考虑数据库及表的打开和关闭，现要求使用 SQL 语句，将"戏剧影视文学"专业的学生记录从"学生信息"表中追加至名称为"戏剧影视文学专业名单"的表，只需要其中的学号、姓名、性别和专业字段。

SQL 语句如下：

```
INSERT INTO 戏剧影视文学专业名单 (学号, 姓名, 性别, 专业)
SELECT 学号,姓名,性别,专业
FROM 学生信息
WHERE 专业="戏剧影视文学";
```

3. Update

语法格式：

```
UPDATE < 表名 > SET < 字段名 1 > = < 表达式 1 >
           [……, < 字段名 n > = < 表达式 n >] [ WHERE < 条件 > ];
```

说明：执行此语句时，用表达式的值去修改对应的字段。如果省略 WHERE<条件>选项，则修改表中全部记录；如果使用 WHERE <条件>，则仅修改符合条件的记录。

例7-9　设教务.accdb 中有数据表"学生信息"，其包含字段：学号（C）、姓名（C）、专业（C）、性别（C）、出生日期（D）、是否党员（L）、补助（N）、分数（N）、等级（C）。不考虑数据库及表的打开和关闭，现要求用 SQL 语句给所有等级为"优秀"的学生增加补助 150 元。

SQL 语句如下：

```
UPDATE 学生信息 SET 补助=补助+150 WHERE 等级="优秀";
```

4. DELETE

语法格式：

```
DELETE FROM < 表名 > [ WHERE < 条件 > ];
```

说明：使用此语句时，如果省略 WHERE<条件>选项，则删除表中全部记录，如果使用 WHERE<条件>，则仅删除那些满足"条件"的记录。ACCESS 2010 中没有逻辑删除和物理删除的概念，一旦删除就无法恢复了。

例7-10　设教务.accdb 中有数据表"学生信息"，其包含字段：学号（C）、姓名（C）、专业（C）、性别（C）、出生日期（D）、是否党员（L）、补助（N）、分数（N）、等级（C）。不考虑数据库及表的打开和关闭，现要求用 SQL 语句将所有等级为优秀的非党员的记录删除。

SQL 语句如下：

```
Delete 学生信息.*
From 学生信息
Where 是否党员=False  And 等级="优秀";
```

5. CREATE

例7-11　在"教务".accdb 数据库中，用 SQL 语句创建一个"学生信息 1"表，其包含字段：学号（C）、姓名（C）、专业（C）、补助（N）、分数（N）、等级（C）。

SQL 语句如下：

```
CREATE TABLE 学生信息1(学号 CHAR(10) NOT NULL,
姓名 CHAR(10) NOT NULL,
专业 VARCHAR(20),
补助 INTEGER,
分数 INTEGER,
等级 CHAR(2));
```

运行以后，"学生信息 1"表便创建完成，之后，可使用 INSERT INTO 语句向空表写入数据。

6. ALTER

例7-12　在"教务".accdb 数据库中，有例 7-14 创建的"学生信息 1"表，其包含字段：学号（C）、姓名（C）、专业（C）、补助（N）、分数（N）、等级（C）。现需要用 SQL 语句，在表"学生信息 1"表中添加一个名为"出生日期"的新列，数据类型为日期型。

SQL 语句如下：

```
ALTER TABLE 学生信息 1
ADD 出生日期 date
```

7. DROP

例 7-13　在"教学".accdb 数据库中，有"学生信息"表和"学生信息 1"表，请使用 SQL 语句，删除"学生信息 1"表。

操作方法：打开该数据库，选择"创建"选项卡中的"查询设计"，不选择任何表直接关闭弹出的"显示表"对话框，在功能区的最左端单击"SQL 视图"，选择"SQL 视图"，输入以下 SQL 语句并运行即可：

```
DROP TABLE 学生信息 1;
```

7.4　Access 数据库

Access 是美国 Microsoft 公司推出的关系型数据库管理系统（RDBMS），它作为 Office 家族的一个成员，具有与 Word、Excel 和 PowerPoint 等相似的操作界面和使用环境，深受广大用户的喜爱。它是一个面向对象的、采用事件驱动的关系型数据库。它提供了表生成器、查询生成器、宏生成器和报表生成器等许多可视化的操作工具，以及数据库向导、表向导、查询向导、窗体向导、报表向导等多种向导，可以使用户能够很方便地构建一个功能完善的数据库系统。

软件开发人员和数据架构师可以使用 Microsoft Access 开发应用软件，高级用户可以使用它来构建软件应用程序。和其他办公应用程序一样，Access 支持 Visual Basic 宏语言，它是一个面向对象的编程语言，可以引用各种对象。可视对象用于显示表和报表，他们的方法和属性是在 VBA 编程环境下，VBA 代码模块可以声明和调用 Windows 操作系统函数。

本节通过 Access 2016 介绍关系数据库的基本工作环境及其常用对象的创建和操作方法。

7.4.1　常见的数据库管理软件

目前，数据库管理系统软件有很多，例如 Oracle、Sybase、DB2、SQL Server、Access、FoxPro 等，虽然这些产品的功能不完全相同，规模上、操作上差别也较大，但是，它们都是以关系模型为基础的，因此都属于关系型数据库管理系统。

下面要介绍的 Access 2016 中文版是 Microsoft 公司的 Office 2016 套装软件的组件之一，它提供了强大的数据处理功能，可以帮助用户组织和共享数据库信息，以便根据数据库信息做出有效的决策，是现在较为流行的桌面型数据库管理系统。

7.4.2　Access 2016 的基本操作

Access 2016 是由微软公司开发的一款把数据库引擎的图形用户界面和软件开发工具结合在一起的关系数据库管理系统，它结合了 Microsoft Jet Database Engine 和图形用户界面两项特点，是 Microsoft Office 的系统程序之一。在全新 Access 2016 中，软件最常用的五个数据库模板，外观已被设计得更现代化，它不仅具备建数据库、管理表、建立表间关系等一般关系数据库管理系统所共有的功能，还支持导入或链接到 Salesforce 中的数据和导入或链接到 Dynamics 365 中的数据，功能非常强大。

1. Access 2016 启动窗口的组成

启动 Access 2016，可以看到其启动界面如图 7-12 所示。

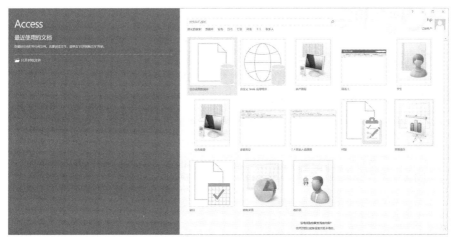

图 7-12　Access 2016 的启动界面

该窗口分为左右两个区域。左侧可列出最近使用的文档和【打开其他文件】链接式按钮，右侧显示的是新建数据库可以使用的模板。

Access 2016 提供的每个模板都是一个完整的程序，具有预先建立好的表、窗体、报表、查询、宏和表关系等。如果模板设计满足用户的需求，则通过模板建立数据库以后，就可以立即利用数据库工具开始工作；如果模板的设计不能完全满足用户的需求，则可以使用模板作为基础，对所创建的数据库进行修改，从而得到符合用户特定需求的数据库。

2．建立空白的数据库

Access 2016 中提供了两种方法创建数据库，一是如上所述使用模板创建数据库，建立所选择的数据库类型中的表、窗体和报表等，另一种方法是先创建一个空白数据库，然后再向数据库中创建表、窗体、报表等对象。

创建空白数据库的方法如下：

（1）单击图 7-12 窗口中模板区的"空白桌面数据库"按钮，将弹出一个对话框，如图 7-13 所示，要求确定新数据库的名称及存放路径。

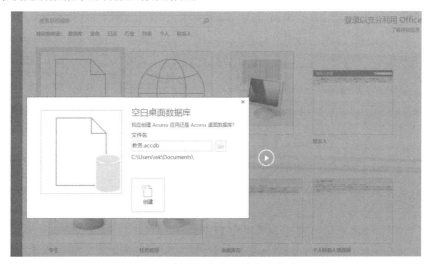

图 7-13　创建空白桌面数据库的窗口

（2）在"文件名"文本框内，把默认名称修改为要创建的数据库文件的名称，例如"教务"，如果创建数据库的位置不需要修改，则直接单击右下方的"创建"按钮，如果要改变存放位置，则单击右侧的文件夹按钮　，这时，打开"文件新建数据库"对话框。

（3）在对话框中为新建数据库选择保存位置，然后单击"创建"按钮，该数据库创建完毕。

创建空白数据库后的 Access 窗口如图 7-7 所示，这就是 Access 2016 的工作界面，在左下方可以看到，在创建的新数据库中，系统还自动创建了一个名为"表 1"的表，如图 7-14 所示。

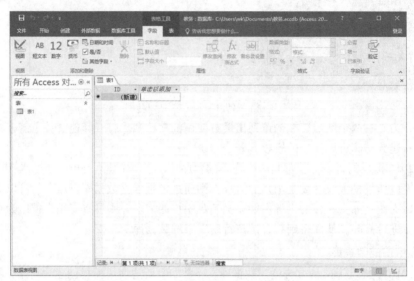

图 7-14　新建空白数据库工作界面

3. Access 2016 的工作界面

创建数据库后，进入了 Access 2016 的工作界面窗口，窗口上方为功能区，功能区由多个选项卡组成，例如，"开始"选项卡、"创建"选项卡、"外部数据"选项卡等，每个选项卡中包含多个命令，这些命令以分组的方式进行组织，例如，图 7-15 中显示的是"表格工具-字段"选项卡，该选项卡中的命令分为 5 组，分别是视图、添加和删除、属性、格式、字段验证，每个组中包含若干个按钮，按钮分别对应不同的命令。

图 7-15　"表格工具-字段"选项卡的功能区

双击某个选项卡的名称时，可以将该选项卡中的功能区隐藏起来，再次双击时又可以显示出来。

功能区中有些区域有下拉按钮，如 "其他字段"，单击时可以打开一个下拉列表，还有一些是指向右下方的按钮，单击时可以打开一个用于设置的对话框。

功能区的下方由左右两个部分组成，左边是导航窗格，用来组织数据库中创建的对象，例如图 7-7 中显示的是名为 "表 1" 的表对象，右边称为工作区，是打开的某个对象，图中打开的是 "表 1"，该表中目前只有一个名为 "ID" 的字段，这是系统自动创建的。

7.4.3　数据库文件中的各个对象

单击 "创建" 选项卡，该选项卡中显示了在数据库中可以创建的各种对象，如图 7-16 所示。其中第 1 个分组中的 "应用程序部件" 是各种已设置好格式的窗体。所有这些对象都保存在扩展名为 accdb 的同一个数据库文件中。

图 7-16　Access 2016 数据库中的对象

1. 表格

在数据库的各个对象中，表格是数据库的核心，它保存数据库的基本信息，就是关系中的二维表信息，这些基本信息又可以作为其他对象的数据源。

图 7-17 所示的 "学生信息" 表是典型的二维表格，表格中每一行对应一条记录，每一列对应一个字段，行和列相交处是对应记录的字段值，该表有 18 条记录，9 个字段。

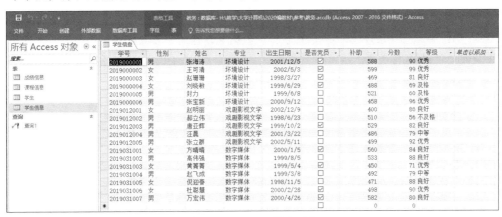

图 7-17　Access 的表对象

在保存具有复杂结构的数据时，无法用一张表来表示，可分别使用多张数据表，而这些表之间可以通过相关字段建立关联，这就是后面要介绍的创建表间关系。

2. 查询

查询是在一个或多个表中查找某些特定的记录，查找时可从行向的记录或列向的字段进行，例如，在学生信表中查询 "数字媒体" 专业等级为 "优秀" 的记录，也可以从两个或多个表中选

择数据形成新的数据表等，图 7-18 显示的是从学生信息表中根据条件"数字媒体专业且等级为优秀"选择出来的记录。

查询结果也是以二维表的形式显示的，但它与基本表有本质的区别，在数据库中只记录了查询的方式（即规则），每执行一次查询操作时，都是以基本表中现有的数据重新进行操作的。

例如，在进行等级为"优秀"的条件查询中，执行查询的结果为 2 条记录，当修改基本表中的数据后，如果学生信息表中的数据更新后，数字媒体专业等级为优秀的学生变成 4 个，再次执行查询操作时，查询的结果显示为 4 条记录。

3. 窗体

窗体用来向用户提供交互界面，从而使用户更方便地进行数据的输入、输出显示，窗体中所显示的内容，可以来自一个或多个数据表，也可以来自查询结果。图 7-19 所示的是以学生信息表为数据源创建的窗体。使用窗体还可以创建应用程序的界面。

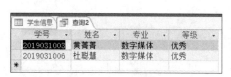

图 7-18 选择查询   图 7-19 窗体示例

4. 报表

报表是用来将选定的数据按指定的格式进行显示或打印。与窗体类似的是，报表的数据来源同样可以是一张或多张数据表、一个或多个查询表，与窗体不同，报表可以对数据表中数据进行打印或显示时设定输出格式，除此之外，还可以对数据进行汇总、小计，生成丰富格式的清单和数据分组。图 7-20 显示的是以学生信息表作为数据源，查询"环境设计"专业学生的相关字段信息创建的一个报表。

学号	姓名	专业	出生日期	是否党员
2019000001	张海涛	环境设计	2001/12/5	☑
2019000002	王可清	环境设计	2002/5/3	☑
2019000003	赵珊珊	环境设计	1998/3/27	☐
2019000004	刘晓敏	环境设计	1999/6/29	☑
2019000005	封力	环境设计	1999/6/8	☐
2019000006	张宝新	环境设计	2000/9/12	☐

学生信息报表 2021年1月8日 14:14:56 6 共1页，第1页

图 7-20 以学生信息表为数据源创建的报表

5. 宏与代码

宏是由一系列命令组成，每个宏都有宏名，使用它可以简化一些需要重复的操作，宏的基本

操作有编辑宏和运行宏。建立和编辑宏在宏编辑窗口中进行，建立好的宏，可以单独使用，也可以与窗体配合使用。

"宏与代码"组中的"模块"是用 Access 提供的 VBA 语言编写的程序，模块通常与窗体、报表结合起来完成完整的开发功能。

因此，在一个数据库文件，"表格"用来保存原始数据，"查询"用来查询数据，"窗体"用不同的方式输入数据，"报表"则以不同的形式显示数据，而"宏"和"模块"则用来实现数据的自动操作，后两者更多地体现的数据库管理系统的开发功能，这些对象在 Access 中相互配合构成了完整的数据库。

7.4.4　数据库中表的操作

表是 Access 数据库中最基本的数据对象，所有的数据都存在于表中，其他所有对象通常都是基于表而建立的，在数据库中，其他对象对数据库的任何数据的操作都是针对表进行的。它是数据库的核心和基础。一个数据表由表结构和记录两部分组成，因此，建立表的过程是先设计表结构，然后向表中输入记录。

1．数据表结构

Access 中的表结构由若干个字段及其属性构成，在设计表结构时，要分别输入各字段的名称、数据类型、属性等信息。

1）名称

字段名称为字段命名时可以使用字母、数字或汉字等，但最长不超过 64 个字符。

2）数据类型

Access 2016 中提供的数据类型有以下 12 种：

（1）短文本：这是数据表中的默认类型，可以保存文本或者文本与数字的组合，也可以是不需要计算的数字如电话号码或者身份证号等，最多为 255 个字符。

（2）长文本：可以保存较长的文本，允许存储的最大字符个数为 65 535。不能对长文本型字段进行排序和索引。

（3）数字：用于存储将会进行数值运算的数字数据，如工资、学生成绩、年龄等。

（4）日期/时间：用来存储日期、日期或时间的组合，范围为 100～9 999 年。

（5）货币：货币型是数字型的特殊类型，等价于具有双精度属性的数字型。

（6）自动编号：在表中增加记录时，Access 自动插入唯一顺序号,其值依次自动加 1。

（7）是/否：用来记录逻辑型数据，如 Yes/No、True/False、On/Off 等值。

（8）OLE 对象：用来链接或嵌入 OLE 对象，如图像、声音等。

（9）超链接：用来保存超链接的字段。

（10）附件：用于将多种类型的多个文件存储在一个字段中。

（11）计算：用于保存表达式或结果类型为小数的数据，用 8 字节存放。

（12）查阅向导：这是与使用向导有关的字段。

3）属性

确定了数据的数据类型之后，还应该设置字段的属性，才能更准确地确定数据在表中的存储。不同类型的字段具有不同的属性，常用属性如下：

（1）字段大小。字段大小用于限定文本字段所能存储的字符长度和数字型数据的类型。短文本型字段的大小属性是指该字段能够保存的文本长度，大小范围为 0～255，默认值为 255。

数字型字段的大小属性限定了数字型数据的类型，不同种类的数字型数据的大小范围不同，例如：

① 字节，0~255 之间的整数，占一个字节；

② 整数，–32768~32767 之间的整数，占二个字节；

（2）格式。格式属性用来指定数据输入或显示的格式，这种格式不影响数据的实际存储格式。

（3）输入掩码。在数据库管理工作中，有时常常要求以指定的格式和长度输入数据，如输入邮政编码、身份证号，既要求以数字形式输入，又要求位数固定。Access 提供的输入掩码就可以实现这样的输入。

（4）小数位数。对数字型或货币型数据指定小数位数。

（5）标题。用来指定字段在窗体或报表中所显示的名称。

（6）默认值。用来指定在添加新记录时系统自动填写的值。

（7）验证规则和验证文本。"验证规则"用表达式来描述，用来防止用户将非法数据输入表中，对输入数据起限制作用。当用户输入的数据违反了"验证规则"，就会弹出相关的提示信息，提示信息的内容设定可以直接在"验证文本"文本框内输入。

（8）必需。"必需"属性用来规定该字段是否必须输入数据。默认值为"否"。

（9）允许为空值。该属性仅仅对文本型字段有效，当取值为"是"时，表示该字段可以不填写任何字符。

（10）索引。字段定义索引后，可以显著加快排序和查询等操作的速度。但为字段定义索引将耗费更多的空间来存储信息，而且添加、删除或更新记录的速度也会变慢。

2．建立数据表

掌握了数据表的基础和结构后，就可以开始创建表了，表的创建是对数据库进行操作和录入的基础。

Access 2016 中有多种方法建立数据表，在每次创建新的数据库时，系统会自动创建一个新的空表；在现有的数据库中创建表有以下 4 种方法：

（1）直接在数据表视图中创建一个空表；

（2）使用设计视图创建表；

（3）使用模板创建表；

（4）通过导入并链接来创建表。

这里介绍最常用的前两种方法，即设计视图和数据表视图方法，下面创建的表都在已创建的"成绩管理"数据库中。

1）在数据表视图下建立数据表

例7-14 在空白数据库"教务.accdb"中使用数据表视图创建"课程信息"数据表，操作过程如下：

表中包括 3 个字段，分别是课程号、课程名和学分，操作过程如下：

（1）在"创建"选项卡的"表格"分组中单击"表"按钮，这时，显示出已创建的一个名为"表 1"的空表，并显示数据表视图，如图 7-21 所示，表中已自动创建了一个名为"ID"的字段，该字段的类型是自动编号，而且被设置为主键。

（2）"ID"字段暂时不作处理，直接从第二个字段开始依次输入各个字段，字段名分别为"课程号""课程名""学分"，字段类型分别是短文本、短文本、数字，操作方法是在"数据表视图"

中单击"单击以添加…"，在弹出的菜单（图 7-22）中选择类型以后，在字段名处输入字段名，效果如图 7-23 所示。

图 7-21　"数据表视图"窗口 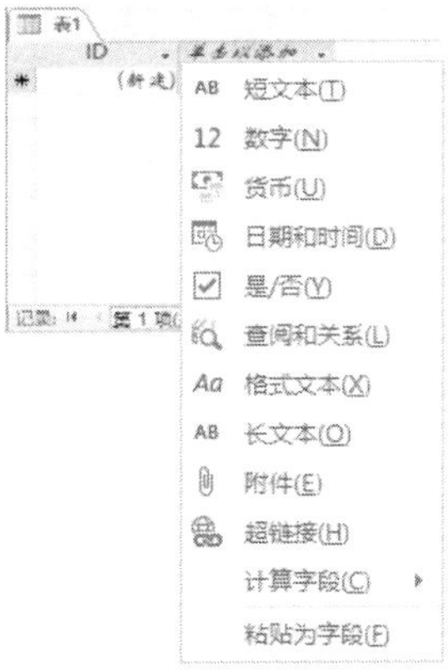　　　　　　　　图 7-22　创建新字段

图 7-23　课程信息表的结构

（3）输入记录。在字段名下面的记录区内分别输入表中的记录数据。

（4）单击"保存"按钮，打开"另存为"对话框。

（5）在此对话框中输入数据表名称"课程信息"，然后单击"确定"按钮，结束数据表的建立。数据表"课程信息"建立完毕，如图 7-24 所示。

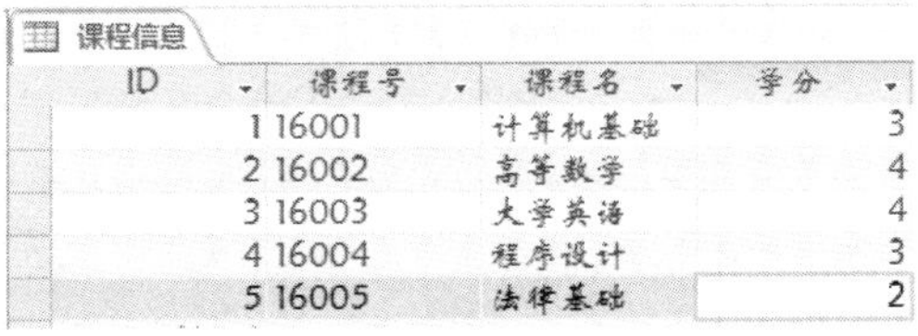

图 7-24　"课程信息"表

因为课程号、课程名这 2 个字段是文本型，所以左对齐，学分是数字型，所以在窗口中是右对齐，但字段的宽度等属性都使用的是默认的，在后面的操作中，可以在设计视图下进行修改。

2）使用设计视图建立数据表

使用数据表创建数据表，虽然方便直观，但也有一定的局限性。另一种较为常用的方法是使用设计视图创建表。在使用设计视图创建表时，用户可以根据需要，自行设计字段并对字段的属性进行定义。

例 7-15　在数据库教务.accdb 中，用设计视图建立数据表"学生信息"操作过程如下：

（1）启动 Access 2016，打开数据库教务.accdb。

（2）打开"创建"功能区选项卡，在"表格"组中，单击"表设计"按钮，打开表的"设计视图"窗口，如图 7-25 所示。

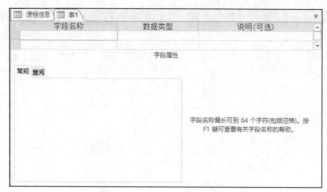

图 7-25　新建表的"设计视图"窗口

（3）设计表结构。"学生信息"表中各字段的属性见表 7-4。

表 7-4　"学生信息"表的字段信息

字 段 名 称	字 段 类 型	说　　明
学号	短文本	主键，学生学号，非空
姓名	短文本	学生姓名，非空
性别	短文本	—
出生日期	日期和时间	—
是否党员	是/否	—

在"设计视图"窗口中，上半部分是字段区，用来输入各字段的名称，指定字段的数据类型并对该字段进行说明，下半部分的属性区用来设定各字段的属性，例如字段大小、小数位数、验证规则、默认值等。

这里按照上表的字段设计，在"字段名称"中输入字段的名称，在"字段类型"中输入字段的类型，在"说明"列中可以为字段添加适当的描述信息。设置"学号"和"姓名"列的"必需"属性为"是"，如图 7-26 所示。

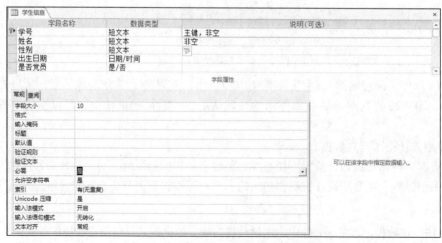

图 7-26　"学生信息"表的设计视图窗口

（4）定义主键字段。本表中选择"学号"作主键字段，右击"学号"字段名称左边的方框，在弹出的快捷菜单中选择"主键"命令，将该字段设置为主键。

注： 选择此字段，单击“表格”工具的“设计”选项卡“工具”组中的“主键”按钮，将此字段定义为主键。

（5）命名表及保存。单击“保存”按钮，打开“另存为”对话框，在框中输入数据表名称“学生信息”，然后单击“确定”按钮，这时，表结构建立完毕。

（6）单击“设计”选项卡的“视图”组中的下拉按钮，在下拉列表中选择“数据表视图”命令，将“课程”表切换到“数据表视图”。

（7）在“数据表视图”下输入各条具体的记录，最终建立的数据表如图 7-27 所示。

学生信息

学号	性别	姓名	出生日期	是否党员
2019000001	男	张海涛	2001/12/5	☑
2019000002	女	王可清	2002/5/3	☑
2019000003	女	赵珊珊	1998/3/27	☐
2019000004	女	刘晓敏	1999/6/29	☑
2019000005	男	封力	1999/6/8	☐
2019000006	男	张宝新	2000/9/12	☐
2019012001	女	赵明丽	2002/12/9	☐
2019012002	男	郝立伟	1998/6/23	☐
2019012003	男	唐亚辉	1999/10/2	☑
2019012004	男	汪晨	2001/3/22	☐
2019012005	男	张立群	2002/5/11	☐
2019031001	女	方晴晴	2000/1/5	☑
2019031002	男	高伟强	1999/8/5	☐
2019031003	女	黄菁菁	1999/5/4	☑
2019031004	男	赵飞成	1999/3/8	☐
2019031005	女	倪迎春	1998/11/5	☐
2019031006	女	杜聪慧	2000/2/28	☑
2019031007	男	万宏伟	2000/4/26	☑
*				☐

图 7-27　“学生信息”数据表

依照上面的步骤，在设计视图下建立数据表“成绩信息”，该表的结构见表 7-5。

该表的记录的部分数据如图 7-28 所示。

表 7-5　成绩信息表的结构表

字段名称	字段类型	长　度
学号	短文本	10
课程号	短文本	5
成绩	数字	字节

成绩信息

学号	课程号	成绩
2019000001	16001	90
2019000001	16002	89
2019000001	16003	85
2019000001	16004	87
2019000001	16005	85
2019000002	16001	62
2019000002	16002	82
2019000002	16003	74
2019000002	16004	91
2019000002	16005	82
2019000003	16001	71
2019000003	16002	59
2019000003	16003	80
2019000003	16004	70
2019000003	16005	90
2019000004	16001	50

图 7-28　“成绩信息”数据表

要注意的是，本表不设置主键，因此，在保存表时，屏幕上会出现对话框，提示还没有定义主键，如图 7-29 所示，这里单击“否”按钮，表示不定义主键。

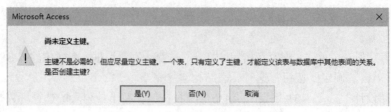

图 7-29 未定义主键提示对话框

这时，"成绩管理"数据库中创建了 3 张表，分别是学生信息、课程信息和成绩信息表。

例 7-16 在"学生信息"表中，已将"学号"字段定义为主键，对该表进行下面的操作：

① 在导航窗格中选中"学生"表，在数据表视图中打开此表。

② 在数据表视图中，输入一条新记录，输入时不输入学号，只输入其他字段的值。

③ 单击新记录之后的下一条记录位置，这时出现图 7-30 所示对话框。

对话框表明，设置主键后，该表中无法输入学号为空的记录。

图 7-30 输入学号字段为空的记录

④ 向该条新记录输入与上面记录相同的学号"2019031007"，单击新记录之后的下一条记录位置，这时出现图 7-31 所示对话框。

图 7-31 输入学号相同的记录

可见，设置主键后，表中不允许出现学号相同的两条记录。

3）设置字段的有效性规则

例 7-17 在建立"学生信息"表时，如在设计视图中将"性别"字段定义为短文本型，现在再将此字段的值限定为中文字符"男"或者是"女"，操作如下：

（1）在导航窗格中选中"学生"表，单击"设计"按钮。

（2）在设计视图的字段区选中"性别"字段。

（3）在属性区的"验证规则"框内输入""男" Or "女""，在"验证文本"框内输入"性别只能是"男"或者"女"!"然后单击"保存"按钮。

图 7-32 性别不在设定范围时的对话框

（4）切换到数据表视图，输入一条新的记录，其中性别字段输入"M"，单击新记录之后的下一条记录位置，这时出现图 7-32 所示对话框。

可见，表中字段的有效性设置后，该字段的值只能按事先设置好的规则表达。

3. 编辑数据表

可以对表结构和记录分别编辑数据表。

1）修改表结构

修改表结构包括更改字段的名称、类型、属性、增加字段、删除字段等，可在设计视图进行，除了修改类型、属性操作，其他操作也可以在数据表视图下进行。

（1）更改字段名。在设计视图中单击字段名或在数据表视图中双击字段名，被选中的字段反相显示，输入新的名称后，右击表名，在弹出的快捷菜单中单击"保存"按钮即可，如图 7-33 所示。

图 7-33　修改表结构后保存示意图

（2）插入字段。在数据表视图中某列标题上右击，在弹出的快捷菜单中选择"插入字段"命令或在设计视图中执行"插入行"命令可插入新的字段。此时，可尝试在上述"学生信息"表中添加"专业"字段，类型为短文本。

（3）删除字段。在数据表视图中执行"删除字段"或在设计视图执行"删除行"命令可以删除字段。

2）定位记录

编辑记录的操作只能在数据表视图下进行，包括添加记录、删除记录、修改数据和复制数据等，在编辑之前，应先定位记录或选择记录。

在数据表视图窗口中打开一个表后，窗口下方会显示一个记录定位器，该定位器由若干个按钮构成，如图 7-34 所示，使用定位器定位记录的方法如下：

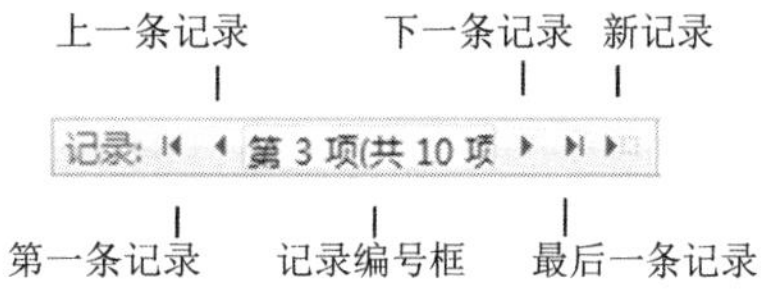

（1）使用"第一条记录""上一条记录""下一条记录"和"最后一条记录"这些按钮定位记录；

（2）在记录编号框中直接输入记录号，然后按【Enter】键，也可以将光标定位在指定的记录上。

上一条记录　　下一条记录　新记录

记录: |◀ ◀ 第 3 项(共 10 项 ▶ ▶| ▶*)

第一条记录　　记录编号框　　最后一条记录

图 7-34　记录定位器

3）选择数据

选择数据可以分为在行的方向选择记录和在列的方向选择字段以及选择连续区域。

（1）选择记录。

① 选择某条记录：在数据表视图窗口第一个字段左侧是记录选定区，直接在选定区单击可选择该条记录。

② 选择连续若干条记录：在记录选定区拖动鼠标，鼠标指针所经过的行被选中，也可以先单击连续区域的第一条记录，然后按住【Shift】键后单击连续记录的最后一条记录。

③ 选择所有记录：单击工作表第一个字段名左边的全选按钮，或使用【Ctrl+A】组合键选择所有记录。

（2）选择字段。

① 选择某个字段的所有数据：直接单击要选字段的字段名即可。

② 选择相邻连续字段的所有数据：在表的第一行字段名处用鼠标拖动字段名。

（3）选择部分区域的连续数据。将鼠标移动到数据的开始单元处，当鼠标指针变成"✛"形状时，从当前单元格拖动到最后一个单元格，鼠标指针经过的单元格数据被选中，可以选择某行、某列或某个矩形区域的数据。

4）添加记录

在 Access 中，只能在表的末尾添加记录，操作时先在数据表视图中打开表，然后直接在最后一行输入新记录各字段的数据即可。

5）删除记录

删除记录时，先在数据表视图窗口中打开表，然后选择要删除的记录后右击，在弹出的快捷菜单中选择"删除记录"命令，屏幕上出现确认删除记录的对话框，单击"是"按钮，选定的记录即被删除。

6）修改数据

修改数据是指修改某条记录的某个字段的值，先将鼠标指针定位到要修改的记录上，然后再定位到要修改的字段，即记录和字段的交叉单元格，直接进行修改。

7）复制数据

复制数据是指将选定的数据复制到指定的某个位置，方法是先选择要复制的数据，然后单击功能区中的"复制"按钮或者用【Ctrl+C】组合键，接下来单击要目标位置，最后单击功能区中的"粘贴"按钮或者用【Ctrl+C】组合键执行粘贴即可。

4. 使用数据表

数据表的使用包括数据查找、记录排序、记录筛选等，这些操作都在数据表视图下进行。

1）数据查找

数据查找是指在表中查找某个特定的值。

例 7-18　在"学生信息"表中查找环境设计专业的记录。操作过程如下：

（1）在"数据库"窗口中单击"表"对象。

（2）双击"学生信息"表，在数据表视图窗口下打开该表。

（3）将光标定位到"专业"字段的名称上。

（4）在右键快捷菜单中选择"查找"命令或者在"开始"选项卡"查找"组中单击"查找"按钮，打开"查找和替换"对话框，选择对话框中的"查找"选项卡，如图 7-35 所示。

图 7-35　"查找和替换"对话框

（5）在对话框中：

① 在"查找内容"框内输入"环境设计"；

②"查找范围"选项中可以选择"当前字段"或"当前文档"；

③"匹配"下拉列表中有 3 个选项：字段任何部分、整个字段和字段开头，这里选择整个字段；

④"搜索"下拉列表中有 3 个选项：向上、向下和全部。

（6）单击"查找下一个"按钮，这时将查找下一个指定的内容，找到后，该数据以反相显示，继续单击"查找下一个"按钮可以将全部指定的内容查找出来。

（7）单击"取消"按钮可以结束查找过程。

用类似的方法，可以完成替换操作，替换是指将查找到的某个值用另一个值来替换。

2）记录排序

排序是指按一个或多个字段值的升序或降序重新排列表中记录的顺序，对一个表排序后，保存表时，将保存排序的结果。

进行排序时，可以使用"开始"选项卡"排序和筛选"组中的命令按钮，如图 7-36 所示，主要使用分组中的升序、降序和取消排序这 3 个按钮。

对记录进行排序要在数据表视图下进行。

例 7-19　对"学生信息"表按"出生日期"字段的升序对记录进行排序。

操作过程如下：

（1）在数据表视图窗口下打开"学生信息"表；

（2）单击"出生日期"字段所在的列；

（3）单击"排序和筛选"组中的"升序"按钮 ，这时排序的结果直接在数据表视图中显示，如图 7-37 所示。

如果要取消对记录的排序，单击"排序和筛选"组中的"取消排序"按钮 ，可以将记录恢复到排序前的顺序。

可以按一个字段排序，也可以按多个字段排序。如果指定了多个排序字段，排序的过程是这样的，先根据第一个字段指定的顺序排序，当第一个字段有相同的值时，这些相同值的记录再按照第二个字段进行排序，依此类推，直到按全部指定的字段排好序为止。

学生信息					
学号	姓名	专业	性别	出生日期	是否党员
2019031008	丹丹		女		☐
2019000003	赵珊珊	环境设计	女	1998/3/27	☐
2019012002	郝立伟	戏剧影视文学	男	1998/6/23	☐
2019031005	倪迎春	数字媒体	女	1998/11/5	☐
2019031004	赵飞成	数字媒体	男	1999/3/8	☐
2019031003	黄馨宜	数字媒体	男	1999/5/4	☑
2019000005	封力	环境设计	男	1999/6/8	☐
2019000004	刘晓敏	环境设计	女	1999/6/29	☑
2019031002	高伟强	数字媒体	男	1999/8/5	☐
2019012003	唐亚辉	戏剧影视文学	男	1999/10/2	☑
2019031001	方晴晴	数字媒体	女	2000/1/5	☑
2019031006	林聪慧	数字媒体	女	2000/2/28	☑
2019031007	万宏伟	数字媒体	男	2000/4/26	☑
2019000006	蔡宝新	环境设计	男	2000/9/12	☐
2019012004	汪晨	戏剧影视文学	男	2001/3/22	☐
2019000001	张海涛	环境设计	男	2001/12/5	☐
2019000002	王可清	环境设计	女	2002/5/3	☑
2019012005	张立群	戏剧影视文学	男	2002/5/11	☐
2019012001	赵明丽	戏剧影视文学	女	2002/12/9	☑

图 7-36　"排序和筛选"组

图 7-37　排序后的结果

在数据表视图下按多个字段排序时，要求这多个字段在表中是连续的，排序时按字段从左到右的顺序进行，最左边的是第一个排序字段。

3）记录筛选

筛选记录是指在数据表视图中将满足条件的记录显示出来，而将不满足条件的记录暂时隐藏起来，筛选后还可以恢复显示原来所有的记录。

筛选操作使用"排序和筛选"组中的"筛选器"按钮，单击该按钮时，显示筛选菜单，如图 7-38 所示，字段的类型不同时，菜单中显示的内容不完全一样，在该菜单中可以设置筛选的条件。

例7-20　在"学生信息"表中筛选出男生记录。操作过程如下：

（1）在数据表视图窗口下打开"学生信息"表；

（2）单击表中任意一条记录的"性别"字段；

（3）单击"排序和筛选"组中的"筛选器"按钮，弹出设置筛选的快捷菜单；

（4）在快捷菜单中选择"女"选项，然后单击"确定"按钮，这时，数据表视图中显示筛选的结果，如图 7-39 所示。

图 7-38　"筛选"快捷菜单　　　　　　　　图 7-39　筛选后的结果

在筛选状态下，单击"排序和筛选"组中的"切换筛选"按钮，可以"取消筛选"，回到筛选前的状态。

5．表间关系

数据库中的各个表之间可以通过共同字段建立联系，当两个表之间建立联系后，用户就不能再随意地更改建立关系的字段的值，也不能随意向从表中添加记录。从而保证数据的完整性，即数据库的参照完整性。

1）建立表间关系

Access 中的关系可以建立在表和表之间，也可以建立在查询和查询之间，还可以是在表和查询之间。建立关联操作不能在已打开的表之间进行，因此，在建立关联时，首先必须关闭所有的数据表。

例7-21　在"学生信息"表和"成绩信息"表间建立关系，"学生"表为主表，"成绩信息"表为从表，同时，在"课程信息"表和"成绩信息"表间建立关系，"课程"表为主表，"成绩信息"表为从表，建立过程如下：

（1）打开"显示表"对话框。创建表间关系时，要先将表关闭，然后在"数据库工具"选项卡的"关系"组中，单击"关系"按钮，打开"显示表"对话框，如图 7-40 所示，对话框中显示了数据库中的 3 张表。

（2）选择表。在此对话框中，依次选择学生信息表、课程信息表和成绩信息表这 3 张表，每选择一张表后，单击"添加"按钮，最后单击"关闭"按钮，关闭此对话框，打开"关系"窗口，可以看到，刚才选择的数据表出现在"关系"窗口中，如图 7-41 所示。

图 7-40　"显示表"对话框

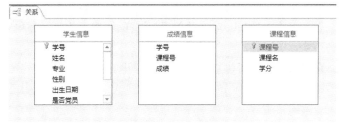

图 7-41　"关系"窗口

（3）建立关系并设置完整性。在图 7-41 中，将"学生信息"表中的"学号"字段拖到"成绩信息"表的"学号"字段，松开鼠标后，显示新的对话框，如图 7-42 所示，图中显示关系类型为"一对多"。

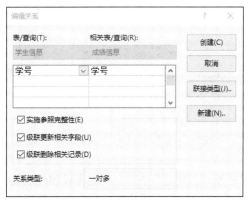

图 7-42　"编辑关系"对话框

选中图 7-42 所示的对话框中的 3 个复选框，是为实现参照完整性进行的设置。

单击"创建"按钮，返回"关系"窗口，这时，"学生信息"表和"成绩信息"两个表之间的关系建立完毕。

在"关系"窗口中用同样的方法，将"课程信息"表中的"课程号"字段拖到"成绩信息"表的"课程号"字段上，松开鼠标后，显示"编辑关系"对话框，选中对话框中的 3 个复选框，这时，"课程信息"表和"成绩信息"两个表之间的关系也建立完毕。

建立后的表间关系如图 7-43 所示。

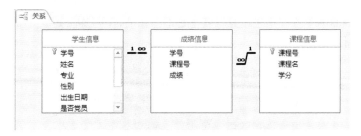

图 7-43　创建好的表间关系

在 Access 中，用于联系两个表的字段如果在两个表中都是主键，则两个表间之建立的是一对一关系；如果这个字段在一个表中是主键，在另一个表中不是主键，则两个表之间建立的是一对

多的关系，主键所在的表是主表。

由于在"学生信息"表中设置的主键是"学号"，而在"成绩信息"表中没有设置主键，所以两个表之间建立的是一对多的关系，同样，"课程信息"表和"成绩信息"表之间建立的也是一对多的联系。

在这两个表之间建立联系后，再打开主表"学生信息"表，表中每个学号前多了一个"+"，显然，这是一个展开用的符号，单击该符号时，会显示出从表中对应记录的值，如图 7-44 所示。

图 7-44　创建表间关系后显示的主表

2）参照完整性

建立了表间关系后，除了在数据表视图中显示主表时形式上会发生变化，在对表进行记录操作时，相互间也会受到影响。

在参照完整性中，"级联更新相关字段"使得主关键字段和关联表中的相关字段保持同步的更变，而"级联删除相关记录"使得主关键字段中相应的记录被删除时，会自动删除相关表中对应的记录。下面通过级联的更新与级联删除实例说明参照完整性。

例 7-22　验证"级联更新相关字段"和"级联删除相关记录"。

前面在"学生信息"表和"成绩信息"表之间按字段"学号"建立了关联，由于"学号"在"学生"表中是主键，而在"成绩信息"表中没有设置主键，因此，"学号"是"成绩信息"表中的外键，在建立关联时，同时也设置了"级联更新相关字段"和"级联删除相关记录"，进行以下的操作：

（1）在数据表视图中打开"成绩信息"表。

（2）在数据表视图中输入一条新的记录，各字段的值分别是"2019000018"，16001，"80"，注意，学号"2019000018"在"学生信息"表中是不存在的，单击新记录之后的下一条记录位置，这时出现图 7-45 所示的对话框。

图 7-45　输入的学号值在主表中不存在时的对话框

这个对话框表明输入新记录的操作没有被执行，这是参照完整性的一个体现，表明在从表中不能引用主表中不存在的学号。

（3）打开"学生信息"表，切换到数据表视图。

（4）将第三条记录"学号"字段的值由"2019000003"改为"2019000093"，然后单击"保存"按钮。

（5）在数据表视图窗口中打开"成绩信息"表，可以看到，此表中原来学号为"2019000003"的多条记录，其学号值均已被自动更改为"2019000093"，这就是"级联更新相关字段"。

"级联更新相关字段"使得主关键字段和关联表中的相关字段的值保持同步改变，为便于以后的操作，现将主表中改变的学号"2019000093"恢复为原来的"2019000003"。

（6）重新在数据表视图中打开"学生信息"表，并将"学号"字段值为"2019000003"的记录删除，这时出现图 7-46 的对话框，提示主表和从表中的相关记录都会被删除，这时单击"是"按钮，然后单击工具栏的"保存"按钮。

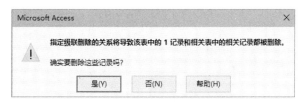

图 7-46　删除主表中记录时的对话框

（7）在数据表视图中打开"成绩信息"表，此表中原来学号为"2019000003"的记录也被同步删除，这就是"级联删除相关记录"。

"级联删除相关记录"表明在主表中删除某个记录时，从表中与主表相关联的记录会自动地删除。

7.4.5　创建查询对象

Access 的查询可以从已有的数据表或查询中选择满足条件的数据，也可以对已有的数据进行统计计算，还可以对表中的记录进行诸如修改、删除等操作。

1. 创建查询的方法

在"创建"选项卡"查询"组中有两个按钮用于创建查询，分别是"查询向导"和"查询设计"，如图 7-47 所示。

使用"查询向导"时，可以创建简单查询、交叉表查询、查找重复项查询或查找不匹配项查询；使用"查询设计"时，先在设计视图中新建一个空的查询，然后通过"显示表"对话框添加表或查询，最后再添加查询的条件。

创建查询使用的数据源可以是表，也可以是已经创建的其他查询。

Access 2016 中可以创建的查询如下：

（1）设计视图查询，这是常用的查询方式，可在一个或多个基本表中，按照指定的条件进行查找，并指定显示的字段，本节主要介绍这种方法。

（2）简单查询向导可按系统提供的提示过程设计查询的结果。

（3）交叉表查询是指用两个或多个分组字段对数据进行分类汇总的方式。

（4）重复项查询是在数据表中查找具有相同字段值的重复记录。

（5）不匹配查询是在数据表中查找与指定条件不匹配的记录。

建立查询时可以在"设计视图"窗口或"SQL 视图" 窗口下进行，而查询结果可在"数据表视图"窗口中显示。

查询操作有 3 种视图，分别是数据表视图、SQL 视图和设计视图，如图 7-48 所示。

图 7-47　创建查询的按钮

图 7-48　查询使用的视图

（1）SQL 视图：使用 SQL 语言进行查询。

（2）数据表视图：用来显示查询的运行结果。

（3）设计视图：就是在查询设计视图中设置查询的各种条件。

其中，使用最多的是设计视图，查询的"设计视图"窗口如图 7-49 所示。

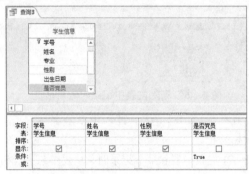

图 7-49　查询的"设计视图"窗口

在"设计视图"窗口中，上部分显示选择的表或查询，也就是创建查询使用的数据源，下半部分是一个二维表格，每列对应着查询结果中的一个字段，而每一行的标题则指出了该字段的各个属性。

（1）字段：查询结果中所使用的字段，在设计时通常是用鼠标将字段从名称列表中拖动到此区，也可以是新产生的字段，还可以是直接单击"字段"空白格后，在出现的下拉选单中选择需要的字段。

（2）表：指出该字段所在的数据表或查询。

（3）排序：指定是否按此字段排序以及排序的升降顺序。

（4）显示：确定该字段是否在查询结果集中显示，如图 7-49 中"是否党员"字段不显示在最终查询结果中。

（5）条件：指定对该字段的查询条件，例如对"是否党员"字段，如果该处输入"True"，表示选择是党员的记录。

（6）或：可以指定其他的查询条件。

查询条件设计好后，单击功能区的"运行"按钮"！"，可以在数据表视图窗口中显示查询的结果，如果对结果不满意，可以切换到设计视图窗口重新进行设计。

查询结果符合要求后，右击设计视图窗格查询名称，在弹出的快捷菜单中选择"保存"命令，打开"另存为"对话框，输入查询名称后，单击"确定"按钮，可将建立的查询保存到数据库中。

2．使用设计视图创建查询

1）创建条件查询

例7-23　用设计视图建立查询，数据源是"学生信息"表，结果中包含表中所有字段，查询结果显示 2000 年以后出生的党员，具体操作如下：

（1）在"创建"选项卡"查询"组中，单击"查询设计"按钮，出现"显示表"对话框。

（2）在对话框中选择查询所用的表，这里选择"学生信息"表，选择后单击"添加"按钮，然后关闭此对话框，打开"设计视图"窗口。

（3）在"设计视图"窗口中，分别双击"学生"表中的"学号""姓名""是否党员""出生日期"这 4 个字段，将 4 个字段分别放到字段区。

（4）在"是否党员"字段和条件交叉处输入条件"True"。

（5）在"出生日期"字段和条件交叉处右击，在弹出的快捷菜单中选择"生成器"命令，在弹出的"表达式生成器"对话框里，"表达式元素"中选择"函数"→"内置函数"→"日期时间"，双击"表达式值"中的函数"Year"，如图 7-50 所示。

图 7-50　"表达式生成器"对话框

（6）再用鼠标选中此时出现在表达式框中的 Year 函数参数框中的《date》，然后选择"表达式元素"中的"教务.accdb"→"表"→"学生信息"，然后在"表达式类别"中双击"出生日期"，在表达式框里的"Year([学生信息]![出生日期])"后输入">=2000"，如图 7-51 所示。

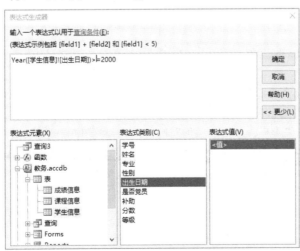

图 7-51　表达式生成器中的表达式

（7）单击"表达式生成器"对话框右侧的"确定"按钮，返回"设计视图"窗口，如图7-52所示。

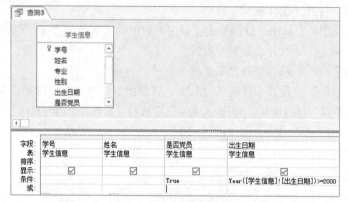

图7-52　设置的查询条件

本题查询有两个条件，出生日期在2000年及以后且为党员，这两个条件要同时满足。

（8）单击功能区的"执行"按钮显示查询的结果，如图7-53所示。

Expr1000	Expr1001	学号	姓名	是否党员	出生日期
2019000001	张海涛	2019000001	张海涛	☑	2001/12/5
2019012001	赵明丽	2019012001	赵明丽	☑	2002/12/9
2019000002	王可清	2019000002	王可清	☑	2002/5/3
2019031001	方晴晴	2019031001	方晴晴	☑	2000/1/5
2019031006	杜聪慧	2019031006	杜聪慧	☑	2000/2/28
2019031007	万宏伟	2019031007	万宏伟	☑	2000/4/26
*				☐	

图7-53　查询的结果

（9）单击"保存"按钮，在打开的对话框中输入查询的名称"20后党员"，单击"确定"按钮，查询创建完成。

2）创建多表查询

例7-24　用设计视图建立查询，数据源是数据库中的3张表"学生信息"表、"课程信息"表和"成绩信息"表，结果中包含4个字段，分别是"学号""姓名""课程名"和"成绩"，查询条件是成绩不低于95分的记录，并将结果按成绩由高到低的顺序输出。

具体操作如下：

（1）在"创建"选项卡"查询"组单击"查询设计"按钮，打开"显示表"对话框。

（2）在对话框中选择查询所用的所有表，这里分别选择"学生信息"表、"课程信息"表和"成绩信息"表，每选择一张表后，单击"添加"按钮，最后关闭此对话框，打开"设计视图"窗口。

（3）在"设计视图"窗口中，分别双击"学生信息"表中的"学号""姓名"字段，"课程信息"表中的"课程名"字段和"成绩信息"表中的"成绩"字段，将4个字段分别放到字段区。

（4）在"成绩"字段和条件交叉处输入条件">=95"。

（5）在"成绩"字段和排序交叉处选择"降序"，设置的条件如图7-54所示。

（6）单击"执行"按钮显示查询的结果，如图7-55所示。

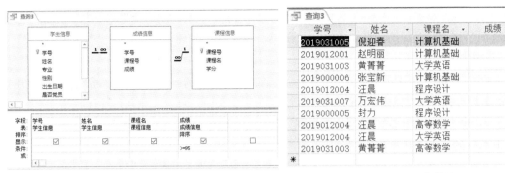

图 7-54　设置查询条件　　　　　图 7-55　查询结果

（7）单击"保存"按钮，在打开的对话框中输入查询的名称"三表查询"，单击"确定"按钮，查询创建完成。

3）用查询对数据进行分类汇总

例 7-25　用学生信息表和成绩信息表创建查询，分别计算男生和女生的平均成绩，操作过程如下：

（1）在"创建"选项卡"查询"组中单击"查询设计"按钮，出现 "显示表"对话框。

（2）在对话框中选择查询所用的表，这里依次选择"学生信息"表和"成绩信息"表，每选择一个表后都单击"添加"按钮，最后关闭此对话框，打开"设计视图"窗口。

（3）在查询"设计视图"窗口的上半部分，分别双击"学生信息"表中的"性别"和"成绩信息"表中的"成绩"两个字段。

（4）在"设计视图"窗口中，单击功能区"设计"选项卡"显示/隐藏"组中的"汇总"按钮Σ，这时，设计视图窗口的下半部分多了一行"总计"。

（5）在"性别"对应的总计行中，保持默认的"Group By"，表示按"性别"分组；然后在"成绩"对应的总计行中，单击右侧的下拉按钮，在打开的下拉列表中单击"平均值"。

（6）在"成绩"字段的名称前面添加"平均年龄:"，注意这里的冒号一定是在英文状态下输入，这是设计输出结果中显示的字段名，如图 7-56 所示。

（7）单击"执行"按钮"！"，显示查询的结果如图 7-57 所示，本查询是对表中数据进行汇总并产生新的字段"平均年龄"。

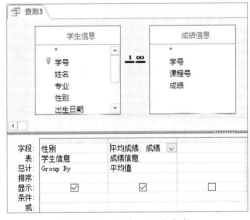

图 7-56　设计的查询条件

图 7-57　查询结果

（8）命名并保存查询。单击工具栏上的"保存"按钮，打开"另存为"对话框，在此对话框中输入查询名称"按性别统计平均成绩"，然后单击"确定"按钮。

3．创建参数查询

前面建立的查询中，查询的条件值是在建立查询时就已确定的，例如，使用"成绩信息"表建立查询时，在设计视图的"学号"字段的条件行输入条件："2019000006"，则在运行查询时，就会查询学号为"2019000006"的记录，这里的具体学号"2019000006"就是在设计查询阶段已经定义好的。

但有些时候需要每次运行时都要查询不同学号的记录，也就是说，具体的学号是在查询运行之后才在对话框中输入的，具有这样功能的查询称为参数查询，在查询运行之后需要输入的数据称为参数。

根据查询中参数的数目不同，参数查询可以分为单参数查询和多参数查询两类。

例7-26 以"教务"数据库中的所有3张表作为数据源建立查询，每次运行查询时输入不同的学号，可以查询该学号学生所选课程的成绩，查询结果中要求有学号、姓名、课程名称和成绩4个字段。

以每次输入的不同学号进行查询，这是一个单参数查询，建立过程如下：

（1）在"创建"选项卡"查询"组中单击"查询设计"按钮，出现 "显示表"对话框。

（2）在对话框中选择查询所用的所有表，这里分别选择"学生信息"表，"课程信息"表和"成绩信息"表，每选择一张表后，单击"添加"按钮，最后关闭此对话框，打开"设计视图"窗口。

（3）在"设计视图"窗口中，分别双击"学生信息"表中的"学号""姓名"字段，"课程信息"表中的"课程名"字段和"成绩信息"表中的"成绩"字段，将4个字段分别放到字段区。

（4）在"学号"对应的"条件"行中输入下面的条件：

> [请输入学号:]

输入条件时连同方括号一起输入，方括号要是英文标点符号模式下输入。

（5）预览查询结果，单击功能区的运行按钮"！"，这时屏幕显示"输入参数值"对话框，如图7-58所示。

向对话框中输入学号"2019000002"之后，单击"确定"按钮，这时，窗口中显示查询的结果是学号为"2019000002"的各门课程的成绩，如图7-59所示。

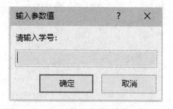

图7-58 "输入参数值"对话框

图7-59 参数查询的运行结果

如果再次执行该查询，在"输入参数值"对话框中输入"2019000005"，则查询结果是学号为"2019000005"的记录，也就是实现了在查询运行之后输入参数的值。

（6）单击工具栏上的"保存"按钮，打开"另存为"对话框，在此对话框中输入查询名称"按学号参数查询"，然后单击"确定"按钮，查询建立完毕。

4．其他查询功能

Access的查询功能并不仅限于对已有数据的检索，也包括了对记录的追加、修改和删除，这些统称为操作查询，也就是对查询到的数据做进一步的处理。

1）生成表查询

生成表查询是指将查询到的记录追加到另外一个表中。

例7-27　以"教务"数据库中的"学生信息"表为数据源，如果要把其中党员同学的信息从"学生信息"表中查询出来生成一张新表"党员信息"。

操作过程如下：

（1）在"创建"选项卡"查询"组中单击"查询设计"按钮，出现"显示表"对话框。

（2）在对话框中选择"学生信息"表，然后单击"添加"按钮，最后关闭此对话框，打开设计视图窗格。

（3）选择"查询工具-设计"选项卡"查询类型"组中的"生成表"按钮，如图 7-60 所示。

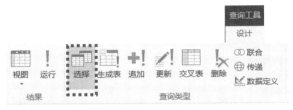

图 7-60　生成表查询的类型选择

（4）在弹出的"生成表"对话框中，输入新表的名称，选择希望新生成表所要保存至的数据库，本例中新表取名为"党员学生信息"，保存至当前数据库，如图 7-61 所示。

图 7-61　"生成表"对话框

（5）在查询"设计视图"窗格的上半部分，分别双击"学生信息"表中的"学号""姓名""性别""出生日期"和"是否党员"字段。将 5 个字段分别放到字段区。

（6）在"是否党员"对应的"条件"行中输入"True"，新表不显示本字段，取消此字段对应显示行复选框的选中状态，如图 7-62 所示。

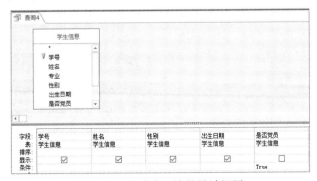

图 7-62　生成表查询的设计视图

（7）单击功能区的"执行"按钮显示查询的结果，会出现本次查询生成的记录数目的确认信

息，如图 7-63 所示，单击"是"按钮，会看到在本数据库中生成了一张新表"党员学生信息"，至此，新表生成完毕。

2）追加表查询

追加表查询是指在某个表中的部分或者全部信息要追加到另一个表中去，如本书"学生信息"表中，如果后来又有学生新加入党组织，需要把他们的信息追加入"党员学生信息"表中，可用此查询。选好数据源表以后，在图 7-60 中选择查询类型为"追加"，之后在提示框中选择追加至哪个表，如图 7-64 所示，并在设计视图中设置条件，单击"设计"选项卡中的"运行"按钮，执行查询即可。

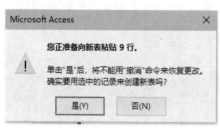

图 7-63 生成表查询运行提示信息

图 7-64 "追加"对话框

3）更新查询

更新查询是指有规律地同时修改表中的记录，例如，在"学生信息"表中，将专业"数字媒体"改为"数字媒体技术"。操作方法与前面的大同小异，在"显示表"对话框中选好数据源表以后，在图 7-60 中选择查询类型为"更新"，之后在设计视图中做图 7-65 所示的设置，然后单击"设计"选项卡中的"运行"按钮，执行查询，会出现图 7-66 所示提示信息，单击"是"按钮即可实现本次更新。

4）删除查询

删除查询是指同时删除表中满足查询条件的记录，例如，在"学生信息"表中，删除所有男生的记录。操作方法是在"显示表"对话框中选好数据源表以后，在图 7-60 中选择查询类型为"删除"，在设计视图中设置查询条件如图 7-67 所示，然后执行查询，会弹出提示信息如图 7-68 所示，确认后即可执行本次删除查询操作。

图 7-65 更新查询的设计视图

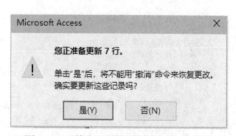

图 7-66 执行更新查询后的提示信息

图 7-67　删除查询的设计视图

图 7-68　执行删除查询后的提示信息

习　　题

一、选择题

1. Access 2016 的数据库文件格式是（　　　）。

　　A. xlsx 文件　　　　　B. mdb 文件　　　　　C. accdb 文件　　　　　D. _docx 文件

2. Access 是一个（　　　）。

　　A. 数据库文件系统　　　　　　　　B. 数据库系统

　　C. 数据库管理系统　　　　　　　　D. 数据库应用系统

3. 在 Access 中，用来表示实体的是（　　　）。

　　A. 域　　　　　　B. 字段　　　　　　C. 记录　　　　　　D.表

4. 数据库系统中，最早出现的数据库模型是（　　　）。

　　A. 语义网络　　　B. 层次模型　　　C. 网状模型　　　D. 关系模型

5. 数据库系统的核心问题是（　　　）。

　　A. 数据采集　　　B. 数据分析　　　C. 信息管理　　　D. 数据处理

6. 从本质上说，Access 是（　　　）。

　　A. 分布式数据库系统　　　　　　　B. 面向对象的数据库系统

　　C. 关系型数据库系统　　　　　　　D. 文件系统

7. 从关系中找出满足给定条件的元组的操作为（　　　）。

　　A. 选择　　　　　B. 投影　　　　　C. 联结　　　　　D. 自然联结

8. 关于数据库系统描述不正确的是（　　　）。

　　A. 可以实现数据共享　　　　　　　B. 可以减少数据冗余

　　C. 可以表示事物与事务之间的联系　　　D. 不支持抽象的数据模型

9. 关系数据库管理系统中，所谓的关系是指（　　　）。

　　A. 各条记录中的数据有一定的关系

　　B. 一个数据库文件与另一个数据库文件之间有一定的关系

　　C. 数据模型符合满足一定条件的二维表格式

　　D. 数据库中各个字段之间有一定的关系

10. 在数据库中能够唯一标志一个元组的属性或属性组合的称为（　　　　）。

A. 记录　　　　　　B. 字段　　　　　　C. 域　　　　　　D. 关键字

二、填空题

1. 在 Access 中，一个关系就是一个_____。

2. 设有部门和员工两个实体，每个员工只能属于一个部门，一个部门可以有多个员工，则部门和员工实体之间的联系类型为_____。

3. 专门的关系运算包括：_____、_____、_____、_____。

4. 在课程信息表中要查找课程名称中包含"计算机"的课程，对应"课程名称"字段的条件表达式是_____。

5. SQL 的含义是_____。

三、简答题

1. 说明 Access 数据库中的对象都有哪些类别？它们分别有什么作用？

2. 如何为数据表定义主键？

3. Access 中共有几种查询，简述它们的功能。

4. 简述操作查询的含义和创建方法。

5. 在"教务.accdb"数据库"学生信息"表中，要列出分数在 85 分以上的党员姓名、分数和补助，假设已经新建查询并进入了 SQL 视图，请写出对应的 SQL 语句。

6. 在"教务.accdb"数据库"学生"表中，要求给党员或"环境设计"专业的学生的补助增加 200 元，假设已经新建查询并进入了 SQL 视图，请写出对应的 SQL 语句。

第8章
Python 程序设计基础

 本章导读

程序设计是利用计算机求解问题的一种方式，是程序员解决特定问题而利用计算机语言编制相关软件的过程。

本章以 Python 语言为程序设计工具，我们主要讲解 Python 基础语法，并适度扩展讲解一些常用模块，同时也会讲解几个优秀的程序实践案例，帮助大家理解 Python 语言的相关内容并且快速入门。通过课程的学习，我们可以学会编程，掌握一项基本技能；体会计算思维，理解信息处理的法则；通过课程的学习，来培养具有维护国家利益的爱国精神与责任感，具有"程序员工匠精神"的职业素养，具有爱岗敬业、遵守行业法则的职业道德。

学习目标

◎了解 Python 语言的基础语法体系。
◎学会程序的三种基本控制结构。
◎掌握程序设计的开发流程及编写方法。

8.1 Python 概述

8.1.1 Python 语言简介

Python['paiθən]，译为"蟒蛇"。Python 语言是一种面向对象、解释型的计算机程序设计语言，也是一种功能强大而完善的通用型语言。Python 语言注重的是如何解决问题而不是编程语言的语法和结构。Python 语言的拥有者是 Python Software Foundation(PSF)。PSF 是非营利组织，致力于保护 Python 语言开放、开源和发展。

微　课

Python 语言简介

1. Python 语言的诞生

Python 语言创立者 Guido van Rossum 是荷兰人，Guido 的编程技术非常精深。1989 年底，他在荷兰的阿姆斯特丹度假，为了打发时间，决定设计一种新的脚本解释程序，作为 ABC 语言的一种继承，后期就诞生了 Python 语言。

2．Python 语言的发展和应用

Python 语言的定位是"优雅""明确""简单"，所以 Python 程序简单易懂，初学者容易入门，随着学习的深入，可以编写非常复杂的程序。

目前，Python 主要有 Python 2.x 和 Python 3.x 两个版本。2000 年发布了 Python 2.0，开启了 Python 应用的新时代；2008 年发布了 Python 3.0，是对 Python 早期版本的较大升级，且不向下兼容。从此，奠定了 Python 大发展的基础。

现今，所有 Python 主流的、最重要的程序库都运行在 Python 3 上，这为 Python 未来的发展提供了非常良好的支持。

Python 功能涉及应用开发、网络编程、网站设计、图形界面编程等，Python 语言应用于火星探测、搜索引擎、引力波分析等众多领域，应用广泛。可以说，今天 Python 在信息系统中已经无处不在。

8.1.2 Python 语言开发环境配置

Python 是解释型编程语言，其开发环境也比较简单，只需要安装 Python 解释器就可以编写程序。

1．Python 的下载

要用 Python 编写程序，必须先安装一个 Python 的解释器。它可以在大多数平台上应用，包括 Windows、Linux、Mac OS。下载过程如下：

（1）进入 Python 官方网站下载 Python 基本开发和运行环境，打开浏览器，在地址栏中输入 Python 主页地址，按【Enter】键。

（2）根据自己安装的操作系统选择不同的版本。

（3）下载相应的 Python 3.0 系列版本程序。

2．Python 的安装

（1）找到安装程序进行安装，双击安装包，按照向导提示安装（安装过程中需要勾选上第二个复选框）。

（2）安装完成，单击"close"按钮，关闭对话框。

3．Python 的运行

顺利安装完成以后，有几种方式可以启动 Python。

方法 1：启动 Windows 命令行工具，输入 Python 语句，按【Enter】键运行程序。第一行的">>>"是 Python 语言运行环境的提示符，第二行是 Python 语句的执行结果。例如：print("hello world")，如图 8-1 所示。

```
Python 3.7 (32-bit)                                              _ □ ×
Python 3.7.1 (v3.7.1:260ec2c36a, Oct 20 2018, 14:05:16) [MSC v.1915 32 bit (Inte
l)] on win32
Type "help", "copyright", "credits" or "license" for more information.
>>> print("hello world")
hello world
>>>
```

图 8-1　命令行方式运行 Python

方法 2：调用 IDLE 来启动 Python 图形化运行环境，如图 8-2 所示。

图 8-2　启动 IDLE 环境

方法 3：按照语法格式编写代码，可以用任何文本编辑器，保存为文件。Python 源代码文件就是普通的文本文件，只要是能编辑文本文件的编辑器都可以用来编写 Python 程序。如 Word、Notepad 等。

方法 4：在 IDLE 环境中，选择"File"→"New File"命令，打开一个新窗口，输入语句并保存，使用快捷键【F5】即可运行该程序，如图 8-3 所示。

图 8-3　IDLE 环境下运行 Python

8.1.3　Python 程序的编写与运行

每个程序都有统一的运算模式，即输入数据、处理数据和输出数据，这种朴素的运算模式形成了程序的基本编写方法，即 IPO（Input，Process，Output）方法。

1．IPO 程序编写方法

每个计算机程序都用来解决特定计算问题。较大规模的程序提供丰富的功能解决完整的计算问题；小型程序或程序片段可以为其他程序提供特定计算支持，作为解决更大计算问题的组成部分。无论程序规模如何，每个程序都有统一的运算模式：输入数据、处理数据和输出数据。这种朴素运算模式形成了程序的基本编写方法：IPO 方法。

（1）输入（Input）是一个程序的开始。程序要处理的数据有多种来源，因此形成了多种输入方式，包括文件输入、网络输入、控制台输入、交互界面输入、随机数据输入、内部参数输入等。

（2）处理（Process）是程序对输入数据进行计算产生输出结果的过程。计算问题的处理方法统称为"算法"，它是程序最重要的组成部分，可以说算法是一个程序的灵魂。

（3）输出（Output）是程序展示运算成果的方式。程序的输出方式包括控制台输出、图形输出、文件输出、网络输出、操作系统内部变量输出等。

IPO 不仅是程序设计的基本方法，也是描述计算问题的方式。

例 8-1　圆面积的计算。根据圆的半径，计算圆的面积。请写出 IPO 描述。

其 IPO 描述如下：

输入：圆半径 radius。

处理：计算圆面积 area=3.14*radius*radius。

输出：圆面积 area。

2．Python 程序的运行

（1）交互式编程：是指解释器即时响应用户输入的代码并输出运行结果。可通用单击开始菜单中的 IDLE 进入交互环境，也可以在操作系统的控制台下输入"Python"进入交互环境。不需要创建文件，通过 Python 解释器的交互模式来编写代码，输入/输出比较直观，可以快速得到结果，常用于语法和简短代码测试，但无法保存代码。交互式执行过程如图 8-4 所示。

（2）文件式编程：是把程序代码保存在一个文件中，可以长期保存，反复调用，避免交互式

每次都要重复输入代码的问题，适用于编程实践和开发。文件式执行过程如图 8-5 所示。

```
>>> r = 25
>>> area = 3.1415 * r * r
>>> print(area)
1963.4375000000002
>>> print(" {:.2f}F".format(area)
1963.44
```

```
r = 25
area = 3.1415 * r * r
print(area)
print(" {:.2f}".format(area))
```
输出结果如下：
1963.4375000000002
1963.44

图 8-4　交互式执行过程　　　　　　图 8-5　文件式执行过程

8.1.4　Python 程序的编程规范

Python 非常重视代码的可读性，对代码布局和排版有更加严格的要求。这里重点介绍代码编写的一些要求、规范和一些常用的代码优化建议，最好在开始编写第一段代码的时候就要遵循这些规范和建议，养成一个良好的习惯。通过层层迭代的方式，养成精益求精的精神。

（1）严格使用缩进来体现代码的逻辑从属关系。Python 对代码缩进是硬性要求的，这一点必须时刻注意。在函数定义、类定义、选择结构、循环结构、while 语句等结构中，对应的函数体或语句块都必须有相应的缩进，并且一般以 4 个空格为一个缩进单位。

（2）每个 import 语句只导入一个模块，最好按标准库、扩展库、自定义库的顺序依次导入。尽量避免导入整个库，最好只导入确实需要使用的对象。

（3）最好在每个类、函数定义和一段完整的功能代码之后增加一个空行，在运算符两侧各增加一个空格，逗号后面增加一个空格。

（4）尽量不要写过长的语句。如果语句过长，可以考虑拆分成多个短一些的语句，以保证代码具有较好的可读性。如果语句确实太长而超过屏幕宽度，最好使用续行符"\"，或者使用圆括号把多行代码括起来表示是一条语句。

（5）书写复杂的表达式时，建议在适当的位置加上括号，这样可以使得各种运算的隶属关系和顺序更加明确。

（6）对关键代码和重要的业务逻辑代码进行必要的注释。在 Python 中有两种常用的注释形式：#和三引号。#用于单行注释，三引号常用于大段说明性文本的注释。

8.2　Python 基本数据类型

Python 语言中最主要的数据类型有：数字类型、字符串类型、列表类型、元组类型、集合类型和字典类型。以下主要介绍数值型和字符串型。

8.2.1　数字类型

1. 数字类型的分类

数字是自然界计数活动的抽象，更是数学运算和推理表示的基础。计算机对数字的识别和处理有两个基本要求：确定性和高效性。

确定性：指程序能够正确且无歧义地解读数据所代表的类型含义。

高效性：指程序能够为数字运算提供较高的计算速度，同时具备较少的存储空间代价。

表示数字或数值的数据类型称为数字类型，Python 语言提供了三种数字类型：整数、浮点数和复数，分别对应数学中的整数、实数和复数。

1）整数类型

整数类型与数学中整数的概念一致，整数类型共有四种进制表示，分别是十进制、二进制、八进制和十六进制。默认情况下，整数采用十进制，其他进制需要增加引导符号，见表 8-1。

二进制数以 0b 引导，八进制数以 0o 引导，十六进制数以 0x 引导，大小写字母均可使用。

表 8-1　整数类型的四种进制表示

进 制 种 类	引 导 符 号	描　　述
十进制	无	默认情况，例如，110
二进制	0b 或 0B	由字符 0 和 1 组成，例如，0b110，-0B110
八进制	0o 或 0O	由字符 0 到 7 组成，例如，0o110，-0O110
十六进制	0x 或 0X	由字符 0 到 9、A 到 F 组成，例如，0x11F，-0X11F

整数类型理论上的取值范围是 $[-\infty, \infty]$，实际上的取值范围受限于运行 Python 程序的计算机内存大小。除极大数的运算外，一般认为整数类型没有取值范围限制。

2）浮点数类型

浮点数类型与数学中实数的概念一致，表示带有小数的数值。Python 语言要求所有浮点数必须带有小数部分，小数部分可以是 0，这种设计可以区分浮点数和整数类型。浮点数有两种表示方法：十进制表示和科学计数法表示。

科学计数法使用字母 e 或者 E 作为幂的符号，以 10 为基数，含义如下：

$$<a>e<b>=a*10^{b}$$

例如：1.2e3，其值为 1 200；

1.2e-3，其值为 0.001 2。

浮点数类型与整数类型都由计算机的不同硬件单元执行，处理方法不同。需要注意的是，尽管浮点数 0.0 与整数 0 相同，但它们在计算机内部的表示不同。Python 浮点数的数值范围和小数精度受不同计算机系统的限制。

3）复数类型

复数类型表示数学中的复数。很久以前，数学界被求解如下等式难住了：$x^2=-1$。这是因为，任何实数都不是上述等式的解。直到 18 世纪，数学家发明了"虚数单位"，记为 j，并规定 $j=\sqrt{-1}$，围绕这个特殊数字出现了新的数学分支，产生了"复数"。

复数可以看作二元有序实数对 (a, b)，表示为 $a + bj$。其中，a 是实数部分，简称实部，b 是虚数部分，简称虚部。Python 语言中，复数的虚数部分通过后缀"J"或"j"来表示，例如：1.23+4j。

复数类型中，实数部分和虚数部分的数值都是浮点类型。对于复数 z，可以用 z.real 和 z.imag 分别获得它的实数部分和虚数部分。

复数类型在科学计算中十分常见，基于复数的运算属于数学的复变函数分支，该分支有效支撑了众多科学和工程问题的数学表示和求解。Python 直接支持复数类型，为这类运算求解提供了便利。

2. 数字类型的操作

Python 解释器为数字类型提供了数值运算操作符、数值运算函数、类型转换函数等操作方法。

1）数值运算操作符

Python 提供了 9 个基本的数值运算操作符，见表 8-2。这些操作符由 Python 解释器直接提供，不需要引用第三方函数库，也称内置操作符。

表 8-2　数值运算操作符（9 个）

操 作 符	描 述	操 作 符	描 述
x + y	x 与 y 之和	x % y	x 与 y 之商的余数，也称模运算
x – y	x 与 y 之差	–x	x 的负值，即：x*(-1)
x * y	x 与 y 之积	+x	x 本身
x / y	x 与 y 之商	x**y	x 的 y 次幂，即：x^y
x // y	x 与 y 之整数商		

这 9 个操作符与数学习惯一致，运算结果也符合数学意义。操作符运算的结果可能改变数字类型，3 种数字类型之间存在一种逐渐扩展的关系，具体如下：

整数 -> 浮点数 -> 复数

整数可以看成浮点数没有小数的情况，浮点数可以看成复数虚部为 0 的情况。不同数字类型之间可以进行混合运算，运算后生成的结果为最宽类型。

例如：123+4.0=127.0（整数+浮点数=浮点数）

基本规则如下：

（1）整数之间运算，如果数学意义上的结果是小数，结果是浮点数。

（2）整数之间运算，如果数学意义上的结果是整数，结果是整数。

（3）整数和浮点数混合运算，输出结果是浮点数。

（4）整数或浮点数与复数运算，输出结果是复数。

2）数值运算函数

Python 提供了一些内置函数，有 6 个函数与数值运算相关，见表 8-3。

表 8-3　数值运算函数（6 个）

函 数	描 述
abs(x)	x 的绝对值
divmod(x, y)	(x//y, x%y)，输出为二元组形式（也称为元组类型）
pow(x, y[, z])	(x**y)%z，[..]表示该参数可以省略，即：pow(x,y)，它与 x**y 相同
round(x[, ndigits])	对 x 四舍五入，保留 ndigits 位小数。round(x)返回四舍五入的整数值
max(x_1, x_2, ..., x_n)	x_1, x_2, ..., x_n 的最大值，n 没有限定
min(x_1, x_2, ..., x_n)	x_1, x_2, ..., x_n 的最小值，n 没有限定

3）数字类型转换函数

数值运算操作符可以隐式地转换输出结果的数字类型。例如，两个整数采用运算符"/"的除法将可能输出浮点数结果。此外，通过内置的数字类型转换函数可以显式地在数字类型之间进行转换，见表 8-4。

表 8-4　数字类型转换函数（3 个）

函　　数	描　　述
int(x)	将 x 转换为整数，x 可以是浮点数或字符串
float(x)	将 x 转换为浮点数，x 可以是整数或字符串
complex(re[, im])	生成一个复数，实部为 real，虚部为 imag，real 可以是整数、浮点数或字符串，imag 可以是整数或浮点数但不能为字符串

浮点数类型转换为整数类型时，小数部分会被舍弃，复数不能直接转换为其他数字类型，可以通过.real 和.imag 将复数的实部或虚部分别转换。

例如：

```
>>>int(123.45)
123
>>>float(123)
123.0
>>>complex(123.45)
123.45+0j
```

3. math 库的使用

1. math 库概述

Python 数学计算的标准函数库 math 共提供 4 个数学常数和 44 个函数。利用函数库编程是 Python 语言最重要的特点，也是 Python 编程生态环境的意义所在。

math 库是 Python 提供的内置数学类函数库，支持整数和浮点数运算。math 库中的函数不能直接使用，需要首先使用保留字 import 引用该库，引用方式如下。

方法 1：import　math

方法 2：from　math　import　<函数名>

2. math 库解析

math 库包括 4 个数学函数，见表 8-5。

表 8-5　math 库的数学常数

常　　数	数 学 表 示	描　　述
math.pi	π	圆周率，值为 3.141 592 653 589 793
math.e	e	自然对数，值为 2.718 281 828 459 045
math.inf	∞	正无穷大，负无穷大为-math.inf
math.nan		非浮点数标记，NaN（Not a Number）

math 库包括 16 个数值表示函数，见表 8-6。

表 8-6　math 库的数值表示函数

函　　数	数 学 表 示	描　　述
math.fabs(x)	$|x|$	返回 x 的绝对值
math.fmod(x, y)	$x \% y$	返回 x 与 y 的模
math.fsum([x,y,...])	$x+y+...$	浮点数精确求和

函　数	数 学 表 示	描　　述
math.ceil(x)	$\lvert x \rvert$	向上取整，返回不小于 x 的最小整数
math.floor(x)	$[x]$	向下取整，返回不大于 x 的最大整数
math.factorial(x)	$x!$	返回 x 的阶乘，如果 x 是小数或负数，返回 ValueError
math.gcd(a, b)		返回 a 与 b 的最大公约数
math.frexp(x)	$x = m * 2^e$	返回(m, e)，当 $x=0$，返回$(0.0, 0)$
math.ldexp(x, i)	$x * 2^i$	返回 $x * 2^i$ 运算值，math.frexp(x)函数的反运算
math.modf(x)		返回 x 的小数和整数部分
math.trunc(x)		返回 x 的整数部分
math.copysign(x, y)	$\lvert x \rvert * \lvert y \rvert / y$	用数值 y 的正负号替换数值 x 的正负号
math.isclose(a,b)		比较 a 和 b 的相似性，返回 True 或 False
math.isfinite(x)		当 x 为无穷大，返回 True；否则，返回 False
math.isinf(x)		当 x 为正数或负数无穷大，返回 True；否则，返回 False
math.isnan(x)		当 x 是 NaN，返回 True；否则，返回 False

math 库包括 8 个幂对数函数，见表 8-7。

表 8-7　math 库的幂对数函数

函　数	数 学 表 示	描　　述
math.pow(x,y)	x^y	返回 x 的 y 次幂
math.exp(x)	e^x	返回 e 的 x 次幂，e 是自然对数
math.expm1(x)	e^x-1	返回 e 的 x 次幂减 1
math.sqrt(x)	$\sqrt{x}$	返回 x 的平方根
math.log(x[,base])	$\log_{base}^x$	返回 x 的对数值，只输入 x 时，返回自然对数，即 $\ln x$
math.log1p(x)	$\mathrm{Ln}(1+x)$	返回 $1+x$ 的自然对数值
math.log2(x)	$\mathrm{Log}\,x$	返回以 2 为底 x 的对数值
math.log10(x)	$\log_{10}^x$	返回以 10 为底 x 的对数值

math 库包括 16 个三角运算函数，见表 8-8。

表 8-8　math 库的三角运算函数

函　数	数 学 表 示	描　　述
math.degrees(x)	—	角度 x 的弧度值转角度值
math.radians(x)	—	角度 x 的角度值转弧度值
math.hypot(x,y)	$\sqrt{x^2 + y^2}$	返回(x,y)坐标到原点$(0,0)$的距离
math.sin(x)	$\sin x$	返回 x 的正弦函数值，x 是弧度值
math.cos(x)	$\cos x$	返回 x 的余弦函数值，x 是弧度值

函　　数	数 学 表 示	描　　述
math.tan(x)	tan x	返回 x 的正切函数值，x 是弧度值
math.asin(x)	arcsin x	返回 x 的反正弦函数值，x 是弧度值
math.acos(x)	arccos x	返回 x 的反余弦函数值，x 是弧度值
math.atan(x)	arctan x	返回 x 的反正切函数值，x 是弧度值
math.atan2(y,x)	arctan y/x	返回 y/x 的反正切函数值，x 是弧度值
math.sinh(x)	sinh x	返回 x 的双曲正弦函数值
math.cosh(x)	cosh x	返回 x 的双曲余弦函数值
math.tanh(x)	tanh x	返回 x 的双曲正切函数值
math.asinh(x)	arcsinh x	返回 x 的反双曲正弦函数值
math.acosh(x)	arccosh x	返回 x 的反双曲余弦函数值
math.atanh(x)	arctanh x	返回 x 的反双曲正切函数值

math 库包括 4 个高等特殊函数，见表 8-9。

表 8-9　math 库的高等特殊函数

函　　数	数 学 表 示	描　　述
math.erf(x)	$\dfrac{2}{\sqrt{\pi}}\displaystyle\int_{o}^{x} e^{-t^2}\,\mathrm{d}t$	高斯误差函数，应用于概率论、统计学等领域
math.erfc(x)	$\dfrac{2}{\sqrt{\pi}}\displaystyle\int_{x}^{\infty} e^{-t^2}\,\mathrm{d}t$	余补高斯误差函数，math.erfc(x)=1−math.erf(x)
math.gamma(x)	$\displaystyle\int_{o}^{\infty} x^{i-1}e^{-x}\,\mathrm{d}x$	伽玛（Gamma）函数，也称欧拉第二积分函数
math.lgamma(x)	$\ln(\mathrm{gamma}(x))$	伽玛函数的自然对数

8.2.2　字符串类型

1. 字符串类型基本操作

1）字符串类型的表示

字符串是字符的序列表示，Python 使用单引号、双引号、三单引号、三双引号作为定界符来表示字符串，并且不同的定界符之间可以互相嵌套。Python 3.x 全面支持中文，中文和英文字母都作为一个字符对待，甚至可以使用中文作为变量名。除了支持使用加号运算符连接字符串，使用乘号运算符对字符串进行重复，使用切片访问字符串中的一部分字符以外，很多内置函数和标准库对象也支持对字符串的操作。另外，Python 字符串还提供了大量的方法支持查找、替换、排版等操作。

字符串包括两种序号体系：正向递增序号和反向递减序号。如果字符串长度为 L，正向递增需要以最左侧字符序号为 0，向右依次递增，最右侧字符序号为 L-1；反向递减序号以最右侧字符序号为-1，向左依次递减，最左侧字符序号为-L。这两种索引字符的方法可以在一个表示中使用，如图 8-6 所示。

Python 字符串也提供区间访问方式，采用[M:N]格式，表示字符串中从 M 到 N（不包含 N）的子字符串。其中，M 和 N 为字符串的索引序号，可以混合使用正向递增序号和反向递减序号。如果 M 或者 N 索引缺失，则表示字符串把开始或结束索引值设为默认值。

图 8-6　正向递增序号和反向递减序号

例如:

> 索引：返回字符串中单个字符　<字符串>[M]
> "请输入带有符号的温度值: "[0] 或者　TempStr[-1]
> 切片：返回字符串中一段字符子串　<字符串>[M: N]
> "请输入带有符号的温度值: "[0:3] 或者　TempStr[0:-1]
> <字符串>[M: N]，M 缺失表示至开头，N 缺失表示至结尾
> "○一二三四五六七八九十"[:3] 结果是　"○一二"
> <字符串>[M: N: K]，根据步长 K 对字符串切片
> "○一二三四五六七八九十"[1:8:2] 结果是　"一三五七"
> "○一二三四五六七八九十"[::-1] 结果是　"十九八七六五四三二一○"

注意：反斜杠字符（\）是一个特殊字符，在字符串中表示转义，即该字符与后面相邻的一个字符共同组成了新的含义。常用转义符见表 8-10。

表 8-10　常用转义符

转 义 字 符	含　义	转 义 字 符	含　义
\n	表示换行	\r	表示回车
\\	表示反斜杠	\v	表示垂直制表符
\'	表示单引号	\f	表示换页
\"	表示双引号	\0	NULL，什么都不做
\t	表示制表符（Tab）（水平制表）		

例如:

```
>>>print（"许昌学院\n 大学计算机\t 课程\t"）
许昌学院
大学计算机　　课程
```

2）基本的字符串操作符

Python 提供了 5 个字符串的基本操作符，见表 8-11。

表 8-11　基本的字符串操作符

操 作 符	描　述	操 作 符	描　述
x+y	连接两个字符串 x 和 y	str[i]	索引，返回第 i 个字符
x*n 或 n*x	复制 n 次字符串 x	str[M:N]	切片，返回索引第 M 到第 N 的子串，其中不包含 N
x in s	如果 x 是 s 的子串，返回 true，否则返回 false		

例8-2　获取星期字符串。

这个问题的 IPO 模式是：

输入：输入一个表示星期的整数（1~7）。

处理：利用字符串基本操作实现该功能。

输出：整数对应的星期字符串。

代码 1：

```
#WeekNamePrintV1.py
weekStr="星期一星期二星期三星期四星期五星期六星期日"
weekId=eval(input)("请输入星期数字(1-7):"))
pos=(weekId-1)*3
print(weekStr[pos:pos+3])
```

代码 2：

```
#WeekNamePrintV2.py
weekStr="一二三四五六日"
weekId=eval(input("请输入星期数字(1-7):"))
print("星期"+weekStr[weekId-1])
```

3）字符串处理函数

Python 解释器提供了一些内置函数，其中有 6 个函数与字符串处理相关，见表 8-12。

表 8-12　基本的字符串操作符

函　　数	描　　述
len(x)	返回字符串 x 的长度，可返回其他组合数据类型元素个数
str(x)	返回任意类型 x 所对应的字符串形式
chr(x)	返回 Unicode 编码 x 对应的单字符
ord(x)	返回单字符表示的 Unicode 编码
hex(x)	返回整数 x 对应十六进制数的小写形式字符串
oct(x)	返回整数对应八进制数的小写形式字符串

例8-3　恺撒密码。恺撒密码是古罗马恺撒大帝用来对军事情报进行加密的算法，它采用了替换方法对信息中的每一个英文字符循环替换为字母表序列该字符后面第三个字符。

IPO 模型分析：

输入：一段明文。

处理：对信息中的每一个英文字符循环替换为该字符后面第三个字符。

输出：加密后的字符串。

对应关系：

原文：A B C D E F G H I J K L M N O P Q R S T U V W X Y Z

密文：D E F G H I J K L M N O P Q R S T U V W X Y Z A B C

原文字符 P，其密文字符 C 满足如下条件：

$C = (P + 3) \bmod 26$

解密方法反之，满足：$P = (C - 3) \bmod 26$

加密代码如下：

```
#CaesarCode.py
plaincode = input("请输入明文: ")
for p in plaincode:
```

```
if ord("a") <= ord(p) <= ord("z"):
    print(chr(ord("a")+(ord(p)-ord("a")+3)%26), end='')
else:
    print(p, end='')
```

运行结果如下：

```
>>>
请输入明文: python is an excellent language.
sbwkrq lv dq hafhoohqw odqjxdjh.
```

例8-4 出生年月日的提取。

中国的身份证号是一个 18 个字符组成的字符串，其各位上的字符代表的意义如下：

（1）前 1、2 位数字表示：所在省份的代码，例如河南的省份代码是 41。

（2）第 3、4 位数字表示：所在地区的代码。

（3）第 5、6 位数字表示：所在市县的代码。

（4）第 7～14 位数字表示：出生年、月、日。

（5）第 15、16 位数字表：所在地的派出所的代码。

（6）第 17 位数字表示性别：奇数表示男性，偶数表示女性。

（7）第 18 位数字是校检码，用来检验身份证的正确性。校检码可以是 0～9 中的一个数字，或用字母 X 表示。

IPO 模型分析：

输入：一个身份证号，编程判断其长度是否正确。

处理：用 len（）函数测字符串的长度并判断长度是否为 18；用字符串切片的方法获取身份证号码中代表出生年月日的子串，用"+"拼接后输出。

输出：出生年月日。

代码如下：

```
#从身份证中提取生日.py
#身份证中提取生日，涉及判断、字符串长皮、切片、连接等知识点
id=input（）
if len（id)!= 18:
    print（'输入的身份证号位数错误'）
else:
    year =id[ 6 :10]
    month = id[ l0 :12]
    day = id[ l2 :14]
print{'出生于'+year+'年'+month+'月'+day+'日'}
```

运行结果如下：

```
输入:
411002200007011567
运行结果:
出生于2000年7月1日
```

4）字符串处理方法

在 Python 解释器内部，所有数据类型都采用面向对象方式实现，封装为一个类。字符串也是一个类。在面向对象中，这类函数被称为"方法"。常用方法见表 8-13。

表 8-13　常用的字符串处理方法

方　法	描　　　述
str.lower()	转换字符串 str 中全部字符为小写
str.upper()	转换字符串 str 中全部字符为大写
str.islower()	当 str 所有字符都是小写时，返回 True，否则 False
str.isprintable()	当 str 所有字符都是可打印的，返回 True，否则 False
str. isnumeric()	当 str 所有字符都是字符时，返回 True，否则 False
str.isspace()	当 str 所有字符都是空格，返回 True，否则 False
str.endswith(suffix[,start[,end]])	str[start: end] 以 suffix 结尾返回 True，否则返回 False
str.startswith(prefix[, start[, end]])	str[start: end] 以 suffix 开始返回 True，否则返回 False
str.split(sep=None, maxsplit=-1)	返回一个列表，由 str 根据 sep 被分割的部分构成
str.count(sub[,start[,end]])	返回 str[start: end]中 sub 子串出现的次数
str.replace(old, new[, count])	返回字符串 str 的副本，所有 old 子串被替换为 new，如果 count 给出，则前 count 次 old 出现被替换
str.center(width[, fillchar])	字符串居中函数，详见函数定义
str.strip([chars])	返回字符串 str 的副本，在其左侧和右侧去掉 chars 中列出的字符
str.zfill(width)	返回字符串 str 的副本，长度为 width，不足部分在左侧添 0
str.format()	返回字符串 str 的一种排版格式
str.join(iterable)	返回一个新字符串，由组合数据类型 iterable 变量的每个元素组成，元素间用 str 分割

2. 符串类型的格式化

format()方法的基本使用

字符串格式化使用.format()方法，用法如下：

```
<模板字符串>.format(<逗号分隔的参数>)
```

模板字符串由一系列槽组成，用来控制修改字符串中嵌入值出现的位置，其基本思想是：将 format()方法中逗号分隔的参数按照序号关系替换到模板字符串的槽中。

槽：占位信息符，用大括号表示，如果大括号中没有序号，则按照出现顺序替换。如图 8-7 所示。

例如："{1}:计算机{0}的 CPU 占用率为{2}%".format("2018-10-10"，"c",10)

图 8-7　format()方法的槽与参数的对应关系

format()方法中，模板字符串的槽除了包括参数序号，还可以包括格式控制信息。

槽内部对格式化的配置方式：

```
{ <参数序号>： <格式控制标记>}
```

见表 8-14。

表 8-14　槽中格式控制标记的字段及含义

格式控制标记	:	<填充>	<对齐>	<宽度>	<, >	<.精度>	<类型>
含义	引导符号	用于填充的单个字符	<左对齐 >右对齐 ∧居中对齐	槽设定的输出宽度	数字的千位分隔符	浮点数小数精度或字符串最大输出长度	整数类型 b,c,d,o,x,X 浮点数类型 e,E,f,%

格式控制标记的字段都是可选的，可以组合使用。

（1）<填充>：指宽度内除了参数外的字符采用什么方式表示，默认采用空格，可以通过填充更换。

（2）<对齐>：指参数在宽度内输出时的对齐方式，分别使用和 3 个符号表示左对齐、右对齐和居中对齐。

（3）<宽度>：指当前槽的设定输出字符宽度，如果该槽对应的参数长度比宽度设定值大，则使用参数实际长度；如果该值的实际位数小于指定宽度，则位数将被默认以空格字符补充。

（4）<, >：是格式控制标记中的逗号，用于显示数字类型的千位分隔符。

（5）<.精度>：表示两个含义，由小数点开头。对于浮点数，精度表示小数部分输出的有效位数。对于字符串，精度表示输出的最大长度。

（6）<类型>：表示输出整数和浮点数类型的格式规则。对于整数类型，输出格式包括以下六种：

① b:输出整数的二进制方式。

② c:输出整数对应的 Unicode 字符。

③ d:输出整数的十进制方式。

④ o:输出整数的八进制方式。

⑤ x:输出整数的小写十六进制方式。

⑥ X:输出整数的大写十六进制方式。

对于浮点数类型，输出格式包括以下 4 种：

① e:输出浮点数对应的小写字母 e 的指数形式。

② E:输出浮点数对应的大写字母 E 的指数形式。

③ f:输出浮点数的标准浮点形式。

④ %：输出浮点数的百分形式。

8.3　Python 程序的控制结构

程序设计中有三种经典的控制结构，即顺序结构、分支结构和循环结构。Python 用 if 语句实现分支结构，用 for 和 while 语句实现循环结构。

8.3.1　程序的基本结构

1. 顺序结构

顺序结构是程序按照线性顺序依次执行的一种运行方式，是程序的基础，但是单一的顺序结构不可能解决所有的问题。因此，需要引入控制结构来更改程序的执行顺序，以满足多样的功能需求，如图 8-8 所示。

214

2．分支结构

分支结构是程序根据条件判断结果而选择向前执行的不同路径的一种运行方式，根据分支路径上的完备性，分支结构包括单分支结构和二分支结构，二分支结构组合形成多分支结构，如图 8-9 所示。

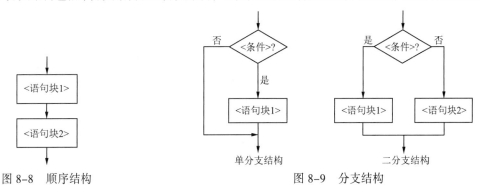

图 8-8　顺序结构　　　　　　　　　　　图 8-9　分支结构

3．循环结构

循环结构是程序根据条件判断结果向后反复执行的一种运行方式，根据循环体触发条件不同，循环结构包括条件循环和遍历循环，如图 8-10 所示。

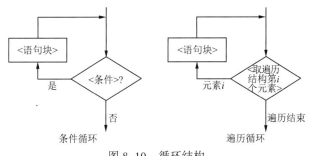

图 8-10　循环结构

例 8-5　圆面积的计算。

根据圆的半径计算圆的面积。图 8-11 给出了该问题的 IPO 描述、流程图描述和 Python 代码描述。

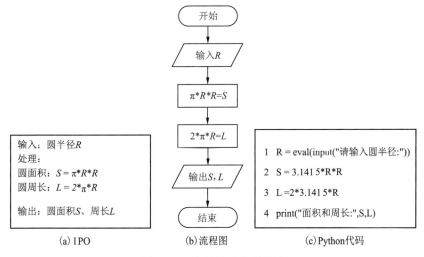

```
1  R = eval(input("请输入圆半径:"))
2  S = 3.141 5*R*R
3  L =2*3.141 5*R
4  print("面积和周长:",S,L)
```

（a）IPO　　　　　　（b）流程图　　　　　（c）Python代码

图 8-11　流程图及代码描述

8.3.2　程序的分支结构

分支结构通过判断是否满足某些特定条件，来决定下一步的执行流程，是非常重要的控制结构。常见的有单分支结构、二分支结构、多分支结构、嵌套的分支结构，形式灵活多变。Python 通过 if、elif、else 等保留字提供单分支、二分支和多分支结构。

微　课

程序的分支
结构

1.　单分支结构：if 语句

单分支结构是最简单的一种形式，其中表达式后面的"："是不可缺少的，表示一个 <语句块> 的开始，当表达式值为 True，则执行<语句块>中的语句序列，然后控制转向程序的下一条语句。当表达式值为 False，则<语句块>中的语句会被跳过。语法格式如下：

```
if  <条件>:
    <语句块>
```

2.　二分支结构：if-else 语句

Python 通过 if-else 语句形成二分支结构，语法格式如下：

```
if  <条件>:
    <语句块 1>
else :
    <语句块 2>
```

当表达式值为 True，则执行<语句块 1>，否则执行<语句块 2>。

例 8-6　打印空气质量报告示例 1。

IPO 模型分析：

输入：接收外部输入 PM2.5 值。

处理：if PM2.5 值>= 75，打印空气污染警告。

输出：打印空气质量提醒。

代码如下：

二分支结构还有一种更简洁的表达方式，适合通过判断返回特定值，语法格式如下：

```
<表达式 1>  if  <条件>  else  <表达式 2>
```

<表达式 1>：指的是当条件成立了，返回<表达式 1>的信息。其中，if 是判断条件，else 是指当条件不成立，else 后面的<表达式 2>被执行。紧凑结构非常适合对特殊值处理的情况。

代码如下：

```
pm = eval(input ("请输入 PM2.5 值: "))
print ("空气存在污染，请小心！")
```

紧凑形式最大的好处是可以用非常简洁的一行代码来表示二分支结构。但是，在紧凑形式中，if-else 所对应的输出不是语句，而是表达式。

3.　多分支结构

多分支结构是程序根据条件判断结果向后反复执行的一种运行方式，根据循环体触发条件不同，循环结构包括条件循环和遍历循环。语句格式如下：

```
if  <条件 1>:
    <语句块 1>
elif  <条件 2>:
    <语句块 2>
```

```
……
else :
    <语句块 N>
```

多分支结构是二分支结构的扩展，通常用于设置同一个判断条件的多条执行路径。Python 依次评估结果为 True 的条件，执行该条件下的<语句块>，结束后跳过整个 if-elif-else 结构，执行后面的语句。如果没有任何条件成立，else 下面的<语句块>将被执行。

例 8-7　打印空气质量报告示例 2。
IPO 模型分析：
输入：接收外部输入 PM2.5 值
处理：
if　PM2.5 值 >= 75，打印空气污染警告
if　35 =< PM2.5 值< 75，打印空气污染警告
if　PM2.5 值 < 35，打印空气质量优，建议户外运动
输出：打印空气质量提醒
代码如下：

```
# 空气质量报告 2.py
pm = eval(input ("请输入 PM2.5 值: "))
if 0<=PM< 35:
    print ("空气优质！")
elif  35<=PM< 75:
    print ("空气良好！")
elif  pm> 75:
    print ("空气污染！")
else :
    print ("输入有误，请输入正数！")
```

8.3.3　程序的循环结构

微　课

程序的循环
结构

Python 提供了两种基本的循环结构，while 循环和 for 循环。

while 循环一般用于循环次数难以提前确定的情况，也可以用于循环次数确定的情况。

for 循环一般用于循环次数可以提前确定的情况，尤其适用于枚举或遍历可迭代对象中元素的场合。循环结构之间可以相互嵌套，也可以与选择结构嵌套使用。用来实现更为复杂的逻辑。

1. 遍历循环：for 语句

遍历循环：指遍历某一个结构，形成的循环运行方式。
基本使用方法如下：

```
for <循环变量>  in  <遍历结构>:
    <语句块 1>
else:
    <语句块 2>
```

遍历循环是由保留字 for-in 构成的循环结构，它可以从遍历结构中逐一提取元素，放到循环变量里。这是一种能够包含多个元素的结构。

遍历结构包括：range()、字符串、列表和文件对象等可遍历数据类型和文件。程序执行时，从可遍历结构中逐一提取元素，赋值给循环变量，每提取一个元素执行一次<语句块>中的所有语句，执行次数由可遍历结构中元素的个数确定。else 部分可以省略，这部分语句只在循环正常结束时被执行，如果在循环语句块中遇到 break 语句跳出循环或遇到 return 语句结束程序，则不会执行 else 部分。

例8-8　计算从 1 累加到 10 的结果。（使用 for 语句循环计算）

代码如下：

```
# 累加1.py
i=1
sum=0
for i in range (1, 11):
    print( i )
    sum+= i
print(sum)
```

2. 无限循环：while 语句

无限循环：是由条件控制的循环运行方式。简单说，是根据这个条件来进行循环。语法格式如下：

```
while  <判断条件>:
    <语句块>
```

如果判断条件成立，循环体重复执行<语句块>中的语句；当判断条件不成立时，循环终止，执行与 while 同级别缩进的后续语句。

条件循环又称无限循环，是反复执行<语句块>，直到条件不满足的时候结束。

例8-9　计算从 1 累加到 10 的结果。（使用 while 语句循环计算）

代码如下：

```
# 累加2.py
i=1
sum=0
while i <11:
    sum+= i
    i+=1
    print(sum)
```

3. 循环保留字：break 和 continue

Python 与其他语言一样，提供了两个循环控制保留字，分别是 break 和 continue。它们可用来辅助控制循环的执行。

break 用来跳出最内层循环，但仍然继续执行外层循环。每个 break 语句只能跳出当前层次循环。

continue 用来结束当次的循环，跳出循环体中下面尚未执行的语句，并不打破当前的循环，只打破当次的循环。

break 和 continue，这两个保留字都可以与 for 和 while 循环进行搭配使用。

例8-10　continue 和 break 对比实例。

```
for s in"PYTHON":
    if s=="T":
        continue
    print(s,end="")
```

```
else:
    print("正常退出")


for s in"PYTHON":
    if s== "T":
        break
    print(s,end="")
else:
        print("正常退出")
```

两个程序执行后的结果分别为：

```
>>>
PYHON 正常退出


>>>
PY
```

8.3.4   程序的异常处理

异常是在程序执行过程中发生的一个事件，Python 提供了异常处理的方法，通过 try、except 等保留字来检测 try<语句块>中的错误，从而让 except 语句捕获异常信息并处理。

例如，要获得用户的一个输入，可以通过 input()函数来提示用户输入一个整数，然后将输入的整数进行运算。从程序设计角度来讲是没有问题的，但是用户未必一定按照程序的要求输入整数，这时程序会怎么办呢？程序会产生异常。Python 解释器将返回异常信息，程序退出。不管什么原因，程序出错了，就会给用户带来非常不好的体验，所以 Python 提供了异常处理的相关机制。异常信息含义说明，如图 8-12 所示。

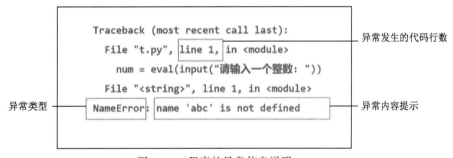

图 8-12   程序的异常信息说明

异常处理两种最基本的使用方法：使用保留字 try 和 except。其基本语法格式如下：

```
try:
    <语句块 1>
except:
    <语句块 2>
```

简单说，把要执行的程序放在 try 语句对应的<语句块 1>中，一旦出现异常，执行 except 对应的<语句块 2>。如果不出现任何异常，就不执行<语句块 2>，直接执行后续的语句。

为了进一步区分不同的异常类型，也可以在 except 中增加一个异常类型的标记，只有在这种异常类型发生时，才会执行相应的<语句块 2>。

```
    try:
```

```
    <语句块 1>
except  <异常类型>:
    <语句块 2>
```

Python 提供了异常处理的高级使用方法。在 try-except 之后，使用 else 和 finally 保留字，语法格式如下：

```
try:
    <语句块 1>
except  <异常类型 1> :
    <语句块 2>
else:
    <语句块 3>
finally:
    <语句块 4>
```

可以理解为，首先执行<语句块 1>的部分代码，如果不发生异常，就执行<语句块 3>，如果发生了异常，就执行<语句块 2>，无论是否发生异常，finally 对应的<语句块 4>，一定会执行。通过这种方式，Python 可以增加更多的异常处理相关逻辑，使得异常处理变得非常容易。

8.4 函数和代码复用

函数是由若干条语句组成，用于实现特定的功能。函数包含函数名、若干参数和返回值。一旦定义了函数，就可以在程序中需要实现该功能的位置调用该函数。在 Python 语言中，除了提供丰富的系统函数，还允许用户创建和使用自定义函数。

8.4.1 函数的定义

1．基本概念

函数是组织好的、可重复使用的、用来实现单一或相关联功能的代码段，它能够提高应用模块化和代码的重复利用率。

2．基本作用

在一般编程中，函数有两个作用：通过用函数定义一段功能，可以降低编码的难度，同时也可以对一段代码进行复用。简单说，如果我们定义了一个求平方功能的函数，就可以利用这个函数去求平方，函数内部是怎么实现的，我们就不需要考虑，这样就降低了我们编码的难度。通过这个功能，可以将一部分任务隔离出我们当前的程序。编写了一个具有可重用价值的功能之后，我们可以在不同的代码位置，去调用这个功能，实现代码的复用。所以，函数基本实现了这两层基本作用。

函数的定义比较简单。我们使用保留字 def 来定义函数。语法格式如下：

```
def  <函数名>(<参数列表>):
    <函数体>
    return  <返回值列表>
```

函数要有<函数名>，通常使用 def 后面跟<函数名> ()；<参数列表>是调用该函数时传递函数的参数，可以是 0 个，也可以是多个。

<函数体>指的是函数内部包含的一些语句代码。

最后通过保留字 return，给出当前函数运行之后的返回值。

函数表达定义比较简单，def 定义<函数名>，return 给出<返回值>，中间是函数代码，在<函数名>之后通过括号给出参数，括号后面的冒号必不可少。

例 8-11　计算 n 的阶乘。
函数的定义的代码如下：

```
#阶乘的定义.py
def fact(n):
    s=1
    for i in range(1,n+1):
        s*=i
    return s
```

8.4.2　函数的调用

函数定义好之后不会立即执行，直到被程序调用时才会生效。调用函数的方式非常简单，一般形式如下：

```
函数名(参数列表)
```

程序调用一个函数需要执行以下 4 个步骤：

（1）调用程序在调用处暂停执行。

（2）在调用时将实参复制给函数的形参。

（3）执行函数体语句。

（4）函数调用结束给出返回值，程序回到调用前的暂停处继续执行。

例 8-12　计算 *n* 的阶乘。
函数的调用的代码如下：

```
#阶乘的调用.py
def fact(n):
    s=1
    for i in range(1,n+1):
        s*=i
    return s
fact(10)
```

8.4.3　代码复用与函数递归

函数是程序的一种抽象，它通过封装实现代码复用。通常可以利用函数对程序进行模块化设计。

1．模块化设计

模块化设计：指通过函数或对象的封装功能将程序划分成主程序、子程序和子程序间关系的表达。模块化设计是使用函数和对象设计程序的思考方法，以功能模块为基本单位，一般有以下两个基本要求：

（1）紧耦合：尽可能合理划分功能块，功能块内部耦合紧密。

（2）松耦合：模块间关系尽可能简单，功能块之间耦合度低。

2．递归的定义

函数作为一种代码封装，可以被其他程序调用，也可以被函数内部代码调用。这种函数定义中，调用函数自身的方式称为递归。递归的两个关键特征是：

（1）存在一个或多个基例，基例不需要再次递归，它是确定的表达式。

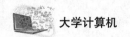

（2）所有递归链要以一个或多个基例结尾。

3. 递归的实现

通过实例来看一下，如何利用 Python 语言实现递归。

例 8-13 函数递归的实现。

$$n!=\begin{cases}1 & n=0 \\ n(n-1)! & n>0\end{cases}$$

代码如下：

```
#递归的实现.py
def fact(n):
    if n==0:
        return 1
    else:
        return n*fact(n-1)
```

如果要实现递归，需要利用函数与分支语句进行组合。

首先，递归本身就是一个函数，因为它需要调用自身，如果不通过函数方式来定义，就很难调用自身。所以，通过函数给一段代码定义名字，那么递归就可以调用这段代码本身。

在函数内部，由于要区分基例和链条，所以要使用一个分支语句，对输入的参数进行判断。如果输入的参数是基例的参数条件，就要给出基例的代码；如果不是基例的参数条件，要用链条的方式表达这种递归关系。

递归实现的主要方法就是"函数+分支语句"，如图 8-13 所示。

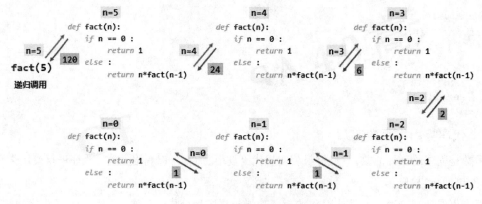

图 8-13 递归的调用过程

8.5 Python 程序实例解析

8.5.1 实例 1：温度转换

温度的刻画有两个不同体系：摄氏度和华氏度。

摄氏度：以 1 标准大气压下水的结冰点为 0 度，沸点为 100 度，将两个温度区间进行 100 等分后，确定 1 度所代表的温度区间，进而刻画温度值。

华氏度：以 1 标准大气压下水的结冰点为 32 度，沸点为 212 度，将两个温度区间进行 180

等分后，定义为 1 度区间。

问题：如何利用 Python 程序进行摄氏度和华氏度之间的转换？

（1）问题分析：对"摄氏度与华氏度相互转换"这一问题进行分析，得出"摄氏度转换华氏度"和"华氏度转换摄氏度"都可以利用程序解决问题。

在程序中，可接收华氏度值或摄氏度值，并将其转换为另一种数值输出，此问题的 IPO 描述如下。

输入：输入由 C 标识的摄氏度值，或由 F 标识的华氏度值。

处理：根据符号选择适当的公式进行转换。

输出：将转换后的数值输出，并使用对应的符号进行标识。

温度转换具体算法如下。

$$C = (F-32) / 1.8$$
$$F = C \times 1.8 + 32$$

其中，C 表示摄氏度值，F 表示华氏度值。

（2）编写程序。根据以上分析，使用 Python 语言编写程序。

代码如下：

```
#TempConvert.py
TempStr=input("请输入带有符号的温度值: ")
if  TempStr[-1] in ['F', 'f']:
    C=(eval(TempStr[0:-1])-32)/1.8
    print("转换后的温度是{:.2f}C".format(C))
elif TempStr[-1] in ['C', 'c'] :
    F=1.8*eval(TempStr[0:-1]) + 32
    print("转换后的温度是{:.2f}F".format(F))
else:
    print("输入格式错误")
```

（3）运行程序：将以上代码保存在文件 TempConvert.py 中。执行该程序，根据不同的用户输入，程序的执行结果如下。

输入华氏度 28 C：

```
===============
请输入带有符号的温度值: 28C
转换后的温度是82.40F
>>>
```

输入摄氏度 82 F：

```
===============
请输入带有符号的温度值: 82F
转换后的温度是27.78C
>>>
```

仅输入数值：

```
===============
请输入带有符号的温度值: 100
输入格式错误
>>>
```

（4）代码解析：

第 1 行：注释，它不被计算机的程序所运行。

第 2 行：使用 input ()函数，从控制台获得一个信息。

第 3 行：保留字 if 表达的是一个分支语句，它会判断后面的条件。

第 4 行：利用公式将华氏度转换为摄氏度，其中使用 eval()函数，对 TempStr[] 除去最后一位的其他位进行一个评估运算。

第 5 行：使用 print()函数的格式化方法，将产生的摄氏温度输出。

第 6 行：使用保留字 elif，进一步判断，TempStr[-1]的最后一个字符。

第 7 行：利用公式将摄氏度转换为华氏度。

第 8 行：使用 print()函数的格式化方法，将产生的华氏度输出。

第 9 行：使用 else 语句，执行程序的第 10 行代码。

第 10 行：向用户的控制台输入信息，提示用户输入格式错误。

8.5.2 实例 2：Python 蟒蛇绘制

Python 英文是"蟒蛇"的意思。如何使用 Python 绘制图形呢？我们可以根据程序设计的基本方法，利用"模块编程"的思想，绘制一条蟒蛇。

问题 1：计算机绘图的原理是什么？一段程序为什么能产生窗体，并在窗体中绘制图形呢？

问题 2：如何才能绘制出一条线？一个弧形？一条蟒蛇呢？

（1）问题分析：与温度转换程序不同，蟒蛇绘制程序中，没有明显的输入/输出语句，运行结果也并未在控制台中展示，而是显示在图形窗口中。在程序中，除结构语句与条件语句外的几乎所有代码都调用了函数。

（2）编写程序。根据以上分析，使用 Python 语言编写程序。具体代码如下：

```python
#PythonDraw.py
import turtle
turtle.setup(650,350,200,200)
turtle.penup()
turtle.fd(-250)
turtle.pendown()
turtle.pensize(25)
turtle.pencolor("purple")
turtle.seth(-40)
for i in range(4):
    turtle.circle(40,80)
    turtle.circle(-40,80)
turtle.circle(40,80/2)
turtle.fd(40)
turtle.circle(16,180)
turtle.fd(40*2/3)
turtle.done()
```

（3）运行程序：将以上代码保存在文件 PythonDraw.py 中。执行该程序，程序将打开一个图形窗口，并在其中绘制图形，绘制结果如图 8-14 所示。

（4）程序说明：通过"import turtle"语句导入了 Python 提供的图形模块 turtle 库中的所有内容，并在后续代码中通过不断调用 turtle 模块中的函数功能的方法，实现了蟒蛇的绘制。

（5）代码解析：

第 1 行：注释，它不被计算机的程序所运行。

第 2 行：使用 import turtle，引入绘图库。

第 3 行：使用 setup(650, 350, 200, 200)函数来设定一个窗体，窗体的宽度为 650 像素，高度为 350 像素。

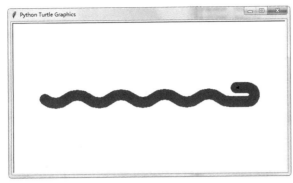

图 8-14　绘制蟒蛇效果

第 4 行：使用 turtle.penup()函数，将画笔抬起。

第 5 行：使用 turtle.fd(-250)函数，让画笔倒退向后行进 250 像素。此时，画笔抬起，所以画布上不留下任何的效果。

第 6 行：使用 turtle.pendown()函数，将画笔落下。

第 7 行：使用 turtle.pensize(25)函数，调整画笔的粗细为 25 像素。

第 8 行：使用 turtle.seth(-40)函数　，将画笔的方向改为绝对的-40 度方向。

第 9～11 行：这三行代码是一个循环，循环体中用到了 circle()函数，让画笔走曲线，形成了 Python 蟒蛇的一个关节，经过 4 次循环就形成蟒蛇的身体部分。

第 12 行：turtle.circle(40, 80/2) 函数，让画笔按照 40 像素的半径，40 度的弧度，绘制少半个弧形。

第 13 行：turtle.circle(-40, 80/2) 函数，让画笔按照 40 像素的半径，40 度的弧度，绘制少半个弧形。

第 14 行：turtle.fd(40)函数，让画笔向前行进 40 度，构成了蟒蛇的脖子部分。

第 15-16 行：我们采用半圆形和继续向前进的一个直线构成了蟒蛇的头部。

第 17 行：使用 turtle.done()函数的作用，如果是一个文件式描写方法，作为整个代码的最后一部分，程序运行之后，不会退出，需要手工关闭窗体，退出程序。

8.5.3　实例 3：天天向上的力量

1951 年，毛泽东题词"好好学习，天天向上"，成为激励一代代中国人奋发图强的经典名句。那么，"天天向上"的力量有多强大呢？我们一起用 Python 程序来计算一下。

问题 1：一年 365 天，每天进步 1‰，累计进步多少呢？一年 365 天，每天退步 1‰，累计剩下多少呢？

具体代码如下：

```
#DayDayUp01.py
dayup=pow(1.001, 365)
daydown=pow(0.999, 365)
print("向上: {:.2f}, 向下: {:.2f}".format(dayup, daydown))
```

运行结果如下：

```
>>>(运行结果)
向上: 1.44, 向下: 0.69
```

问题 2：一年 365 天，每天进步 5‰或 1%，累计进步多少呢？一年 365 天，每天退步 5‰或 1%，累计剩下多少呢？

具体代码如下：

```
#DayDayUpQ2.py
dayfactor=0.005
dayup=pow(1+dayfactor, 365)
daydown=pow(1-dayfactor, 365)
print("向上: {:.2f}, 向下: {:.2f}".format(dayup, daydown))
```

运行结果如下：

```
>>>(5%运行结果)              >>>(1%运行结果)
向上:6.17, 向下: 0.16        向上: 37.78, 向下: 0.03
```

问题 3：一年 365 天，一周 5 个工作日，每天进步 1%，累计进步多少呢？一年 365 天，一周 2 个休息日，每天退步 1%，累计剩下多少呢？

具体代码如下：

```
#DayDayUpQ3.py
dayup=1.0
dayfactor=0.01
for i in range(365):
    if i % 7 in [6,0]:
        dayup=dayup*(1-dayfactor)
    else:
        dayup=dayup*(1+dayfactor)
print("工作日的力量: {:.2f} ".format(dayup))
```

运行结果如下：

```
>>>(运行结果)
工作日的力量: 4.63
```

问题 4：

A 君：一年 365 天，每天进步 1%，不停歇，累计进步多少呢？

B 君：一年 365 天，每周工作 5 天休息 2 天，休息日下降 1%，要多努力呢？

具体代码如下：

```
#DayDayUpQ4.py
def dayUP(df):
    dayup=1
    for i in range(365):
        if i % 7 in [6,0]:
            dayup=dayup*(1-0.01)
        else:
            dayup=dayup*(1+df)
    return dayup
dayfactor=0.01
while dayUP(dayfactor)<37.78:
    dayfactor+=0.001
print("工作日的努力参数是: {:.3f} ".format(dayfactor))
```

运行结果如下：

```
>>>(运行结果)
工作日的努力参数是:0.019
```

程序说明：

程序中包含了条件循环(while)、计数循环(for)、分支语句(if-else)、函数及计算思维。

习　题

一、选择题

1. 下面不符合 Python 语言命名规则的是（　　　）。

    A. monthly　　　　B. monTH1y　　　　C. 3monthly　　　　D. _Monthly3_

2. Python 中定义函数的关键字是（　　　）。

    A. def　　　　　B. define　　　　　C. function　　　　D. defune

3. 下列对于递归程序的描述错误的是（　　　）。

    A. 书写简单　　B. 一定要有基例　　C. 执行效率高　　D. 思路简单

4. Python 通过（　　　）来判断操作是否在分支结构中。

    A. 缩进　　　　B. 花括号　　　　　C. 括号　　　　　D. 冒号

5. 关于函数，以下选项中描述错误的是（　　　）。

    A. 函数也是数据　　　　　　　　　　B. 函数定义语句可执行

    C. 函数名称不可赋给其他变量　　　　D. 一条函数定义一个用户自定义函数对象

二、填空题

1. IPO 方法是程序的基本编写方法，具体指＿＿＿＿＿、＿＿＿＿＿、＿＿＿＿＿。

2. 字符串是字符的序列，可以使用索引来标记单个字符或字符片段，字符串使用两种序号体系：＿＿＿＿＿和＿＿＿＿＿。

3. 程序由 3 种基本结构组成：＿＿＿＿＿、＿＿＿＿＿、＿＿＿＿＿。

4. Python 语言采用严格的＿＿＿＿＿来表明程序的格式框架以及表示代码之间的包含和＿＿＿＿＿。

5. Python 通过＿＿＿＿＿保留字提供遍历循环，通过＿＿＿＿＿保留字提供无限循环。

三、编程题

1. 编写汇率兑换程序。按照温度转换程序的设计思路，按照 1 美元=7.12 元汇率编写一个美元和元的双向兑换程序。

2. 编写一个函数，参数为一个整数 n。利用递归获取斐波那契数列中的第 n 个数并返回。

3. 水仙花数是指一个 3 位数，它的每个位上的数字的 3 次幂之和等于它本身，输出所有 3 位的水仙花数。

4. 在两行中分别输入一个整数，编写程序，计算两个整数的和、差、积、商并输出。

保证输入和输出全部在整型范围内且除数不为 0。

5. 分三行输入 3 个浮点数，表示三角形的三个边长 a、b、c 的长度，计算并依次输出三角形的周长和面积，结果严格保留 2 位小数。测试用例的数据保证三角形三边数据可以构成三角形。

    三角形面积计算公式：$area = \sqrt{s(s-a)(s-b)(s-c)}$，其中 $s=(a+b+c)/2$。

第9章
计算机新技术

 本章导读

随着互联网、移动互联网的快速发展，以及社交网络、微博、微信等新一代信息技术的应用和推广，人类产生的数据正以几何级的速度增长。目前，云计算、大数据、物联网、人工智能技术对人们的生活带来了深远的影响。计算机新技术研究的热点很多，如量子计算机、3D打印、可视化计算、虚拟现实、远程沉浸、移动计算、情感计算、感知计算等。

本章首先介绍云计算的关键技术和应用，然后介绍大数据的相关概念与技术，接着介绍物联网的概念、体系结构及应用，人工智能，最后介绍微信小程序和移动互联网应用技术。通过本章的学习，了解云计算、大数据、物联网及人工智能的概念与内涵，了解移动互联网应用技术与微信小程序开发。

 学习目标

◎ 了解云计算的概念、特点、关键技术及应用。

◎ 理解大数据的定义、特征、模式、应用及体系结构。

◎ 理解物联网的体系结构、关键技术及典型应用。

◎ 了解人工智能的概念、应用及发展趋势。

◎ 理解微信小程序的一般开发方法及移动互联网应用技术。

9.1 云 计 算

2006年8月9日，Google首席执行官埃里克·施密特（Eric Schmidt）在搜索引擎大会（SES San Jose 2006）首次提出"云计算"（Cloud Computing）的概念。云计算是继20世纪80年代大型计算机到客户端–服务器的大转变之后又一巨变。"云"突显出计算的弥漫性、无所不在的分布性和社会性特征，表现出一种高度可扩展的计算方式。它通过互联网将资源以"按需服务"的形式提供给用户，而用户不需要了解、知晓或控制支持这些服务的技术基础架构。

9.1.1 云计算概述

云计算（Cloud Computing）是分布式计算的一种，指的是通过网络"云"将巨大的数据计算处理程序分解成无数个小程序，然后，通过多部服务器组成的系统处理和分析这些小程序，得到结果并返回给用户。云计算早期，简单地说就是简单的分布式计算，解决任务分发，并进行计算结果的合并。因而，云计算又称为网格计算。通过这项技术，可以在很短的时间内（几秒）完成对数以万计的数据的处理，从而达到强大的网络服务。

"云"是对计算机集群的一种形象比喻，每一群包括几十台，甚至上百万台计算机，通过互联网随时随地地为用户提供各种资源和服务，类似于使用水、电、煤一样（按需付费）。用户只需要一个能上网的终端设备（如计算机、智能手机等），无须关心数据存储在哪朵"云"上，也无须关心哪朵"云"来完成计算，就可以在任何时间、任何地点，快速地使用云端的资源。

1．云计算的特征

1）超大规模

弹性伸缩"云"的规模和计算能力相当巨大，并且可以根据需求增减相应的资源和服务，规模可以动态伸缩。Google 云计算已经拥有 100 多万台服务器，Amazon、IBM、微软、Yahoo 等的"云"均拥有几十万台服务器。企业私有云一般拥有数百上千台服务器。"云"能赋予用户前所未有的计算能力。

2）虚拟化

云计算将传统的计算、网络和存储资源通过提供虚拟化、容错和并行处理的软件，转化为可以弹性伸缩的服务。云计算通过资源抽象特性（通常会采用相应的虚拟化技术）来实现云的灵活性和应用广泛支持性。使用者所请求的资源来自"云"，而不是固定的有形的实体。云计算支持用户在任意位置使用各种终端获取应用服务。虚拟化"云"上所有资源均被抽象和虚拟化了，用户可以采用按需支付的方式购买。

3）高可靠性

云计算提供了安全的数据存储方式，能够保证数据的可靠性，用户无须担心软件的升级更新、漏洞修补、病毒攻击和数据丢失等问题。"云"使用了数据多副本容错、计算节点同构可互换等措施来保障服务的高可靠性，使用云计算比使用本地计算机更可靠。

4）自助服务

在云计算服务中，用户通过自助方式获取服务。自助服务是区分简单的 B/S 架构与真正云计算的重要标准。自助式的服务方式充分发挥了云计算后台架构强大的运算能力，也使用户获得了更加快捷、高效的体验。用户使用云计算平台上的服务，就像使用生活中的自来水、电和天然气一样，不受时空的限制。享受云平台服务时，不受访问平台和系统的制约，只需拥有 Internet 和通过访问验证即可。

5）经济性

在达到同样性能的前提下，组建一个超级计算机所消耗的资金很多，而云计算通过采用大量商业机组成集群的方式，所需的费用与之相比要少很多。云的自动化集中式管理使大量企业无须负担日益高昂的数据中心管理成本，"云"的通用性使资源的利用率较传统系统大幅提升，用户可以充分享受"云"的低成本优势。

2．云计算的分类

云计算按照是否公开发布服务可以分为公有云（Public Clouds）、私有云（Private Clouds）和混合云（Mixed Clouds）。

1）公有云

公有云通常指第三方提供商为用户提供的云。公有云一般可通过 Internet 使用，可能是免费

或成本低廉的。目前，公有云的建立和运维多为大型运营组织，他们拥有大量计算资源对外提供云计算服务，使用者可节省大量成本，无须自建数据中心，不需自行维护，只需要按需租用付费即可。典型的公有云包括微软的 Windows Azure，亚马逊的 AWS，以及国内的阿里云、腾讯云、百度云等。

公有云模式具有较高的开放性，最大优点是其所应用的程序、服务及相关数据都存放在公有云的提供者处，自己无须做相应的投资和建设。而最大的缺点是，由于数据不存储在自己的数据中心，用户几乎不对数据和计算拥有控制权，可用性不受使用者控制，其安全性存在一定的风险。

2）私有云

私有云是为一个客户单独使用而构建的，因而提供对数据、安全性和服务质量的最有效的控制。部署私有云的公司拥有基础设施，并可以控制在此基础设施上部署应用程序的方式。私有云可部署在企业数据中心的防火墙内，也可以将它们部署在一个安全的主机托管场所，私有云的核心属性是专有资源。

相对于公有云，私有云因为私有，它独特的优势是统一管理计算资源，动态分配计算资源。它的建立需要购买基础设施，以及构建数据中心，要有人力、物力来进行运维，增加 IT 成本。因此针对固定、有限的内部环境提供良好的云服务，本身的云规模有限，其所遭受的攻击及安全风险最小。

3）混合云

混合云融合了公有云和私有云，是近年来云计算的主要模式和发展方向。私有云主要是面向企业用户，出于安全考虑，企业更愿意将数据存放在私有云中，但同时又希望可以获得公有云的计算资源，在这种情况下混合云被采用的机会越来越多，它将公有云和私有云进行混合和匹配，已获得最佳的效果，这种个性化的解决方案达到了既省钱又安全的目的。

在混合云模式中，每种云保持独立，相互间又紧密相连，每种云之间又具有较强的数据交换能力，考虑其组成云的特性不同，用户会把私密数据存放到私有云，将重要性不高，保密性不强的数据和计算放到公有云。当计算和处理需求波动时，混合云使企业能够将其本地基础结构无缝扩展到公有云以处理任何溢出，而无须授予第三方数据中心访问其整个数据的权限。

9.1.2 云计算服务类型

云计算的一个典型特征就是 IT 服务化，也就是将传统的 IT 产品、能力通过互联网以服务的形式交付给用户。云计算是分层的，这种分层的概念也可视为其不同的服务模式。云计算提供的服务分为 3 个层次：基础设施即服务、平台即服务和软件即服务，如图 9-1 所示。

1. 基础设施即服务

基础设施即服务（Infrastructure-as-a-Service, IaaS）是将云中计算机集群的内存、I/O 设备、存储、计算能力整合成一个虚拟的资源池，为用户提供所需的存储资源和虚拟化服务器等服务，例如云存储、云主机、云服务器等。IaaS 能够得到成熟应用的核心在于虚拟化技术，通过虚拟化技术可以将形形色色的计算设备统一虚拟化为虚拟资源池中的存储资源，将网络设备统一虚拟化为虚拟资源池中的网络资源。当用户订购这些资源时，数据中心管理者直接将订购的份额打包提供给用户，从而实现 IaaS。

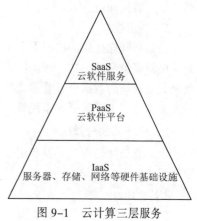

图 9-1　云计算三层服务

IaaS 位于云计算第三层服务的最底层。有了 IaaS，项目开发时不必购买服务器、磁盘阵列、带宽等设备，而是在云上直接申请，而且可以根据需要扩展性能。这一层典型的服务如亚马逊的弹性计算云（Elastic Compute Cloud，EC2）和 Apache 的开源项目 Hadoop。EC2 给用户提供一个虚拟的环境，使得可以基于虚拟的操作系统运行自身的应用程序。同时，用户可以创建镜像，通过弹性计算云的网络界面去操作在云计算平台上运行的各个实例。Hadoop 是一个开源的基于 Java 的分布式存储和计算项目，其本身实现的是分布式文件系统以及计算框架 MapReduce。此外，Hadoop 包含一系列扩展项目，包括分布式文件数据库 HBase、分布式协同服务 Zookeeper 等。

2. 平台即服务

平台即服务（Platform-as-a-Service，PaaS）构建在 IaaS 之上，把开发环境对外向客户提供。PaaS 为用户提供了一整套开发、运行和运营应用软件的支撑平台。用户通过云服务提供的基础开发平台，运用适当的编程语言和开发工具，编译运行应用云平台的应用，以及根据自身需求购买所需要的应用。用户不必控制底层的网络、存储、操作系统等技术问题，底层服务对用户是透明的，这一层服务是软件开发和运行环境，是一个开发、托管网络应用程序的平台。

PaaS 位于云计算三层服务的中间。有了 PaaS，项目开发时不必购买操作系统、数据库管理系统、开发平台、中间件等系统软件，而是在云上根据需要申请。典型的 PaaS 有谷歌公司大规模数据处理系统编程框架 MapReduce 和应用程序引擎 Google App Engine、微软提出的 Microsoft Azure 等。基于 Google App Engine，用户将不再需要维护服务器，用户基于 Google 的基础设施上传、运行应用程序软件。Microsoft Azure 构建在 Microsoft 数据中心内，允许用户开放应用程序，同时提供了一套内置的有限 API，方便开发和部署应用程序。

3. 软件即服务

软件即服务（Software-as-a-Service，SaaS）是一种通过互联网提供软件服务的软件应用模式。在这种模式下，用户不需要再花费大量投资用于硬件、软件和开发团队的建设，只需要支付一定的租赁费用，就可以通过互联网享受到相应的服务，而且整个系统的维护也是由厂商负责。SaaS 是一种通过 Internet 提供软件的模式，用户无须购买软件，而是向提供商主用基于 Web 的软件，来管理企业经营活动。

SaaS 是最常见的云计算服务，位于云计算三层服务的顶端。有了 SaaS，企业可通过互联网使用信息系统，不必自己研发。SaaS 由应用服务提供发展而来，应用服务提供仅对用户提供定制化的服务，是一对一的，而 SaaS 一般是一对多的。SaaS 可以基于 PaaS 构建，也可以直接构建在 IaaS 之上。常见的 SaaS 应用包括 Salesforce 公司的在线客户关系管理系统 CRM 和谷歌公司的 Google Docs、Gmail 等应用。

9.1.3　国内云计算

目前，国内众多知名的互联网服务企业，通过对国内市场大量差异化需求的充分发掘及各自的创新，已成为现阶段中国云计算服务发展的主导力量。同时，一些新现象正引起人们的关注，包括国内市场竞争带来产业格局变革，开源技术受到企业广泛关注，移动互联网等新型业态与云计算深度融合的趋势更加明显，城市云建设将迅速发展。

以"BAT"为代表的互联网企业（百度、阿里巴巴、腾讯）基于云计算模式提供了搜索引擎、电子商务、企业管理等服务，并不断提高云计算能力，成为现阶段中国云计算服务创新发展的主导力量。后起之秀 UCloud、QingCloud 等，也开始把目标对准庞大的企业级市场，希望能够在未来庞大的企业级市场占据领导地位。

1. 百度智能云

百度智能云是百度提供的公有云平台，于 2015 年正式开放运营。百度智能云秉承"用科技力量推动社会创新"的愿景，不断将百度在云计算、大数据、人工智能的技术能力向社会输出。2016 年，百度正式对外发布了"云计算+大数据+人工智能"三位一体的云计算战略。百度智能云推出了 40 余款高性能云计算产品，天算、天像、天工三大智能平台，分别提供智能大数据、智能多媒体、智能物联网服务。为社会各个行业提供最安全、高性能、智能的计算和数据处理服务，让智能的云计算成为社会发展的新引擎。2020 年 3 月，Canalys 发布的 2019 年第四季度中国基础云服务市场报告显示，百度智能云在中国市场排名前三。

百度智能云主要产品有：计算与网络、存储和 CDN、数据库、安全和管理、数据分析、智能多媒体服务、物联网服务、应用服务及网站服务。采用的解决方案包括：百度智能大数据平台、百度云智能多媒体平台、百度云智能物联网平台、数字营销云解决方案、泛娱乐行业解决方案等。百度云的经典应用有：沈阳盘古网络技术有限公司、贝瓦网、九九参考计算网、转转大师、中国国际航空公司及 365 日历。

百度认为未来是移动和云的时代，因此，百度智能云的一个重要发展方向就是将向开发者提供包括云存储、大数据处理、云计算能力等在内的核心技术支持，以百度 BAE（百度应用引擎平台）为代表，让开发者在成熟的云平台上调取云能力，让广大开发者的智慧得到充分发挥。百度希望由此将这股源动力凝聚和集中，以此掌握更大的市场主动权。这和 App Store 所代表的策略思想很相似，也是一种云服务的全新模式。业界普遍认为，百度将自己最核心的云能力开放给开发者，将引起云计算市场的巨大变革。

2. 阿里云

阿里云是阿里巴巴集团旗下云计算品牌，全球卓越的云计算技术和服务提供商。阿里云创立于 2009 年，是全球领先的云计算及人工智能科技公司，致力于以在线公共服务的方式，提供安全、可靠的计算和数据处理能力，让计算和人工智能成为普惠科技。阿里云服务着制造、金融、政务、交通、医疗、电信、能源等众多领域的领军企业，包括中国联通、12306、中石化、中石油、飞利浦、华大基因等大型企业客户，以及微博、知乎、锤子科技等互联网公司。在天猫双 11 全球狂欢节、12306 春运购票等极富挑战的应用场景中，阿里云保持着良好的运行纪录。

阿里云的主要产品包括：弹性计算、数据存储、存储与 CDN、大规模计算机、云安全与管理、万网服务等。行业解决方案主要有：移动云、游戏云、金融云和电商云。阿里云的典型应用有：火车票网站、中国药品监管网、天弘基金与余额宝、蚂蚁微贷、众安保险、浙江政务超市、水利厅台风系统、中国天气网等。

阿里巴巴在云计算领域特别是云平台的市场中，更加侧重于对实际用户的支持，不管是终端用户，还是其他服务提供商、合作用户。2013 年 10 月，阿里云推出"飞天 5k 集群"项目，技术上取得了重大突破，拥有了世界顶级 IT 公司才能达到的单集群规模，达到 5 000 台服务器的通用计算平台。阿里云于 2013 年 12 月在"飞天"平台上启动一系列举措，包括低门槛的入云策略、1 亿元扶持计划、开发全新开发者服务平台等多项服务。2019 年 6 月 11 日，阿里云入选"2019 福布斯中国最具创新力企业榜"。2020 年 9 月，阿里云宣布进入 2.0 时代，并在"云钉一体"之后又提出了"云端一体"概念。

3. 腾讯云

腾讯云以卓越科技能力助力各行各业数字化转型，为全球客户提供领先的云计算、大数据、人工智能服务，以及定制化行业解决方案。腾讯云具有深厚的基础架构，并且有着多年对海量互联网服务的经验，不管是社交、游戏还是其他领域，都有多年的成熟产品来提供产品服务。腾讯在云端完成重要部署，为开发者及企业提供云服务、云数据、云运营等整体一站式服务方案。

腾讯云提供的服务具体包括云服务器、云存储、云数据库和弹性 Web 引擎等基础云服务；腾讯云分析（MTA）、腾讯云推送（信鸽）等腾讯整体大数据能力；以及 QQ 互联、QQ 空间、微云、微社区等云端链接社交体系。这些正是腾讯云可以提供给这个行业的差异化优势，造就了可支持各种互联网使用场景的高品质的腾讯云技术平台。腾讯云的典型应用包括：未来电视、乐逗游戏、乐元素、大众点评、乐心医疗、富途证券、蜻蜓 FM 等。

QQ 和微信两大即时通信工具都是腾讯云的客户，腾讯云为 QQ 和微信提供计算、存储、数据库以及安全等服务。目前，腾讯云被来自各行各业的超过一百万开发者所信赖。腾讯云是腾讯技术能力的重要输出口，通过腾讯云连接腾讯先进的 AI 能力，将最新的技术开放给合作伙伴，赋能各行各业实现数字化转型升级。

9.2　大 数 据

互联网时代，电子商务、物联网、社交网络、移动通信等每时每刻都产生着海量的数据，这些数据规模巨大，通常以"PB""EB"甚至"ZB"为单位，故被称为大数据。大数据隐藏着丰富的价值，目前挖掘的价值就像漂浮在海洋中冰山的一角，绝大部分还隐藏在表面之下。面对大数据，传统的计算机技术无法存储和处理，因此大数据技术应运而生。

9.2.1　大数据的定义和特征

1. 什么是大数据

对于"大数据"（Big data），研究机构 Gartner 给出了这样的定义："大数据"是需要新处理模式才能具有更强的决策力、洞察发现力和流程优化能力来适应海量、高增长率和多样化的信息资产。

麦肯锡全球研究的《大数据：创新、竞争和生产力的下一个前沿》报告中所给出的定义是：大数据通常指的是大小规模超越传统数据库软件工具抓取、存储、管理和分析能力的数据群。但这个定义没有说明什么样规格的数据才是大数据。按照美国信息存储资讯科技公司易安信（EMC）的界定，特指的大数据一定是指大型数据集，规模大概为 10 TB。通过多个用户将多个数据集合在一起，能构成 PB 的数据集。

究竟什么是大数据，众多权威机构对大数据给予不同的定义。关于大数据如何定义尚没有一个统一的意见，结合大数据的四个特征，可以给出一个较为清晰的大数据的概念。

2. 大数据的特征

大数据的特征概括为 4 个 V，即大量化（Volume）、多样化（Variety）、快速化（Velocity）和信息化（Value）。

1）数据量巨大（Volume）

目前，许多应用场景中涉及的数据量都已经具备了这一特征。例如博客、微博、微信、抖音等应用平台每天有网民发布的海量信息属于大数据。遍布于人们工作和生活的各个角落的各种传感器和摄像头，每时每刻都在自动产生大量数据，也属于大数据。

根据著名咨询机构国际数据公司（International Data Corporation，IDC）作出的估测，人类社会产生的数据一直都在以每年 50% 的速度增长，也就是说，大约每两年就翻一倍，被称为大数据

的摩尔定律。这意味着，人们在最近两年产生的数据量相当于之前产生的全部数据量之和。

随着数据量的不断增加，数据所蕴含的价值会从量变发展到质变。举例来说，如果拍一张跑步的照片，受到照相技术的制约，早期只能每1分钟拍1张，随着照相设备的不断改进，处理速度越来越快，发展到后来，就可以1秒钟拍1张，而当有一天发展到1秒钟可以拍10张以后，就产生了电影。同样的量变到质变的过程，也会发生在数据量的增加过程之中。

2）数据类型繁多（Variety）

大数据的数据来源众多，科学研究、企业应用和Web应用等都在源源不断地生成新的类型繁多的数据。生物大数据、交通大数据、医疗大数据、电信大数据、电力大数据、金融大数据等都呈现出"井喷式"增长，涉及的数量十分巨大，已经从太字节（TB）级别跃升到拍字节（PB）级别。各行各业，每时每刻，都在不断地生成各种类型的数据。数据类型繁多，大约5%是结构性数据，95%是非结构性数据，使用传统的数据库技术无法存储这些数据。

如此种类繁多的异构数据，对数据处理和分析技术提出了新的挑战，也带来了新的机遇。传统数据主要存储在关系数据库中，但是，在类似Web 2.0等应用领域中，越来越多的数据开始被存储在NoSQL数据库中，这就必然要求在集成的过程中进行数据转换，而这种转换的过程是非常复杂和难以管理的。传统的OLAP分析和商务智能工具大都面向结构化数据，而在大数据时代，用户友好的、支持非结构化数据分析的商业软件也迎来了广阔的市场空间。

3）处理速度快（Velocity）

大数据时代的数据产生速度非常快。在Web 2.0应用领域，一分钟内，新浪可以产生2万条微博，推特可以产生10万条推文，苹果可以产生4.7万次应用下载，淘宝可以卖出6万件商品，百度可以产生90万次搜索查询，Facebook可以产生600万次浏览量。大名鼎鼎的大型强子对撞机，大约每秒产生6亿次的碰撞，每秒生成700 MB的数据，需要成千上万台计算机分析这些碰撞。

大数据时代的很多应用，都需要对快速生成的数据给出实时分析结果，用于指导生产和生活实践，因此，数据处理和分析的速度通常要达到秒级甚至毫秒级响应，这一点和传统的数据挖掘技术有着本质的不同，后者通常不要求给出实时分析结果。

为了实现快速分析海量数据的目的，新兴的大数据分析技术通常采用集群处理和独特的内部设计。以谷歌公司的大数据引擎Dremel为例，它是一种可扩展的、交互式的实时查询系统，用于只读嵌套数据的分析，通过结合多级树状执行过程和列式数据结构，它能做到几秒内完成对万亿张表的聚合查询，系统可以扩展到成千上万的CPU上，满足谷歌上万用户操作拍字节（PB）级数据的需求，并且可以在2～3 s内完成拍字节（PB）级别数据的查询。

4）价值密度低（Value）

通过对大数据获取、存储、抽取、清洗、集成、挖掘与分析来获得价值，大数据价值密度低，大概80%甚至90%的数据都是无效数据。以视频为例，连续不间断监控过程中，可能有用的数据仅仅有一两秒，难以进行预测分析、运营智能、决策支持等计算。通常利用价值密度来描述这一特点，价值密度的高低与数据总量大小成反比，总量越大，无效冗余的数据越多。随着物联网的广泛应用，信息感知无处不在，如何通过强大的计算机算法迅速完成数据的价值提纯，是亟待解决的难题。

大数据虽然看起来很美，但是，价值密度却远远低于传统关系数据库中已有的数据。在大数据时代，很多有价值的信息都是分散在海量数据中的。以小区监控视频为例，如果没有意外事件发生，连续不断产生的数据都是没有任何价值的，当发生盗窃等意外情况时，也只有记录了事件过程的那一小段视频是有价值的。但是，为了能够获得发生偷盗等意外情况时的那一段宝贵的视频，不得不投入大量的资金购买监控设备、网络设备、存储设备，耗费大量的电能和存储空间，来保存摄像头连续不断传来的监控数据。

9.2.2　大数据的关键技术

所谓大数据技术，是指伴随着大数据的采集、存储、分析和应用的相关技术，是一系列使用非传统的工具来对大量的结构化、半结构化和非结构化的数据进行处理，从而获得分析和预测结果的一系列数据存储处理和分析技术。从广义上来讲，大数据技术既包括近年发展出来的分布式存储和计算技术，也包括在大数据时代到来之前已具有较长发展历史的其他技术，如数据采集和数据清洗、数据可视化、数据隐私和安全等。

1. 大数据存储技术

按照数据的结构不同，数据可以分为结构化的大数据、非结构化的大数据和半结构化的大数据。下面讨论这三类数据如何被存储。

1）结构化数据存储

结构化数据存储是为了分析而存储，采用分布式方式，其目标有两个：一是在海量的数据库中快速查询历史数据，二是在海量的数据库中分析和挖掘有价值的信息。

分布式数据库系统是数据库技术和网络技术相结合的产物。它通常使用体积较小的计算机系统，每台计算机可以单独放在一个地方，每台计算机中都有 DBMS 的一份完整的副本，并具有自己局部的数据库。位于不同地点的许多计算机通过网络相互连接，共同组成一个完整的、全局的大型数据库。

分布式数据库系统具有以下特点：

（1）物理分布性：数据不是存储在一个场地上，而是存储在计算机网络的多个场地上；

（2）逻辑整体性：物理分布在各个场地上，但逻辑上是一个整体，它们被所有的用户共享，并由一个主节点统一管理；

（3）具有灵活的体系结构，适应分布式的管理和控制机构；

（4）系统的经济性能优越，可靠性高，可用性好；

（5）可扩展性好，易于集成现有的系统。

2）非结构化数据存储

常见的非结构化数据包括文件、图片、视频、语音、邮件和聊天记录等，和结构化数据相比，这些数据是未被抽象出有价值信息的数据，需要经过二次加工才能得到其有价值的信息。由于非结构化数据的生产不受格式约束、不受主题约束，人们随时都可以根据自己的视角和观点进行创作生产，所以数据量比结构化数据要大。

由于非结构化数据具有形式多样、体量大、来源广、纬度多、有价内容密度低、分析意义大等特点，所以要为了分析而存储，而不是为了存储而存储，即存储工作是分析的前置工作。当前针对非结构化数据的特点，均采用分布式文件系统方式来存储这些数据。

分布式文件系统将数据存储在物理上分散的多个存储节点上，然后对这些节点的资源进行统一管理和分配，并向用户提供文件系统访问接口，主要解决本地文件系统在文件大小、文件数量、打开文件数等的限制问题。目前比较主流的分布式文件系统通常包括主控服务器（又称元数据服务器、名字服务器等，通常会配置备用主控服务器，以便在出故障时接管服务，也可以两个都为主模式）、多个数据服务器（或称存储服务器、存储节点等）以及多个客户端（客户端可以是各种应用服务器，也可以是终端用户）。

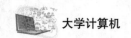

分布式文件系统的数据存储解决方案归根结底是将大问题划分成小问题。大量的文件分布到多个数据服务器上后，每个数据库服务器存储的文件数量就少了。此外，还能将单个服务器上存储的文件数降到单机能解决的规模；对于很大的文件，可以将大文件划分成多个相对较小的片段，存储在多个数据服务器上。

3）半结构化数据存储

半结构化数据是指数据中既有结构化数据，也有非结构化数据。比如，摄像头回传给后端的数据中既有位置、时间等结构化数据，也有图片等非结构化数据。这些数据是以数据流的形式传递的，所以半结构化数据也称流数据。对流数据进行处理的系统称为数据流系统。

数据流的特点是数据不是永久性存储在数据库中的静态数据，而是瞬时处理的源源不断的连续数据流。在大量的数据流应用系统中，数据流来自地理上不同位置的数据源，非常适合分布式查询处理。

分布式处理是数据流管理系统发展的必然趋势，而查询处理技术是数据流处理的关键技术之一。在数据流应用系统中，系统运行环境和数据流本身的一些特征不断发生变化，因此，对分布式数据流自适应查询处理技术的研究，成为数据流查询处理技术研究的热门领域之一。

2．大数据的处理技术

MapReduce 是大家熟悉的大数据处理技术，当人们提到大数据时就会很自然地想到MapReduce，可见其影响力之广。实际上由于企业内部存在着多种不同的应用场景，因此，大数据的处理问题复杂多样，单一的技术是无法满足不同类型的计算需求的，MapReduce 其实只是大数据处理技术的一种，它代表了针对大规模数据的批量处理技术。Hadoop、Storm 和 Spark 是目前主流的大数据处理平台。其中，Hadoop 适用于大数据离线计算，Storm 适用于大数据流式计算，Spark 适用于大数据交互式计算。

1）Hadoop 大数据处理平台

Hadoop 是最早出现的大数据处理平台，Hadoop 的框架最核心的设计就是：HDFS 和MapReduce。其中 HDFS 用于存储与管理数据，MapReduce 用于处理数据所使用的函数式语言，主要包含 Map 函数与 Reduce 函数，Hadoop 适用于 Map 和 Reduce 存在的任何场景，例如单词计数、排序、PageRank、用户行为分析等批量数据处理，但是 Hadoop 处理平台并不适用于交互式数据查询和实时数据流的处理。

MapReduce 是分布计算的编程模型，在 Hadoop 分布计算平台中，利用 MapReduce 模型对任务进行分配，进而使分配后的任务在计算机集群上进行分布并行计算，实现了 Hadoop 对任务的并行处理。MapReduce 是由 Map 和 Reduce 两个阶段组成，用户只需要编写 Map 和 reduce 两个函数程序，就可以完成简单的分布式程序的设计。

MapReduce 是最具有代表性和影响力的大数据批处理技术，可以并行执行大规模数据处理任务，用于大规模数据集（大于 1 TB）的并行运算。MapReduce 极大地方便了分布式编程工作，它将复杂的、运行于大规模集群上的并行计算过程高度地抽象到了 Map 和 Reduce 两个函数中，编程人员在不会分布式并行编程的情况下，也可以很容易地将自己的程序运行在分布式系统之上，完成海量数据集的计算。

2）Storm 大数据处理平台

Storm 是由 BackType 开发的实时处理系统，为分布式实时计算提供了一组通用原语。Storm 可被用于"流处理"之中，进行实时处理消息并更新数据库，这是管理队列及工作者集群的另一种方式。Strom 也可以被用于"连续计算"中（Continuous Computation），以对数据流做连续查询，并在计算结束时就将结果以流的形式输出给用户。它还可以被用于"分布式 RPC"中，并以并行的方式运行昂贵的运算。Storm 可以方便地在一个计算机集群中编写与扩展复杂的实时计算，保证每个消息都会得到处理，而且速度很快。在一个小集群中，Storm 每秒可以处理数以百万计的消息，Storm 还可以使用任意编程语言，采用不同的编程范式来做开发。

Storm 集群非常类似于 Hadoop 集群。Hadoop 运行的是 MapReduce Job，而 Storm 上运行的是 Topology。Job 和 Topology 本身是不同的，其中一个最大的不同就是，MapReduce Job 最终会结束，而 Topology 则会持续地处理消息，直到终止它。

Strom 集群由一个主控节点和多个工作节点组成。主控节点（Master）运行一个守护进程，称为 Nimbus，类似于 Hadoop 的 JobTracker。Nimbus 负责在集群中分发代码，分配任务及检测故障。每个工作（Worker）节点运行一个守护进程，称为 Supervisor。Supervisor 监听分配到该服务器的任务，开始和结束工作进程。每个 Worker 进程执行 Topology 的一个子集；一个运行中的 Topology 由许多分布在多台机器上的 Worker 进程组成。

Nimbus 和 Supervisor 之间是通过 Zookeeper 协调的。此外，Nimbus 和 Supervisor 能快速处理失败（fail-fast）和无状态（stateless）情况；所有的状态都保存在 Zookeeper 或者本地磁盘中。当 Nimbus 或 Supervisor 出现问题重启后会自动恢复，好像什么也没有发生过，这使得 Strom 集群变得非常稳定健壮。

3）Spark 大数据处理平台

Spark 是一个针对超大数据集合的低延迟的集群分布式计算系统，比 MapReduce 快许多。Spark 启用了内存分布数据集，除了能够提供交互式查询外，还可以优化迭代工作负载。在 MapReduce 中，数据流从一个稳定的来源，进行一系列加工处理后，流出到一个稳定的文件系统（如 HDFS）。而对于 Spark 而言，则使用内存带去代替 HDFS 或本地磁盘来存储中间结果，因此 Spark 要比 MapReduce 的速度快许多。

由于 Spark 在内存中进行计算，所以计算速度快。Spark 适用于各种不同的分布平台的场景，主要包括批处理、迭代算法、交互式查询、流处理等。Spark 可以简单地将各种处理流程整合在一起，对数据分析有实际意义，极大地减轻了对各种平台分别管理的负担。Spark 接口丰富，可以提供基于 Python、Java、Scala 和 SQL 的简单易用的 IPIH 和内建的丰富程序库，还可以和其他大数据工具密切配合使用。

Spark 是在 Scala 语言中实现的，它将 Scala 用作其应用程序框架。与 Hadoop 不同，Spark 和 Scala 能够紧密集成，其中的 Scala 可以像操作本地集合对象一样轻松地操作分布式数据集。尽管创建 Spark 是为了支持分布式数据集上的迭代作业，但是实际上它是对 Hadoop 的补充，可以在 Hadoop 文件系统中并行运行。通过名为 Mesos 的第三方集群框架可以支持此行为。

3. 大数据分析技术

目前的大数据分析主要有两条技术路线，一是凭借先验知识人工建立数学模型来分析数据；二是通过建立人工智能系统，使用大量样本数据进行训练，让机器代替人工获得从数据中提取知识的能力。由于占大数据主要部分的非结构化数据，往往模式不明且多变，因此难以靠人工建立数学模型去挖掘深藏其中的知识。所以通过人工智能和机器学习技术分析大数据，被业界认为具有很好的前景。

数据分析过程的主要活动由识别信息需求、收集数据、分析数据、评价并改进数据分析的有效性组成。识别信息需求是确保数据分析过程中有效性的首要条件，可以为收集数据、分析数据提供清晰的目标。识别信息需求是管理者的职责，管理者应根据决策和过程控制的需求，提出对信息的需求。就过程控制而言，管理者应识别需求要利用哪些信息支持评审过程输入、过程输出、资源配置的合理性、过程活动的优化方案和过程异常变异的发现。有目的地收集数据是确保数据分析过程有效的基础。组织者需要对收集数据的内容、渠道、方法进行策划。分析数据是将收集的数据进行加工、整理和分析，使其转化为信息，通常采用的方法有：排列图、因果图、分层法、调查表、散布图、直方图、控制图、关联图、系统图、矩阵图、KJ 法、计划评审技术、PDPC 法以及矩阵数据图。评价并改进数据分析的有效性组成，数据分析是质量管理体系的基础，组织的管理者应当在适当的时候分析、评估其有效性。

9.2.3 大数据的应用

目前，大数据技术已经成熟，大数据应用逐渐落地生根。应用大数据较多的领域有公共服务、电子商务、企业管理、金融、娱乐、个人服务等。越来越多的成功案例相继在不同的领域中涌现，不胜枚举。

1. 互联网商业应用

随着大数据时代的到来，网络信息飞速增长，用户面临着信息过载的问题。虽然用户可以通过搜索引擎查找自己感兴趣的信息，但是，在用户没有明确需求的情况下，搜索引擎难以帮助用户有效地筛选信息。为了让用户从海量信息中高效地获得自己所需的信息，推荐系统应运而生。推荐系统是大数据在互联网领域的典型应用，它可以通过分析用户的历史记录来了解用户的喜好，从而主动为用户推荐其感兴趣的信息，满足用户的个性化推荐需求。

推荐系统通过分析用户的历史数据来了解用户的需求和兴趣，从而将用户感兴趣的信息、物品等主动推荐给用户。设想一个生活中可能遇到的场景：假设你今天想看电影，但又没有明确想看哪部电影，这时你打开在线电影网站，面对近百年来所拍摄的成千上万部电影，要从中挑选一部自己感兴趣的电影就不是一件容易的事情。我们经常会打开一部看起来不错的电影，看几分钟后无法提起兴趣就结束观看，然后继续寻找下一部电影，等终于找到一部自己爱看的电影时，可能已经有点筋疲力尽，渴望休闲的心情也会荡然无存。为了解决挑选电影的问题，你可以向朋友、电影爱好者进行请教，让他们为你推荐电影。但是，这需要一定的时间成本，而且，由于每个人的喜好不同，他人推荐的电影不一定会令你满意。这时，你可能更想要的是一个针对你的自动化工具，它可以分析你的观影记录，了解你对电影的喜好，并从庞大的电影库中找到符合你兴趣的电影供你选择。这个你所期望的工具就是"推荐系统"。

推荐系统是自动联系用户和物品的一种工具，和搜索引擎相比，推荐系统通过研究用户的兴趣偏好，进行个性化计算。推荐系统可以发现用户的兴趣点，帮助用户从海量信息中发掘自己潜在的需求。推荐系统通过发掘用户的行为记录，找到用户的个性化需求，发现用户潜在的消费倾向，从而将商品准确地推荐给需要它的用户，帮助用户发现那些他们感兴趣但却很难发现的商品，最终实现用户与商家的共赢。

推荐系统的本质是建立用户与物品的联系，根据推荐算法的不同，推荐方法包括专家推荐、基于统计的推荐、基于内容的推荐、协同过滤推荐及混合推荐。

一个完整的推荐系统，通常包括 3 个组成模块：用户建模模块、推荐对象建模模块、推荐算法模块。推荐系统首先对用户进行建模，根据用户行为数据和属性数据来分析用户的兴趣需求，同时也对推荐对象进行建模。接着，基于用户特征和物品特征，采用推荐算法计算得到用户可能感兴趣的对象，之后根据推荐场景对推荐结果进行过滤和调整，最终将推荐结果展示给用户。

目前在电子商务、在线视频、在线音乐、社交网络等各类网站和应用中，推荐系统都开始扮演越来越重要的角色。亚马逊作为推荐系统的鼻祖，已经将推荐的思想渗透到其网站的各个角落，实现了多个推荐场景。亚马逊网站利用用户的浏览历史记录来为用户推荐商品，推荐的主要是用户未浏览过，但可能感兴趣、有潜在购买可能性的商品。推荐系统在在线音乐应用中也逐渐发挥越来越重要的作用。音乐相比于电影在数量上更为庞大，且个人口味偏向会更为明显。虾米音乐网根据用户的音乐收藏记录来分析用户的音乐偏好，从而进行推荐。

2. 行业大数据

大数据在各行各业都发挥着巨大的作用，如在教育行业，研究者利用在线教育平台如 MOOC 积累的数据进行分析和挖掘，提高学习的效率和效果；在电力行业，专家利用电力大数据进行电力智能调度、电费风险防控、反窃电稽查等；在医疗领域，科学家利用医疗大数据进行癌症筛查和抗癌药研发；在军事国防领域，专家利用军事大数据进行反恐和守卫国家安全。

1）生物医学大数据

大数据在生物医学领域得到了广泛的应用。在流行病预测方面，大数据彻底颠覆了传统的流行疾病预测方式，使人类在公共卫生管理领域迈上一个全新的台阶。在智慧医疗方面，通过打造健康档案区域医疗信息平台，利用最先进的物联网技术和大数据技术，可以实现患者、医护人员、医疗服务提供商、保险公司等之间无缝、协同、智能的互联，让患者体验一站式的医疗护理和保险服务。在生物信息学方面大数据使得人们可以利用先进的数据科学知识，更加深入地了解生物学过程、作物表型、疾病致病基因等。

百度疾病预测就是具有代表性的互联网疾病预测服务，其基本原理是：流行病的发生和传播有一定的规律性，与气温变化、环境指数、人口流动等因素密切相关，每天网民在百度搜索大量流行病相关信息，汇聚起来就有了统计规律，经过一段时间的积累，可以形成预测模型，预测未来疾病的活跃指数。百度疾病预测提供了可视化的界面，简单易用。登录百度疾病预测官方网站后，呈现的是一个包含中国地图的界面，用户可以选择自己所在的省市来了解相关疾病信息，地图中的不同大小和颜色的圆点表示疾病在该地区的活跃程度；同时，百度疾病预测还可以为用户推荐相关的热门就诊医院，大大方便了用户的就医过程。

2）物流大数据

智能物流是大数据在物流领域的典型应用。智能物流，又称智慧物流，是利用智能化技术，使物流系统能模仿人的智能，具有思维、感知、学习、推理判断和自行解决物流问题中某些问题的能力，从而实现物流资源优化调度和有效配置、物流系统效率提升的现代化物流管理模式。智能物流融合了大数据、物联网和云计算等新兴 IT 技术，使物流系统能模仿人的智能，实现物流资源优化调度和有效配置以及物流系统的效率提升。

阿里巴巴集团联合多方力量联手共建"中国智能物流骨干网"（又称"菜鸟"），菜鸟致力于打造一个数据驱动、开放、协同、共享的社会化物流平台，聚焦于物流新技术和新产品的研发，已经广泛服务物流行业的企业，对于物流行业的降本提效产生了重要的促进作用，共同助力物流行业数字化转型升级。大数据技术是智能物流发挥重要作用的基础和核心，物流行业在货物流转、车辆追踪、仓储等各个环节中都会产生海量的数据，分析这些物流大数据，将有助于人们深刻认识物流活动背后隐藏的规律，优化物流过程，提升物流效率。2020 年天猫双 11 全球狂欢季实时物流订单量破 22.5 亿，约等于 2010 年全年中国快递量的总和。同时以大数据为驱动，借助智能

物流体系——"菜鸟网络"，天猫已实现预发货，买家没有下单，货已经在路上。

3）教育大数据

传统的教育决策是依据常识和习惯做出的，大数据时代的教育决策是依据教师和学生的行为数据做出的，教师的教学行为数据和学生的学习行为数据实时地在为教育决策提供动态的数据支撑。学生在大数据支撑的学习环境中学习新知识并复习旧的知识点，他们的学习效果和效率可以得到动态反馈。教师及教育管理者同样也可以从大数据教学环境中学习，可以及时地检验教学方法和教学技术的效果，可以检验新方法的有效性。教师和学生都会在这种带有反馈的大数据系统中受益。

近年来随着在线教育平台的兴起，eDX、Coursera、Udacity、中国大学 MOOC 和学堂在线等多家大规模在线课堂平台，围绕在线教育课程中辍学率较高的问题，基于学生在线学习行为数据如学生注册课程、观看视频、完成课后作业、参与论坛讨论等行为数据，从这些行为数据中发现学生辍学的重要因素，从而调整课程内容的深度与难度并制定相应的干预策略、学习激励机制来引导学生的学习行为，从而降低在线教育的辍学率。

可以通过校园一卡通数据来预测学生的学习成绩，这些数据包括食堂吃饭、超市购物、图书馆借书、出入宿舍、教学楼打水等日常生活轨迹数据。根据一卡通学习记录的学习行为信息设计学生画像系统。该画像系统使用努力程度和生活规律性作为画像因子，其中努力程度包括出入教学楼、图书馆次数，这量化了学生花在学习上的时间。而生活规律性包括出入宿舍的规律性、吃饭时间的规律性、洗澡洗衣服的时间规律性、购物的规律性等，生活规律性和学生的自我控制和自我约束能力密切相关。可以根据努力程度、生活规律性和社交关系网络以及历史学习成绩，设计多任务牵引学习算法来预测未来成绩。

9.3　物　联　网

随着通信技术、计算机技术和电子技术的不断发展，移动通信正在从人与人（Human to Human，H2H）向人与物（Human to Machine，H2M），以及物与物（Machine to Machine，M2M）通信的方向发展，万物互联成为移动通信发展的必然趋势。物联网（Internet of Things，IoT）正是在此背景下应运而生，其被认为是继计算机、互联网之后，世界信息产业的第三次浪潮。物联网采用信息化技术手段，促进人类生活和生产服务的全面升级，其应用开发的前景广阔，产业带动能力强。我国将物联网明确纳入国家中长期科学技术发展规划（2006—2020 年）和 2050 年国家产业路线图。

9.3.1　物联网概述

物联网是指通过各种信息传感器、射频识别技术、全球定位系统、红外感应器、激光扫描器等各种装置与技术，实时采集任何需要监控、连接、互动的物体或过程，采集其声、光、热、电、力学、化学、生物、位置等各种需要的信息，通过各类可能的网络接入，实现物与物、物与人的泛在连接，实现对物品和过程的智能化感知、识别和管理。物联网是一个基于互联网、传统电信网等的信息承载体，它让所有能够被独立寻址的普通物理对象形成互联互通的网络。

物联网就是"将所有物品接入信息网络，实现物体之间的无限互连"，包含三层含义。第一，物品以传感器或执行器等方式连入信息网络，传感器和执行器都有各自唯一的 ID，接入协议需提前约定；第二，信息网络是物联网系统的承载通道，正是有了信息网络的成熟发展，才有了物联网的发展兴起。物品通过信息网络接入云端，在云端实现业务封装和自我体系的建立，从而根据用户的需要实现任何物品相互之间的信息交换、协同控制和智能管理。

1．物联网的发展

物联网的理念最早出现于比尔·盖茨 1995 年《未来之路》一书，在《未来之路》中，比尔盖茨已经提及物联网概念，只是当时受限于无线网络、硬件及传感设备的发展，并未引起世人的重视。

1999 年美国麻省理工学院（MIT）的自动识别中心首次提出了物联网的概念。

2005 年，在突尼斯举行的信息社会世界峰会（WSIS）上，国际电信联盟（ITU）发布了《ITU 互联网报告 2005：物联网》，正式提出了物联网（The Internet of Things，IOT）的概念。ITU 报告指出：无所不在的"物联网"通信时代即将来临，世界上所有的物体从轮胎到牙刷、从房屋到纸巾，都可以通过互联网主动进行交换。RFID（射频识别）技术、传感器技术、纳米技术、智能嵌入技术将得到更加广泛的应用。

2009 年 9 月 15 日，欧盟第七框架下 RFID 和物联网研究项目簇发布了《物联网战略研究路线图》研究报告，提出了物联网是未来 Internet 的一个组成部分，可以被定义为基于标准的和可互操作的通信协议，且具有自配置能力的动态的全球网络基础架构。

2012 年 6 月，ITU 对物联网、设备、物都分别做了进一步标准化定义和描述。物联网（IoT）：信息社会全球基础设施将基于现有和正在出现的、信息互操作和通信技术的物质互相连接，以提供先进的服务。物：物理世界或信息世界中的对象，可以被标识并整合入通信网。设备：具有强制性通信能力和选择性传感、激励、数据捕获、数据存储与数据处理能力的设备。

2017 以来，物联网的发展变得更便宜、更容易、更被广泛接受，从而引发了整个行业的创新浪潮。自动驾驶汽车在不断完善，区块链和人工智能已经开始融入物联网平台。

目前，烟雾报警器、电子设备、平板计算机和扬声器等智能家居设备现在都接入了互联网。物联网最终会变成万物互联，因为最终所有能想象到的"物"都会连上互联网。

2．物联网的特征与功能

1）特征

物联网的基本特征从通信对象和过程来看，物与物、人与物之间的信息交互是物联网的核心。物联网的基本特征可概括为整体感知、可靠传输和智能处理。

（1）整体感知：可以利用射频识别、二维码、智能传感器等感知设备，随时随地获取物体的各类信息。

（2）可靠传输：通过对互联网、无线网络的融合，将物体的信息实时、准确地传送，以便信息交流、分享。

（3）智能处理：使用各种智能技术，对感知和传送到的数据、信息进行分析处理，实现监测与控制的智能化，提升对物理世界、经济社会各种活动和变化的洞察力，实现智能化的决策和控制。

2）功能

根据物联网的以上特征，结合信息科学的观点，围绕信息的流动过程，可以归纳出物联网处理信息的功能：

（1）获取信息的功能。主要是信息的感知、识别，信息的感知是指对事物属性状态及其变化方式的知觉和敏感；信息的识别指能把所感受到的事物状态用一定方式表示出来。

（2）传送信息的功能。主要是信息发送、传输、接收等环节，最后把获取的事物状态信息及

其变化的方式从时间(或空间)上的一点传送到另一点的任务，这就是常说的通信过程。

（3）处理信息的功能。是指信息的加工过程，利用已有的信息或感知的信息产生新的信息，实际是制定决策的过程。

（4）施效信息的功能。指信息最终发挥效用的过程，有很多的表现形式，比较重要的是通过调节对象事物的状态及其变换方式，始终使对象处于预先设计的状态。

9.3.2 物联网的体系结构和关键技术

从技术领域来看，物联网涉及移动通信技术、分布式数据存储与处理技术、IP 网络应用技术、嵌入式应用技术、协议分析及算法设计等多个技术领域；从网络组成来看，涉及传感网、互联网、电信网、广电网等多种网络，是由各种通信网络和互联网融合而成。物联网体系结构主要由三个层次组成：感知层（感知控制层）、网络层和应用层，模型如图 9-2 所示。

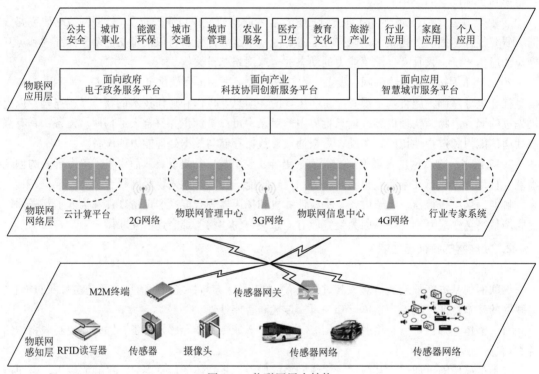

图 9-2　物联网层次结构

1. 感知层

由于要实现物与物的通信，与传统的 TCP/IP 模型不同，物联网出现了感知层。感知层相当于物联网的"感觉器官"，主要实现信息采集、捕获和物体识别。感知层的关键技术为无线传感器、RFID、GPS、M2M 终端、二维码标签和识读器、短距离无线通信等。

1）RFID 技术

无线射频识别即射频识别技术（Radio Frequency Identification，RFID），是自动识别技术的一种，通过无线射频方式进行非接触双向数据通信，利用无线射频方式对记录媒体（电子标签或射频卡）进行读写，从而达到识别目标和数据交换的目的，其被认为是 21 世纪最具发展潜力的信息技术之一。

RFID 技术的基本工作原理并不复杂：标签进入阅读器后，接收阅读器发出的射频信号，凭借感应电流所获得的能量发送出存储在芯片中的产品信息（Passive Tag，无源标签或被动标签），或者由标签主动发送某一频率的信号（Active Tag，有源标签或主动标签），阅读器读取信息并解码后，送至中央信息系统进行有关数据处理。

一套完整的 RFID 系统，是由阅读器与电子标签，也就是所谓的应答器及应用软件系统三个部分所组成，其工作原理是阅读器（Reader）发射特定频率的无线电波能量，用以驱动电路将内部的数据送出，此时 Reader 便依序接收解读数据，送给应用程序做相应的处理。

完整的 RFID 系统由读写器（Reader）、射频标签（Tag）和应用系统三部分组成，其组成结构如图 9-3 所示。其中，射频标签由天线和芯片组成，每个芯片都含有唯一的识别码，一般保存约定的电子数据。在实际应用中，射频标签粘贴在待识别物体的表面。读写器是根据需要并使用相应协议进行读取和写入标签的信息的设备，它通过网络系统进行通信，从而完成对射频标签信息的获取、解码、识别和数据管理，通常有手持的或固定的两种。应用系统主要完成对数据信息的存储和管理，并可以对标签进行读写控制。

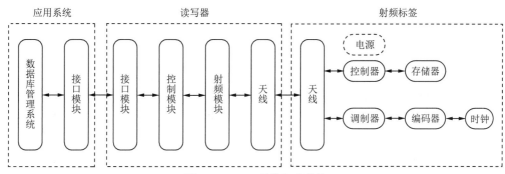

图 9-3　RFID 系统组成结构

2）无线传感器

无线传感器是感知层技术实现的重要部件之一。传感器的设计来自"感觉"一词，人用眼睛看，用耳朵听，用鼻子嗅，用舌头尝，通过接受外界光线、温度、声音等刺激，将它们转化为生物物理和生物化学信号，然后通过神经系统传输到大脑。大脑对信号做出分析判断，发出指令，使机体产生相应的活动。与此类似，高温、高压环境中以及远距离的物理量，不易直接监测，传感器可以把它们变化为电压、电流等电学的变量，电学的变量易于测量，易于处理，并能利用计算机进行分析。信息的采集依赖于传感器，信息的处理依赖于计算机。将大量的传感器节点抛洒在指定区域，数据通过无线电传到监控中心，构成物联网边缘网络，即无线传感网络（Wireless Sensor Network，WSN）。

物联网通常由部署在监测区域内大量廉价的微型无线传感器节点组成，它们一般采用电池供电。这些节点通过无线通信方式组成了多跳自组织网络，完成对远端物理环境的监视、控制和数据采集等任务。通常传感器节点体积微小、成本低廉，携带的电池能量十分有限。另外传感器节点个数多、分布区域广，而且可能部署在严酷的环境中。传感器能够收集区域内的声音、电磁或地震信号等多种信息，将它们发送到网关节点。一般无线传感器节点可被分解为处理单元、传感单元、通信单元及电源单元。

传感器具有事件检测功能。当传感器检测到某特定事件的产生时，其将数据传送给数据收集节点。简单的事件检测可被本地单个传感器完成，而复杂类型事件检测则要求附近多个甚至远端的传感器共同综合数据，从而实现判定。

传感器能够进行周期性汇报测量,测量的时间间隔由应用场景决定。周期性测量的主要目标是对监测对象的数据采样和数据收集,采样频率和精度是两个重要指标。采样过程中,要考虑采样数据量与能量消耗之间的关系,处于监控区域边缘的节点主要是收集数据发送给汇聚节点,能量消耗相对较少;靠近汇聚节点的节点除了收集数据外,还要将其他节点传送来的数据转发给基站,消耗的能量要多得多。为了减少数据通信量,需要对边缘节点采集的数据进行一定的压缩和融合。

传感觉器能够进行目标跟踪。由于传感器节点是可移动的,一旦接收信号将报告节点发生变化的位置,通过数据综合及处理后能够进一步获得节点的速率和方向信息。为了实现这些功能,传感器节点必须将数据汇报到收集节点。

2. 网络层

网络层要根据感知层提供的业务特征,优化网络特性,更好地实现物与物之间的通信、物与人之间的通信以及人与人之间的通信。这一层相当于物联网的"神经系统",主要进行信息的传递。其中包括的关键技术为异构网络的融合、网络的优化技术等。

1)LoRa

LoRa 是由 Semtech 公司提供的超长距离、低功耗的物联网解决方案。LoRa 因其功耗低,传输距离远,组网灵活等诸多特性与物联网碎片化、低成本、大连接的需求十分契合,因此被广泛部署在智慧社区、智能家居和楼宇、智能表计、智慧农业、智能物流等多个垂直行业,前景广阔。

相较于大多数网络采用网状拓扑,易于不断扩张网络规模,但缺点在于使用各种不相关的节点转发消息,路由迂回,增加了系统复杂性和总功耗。LoRa 采用星状拓扑(TMD 组网方式),网关星状连接终端节点,但终端节点并不绑定唯一网关,相反,终端节点的上行数据可发送给多个网关。理论上来说,用户可以通过 Mesh、点对点或者星形的网络协议和架构实现灵活组网。

LoRa 主要在全球免费频段运行(即非授权频段),包括 433 MHz、868 MHz、915 MHz 等。LoRa 网络构架由终端节点、网关、网络服务器和应用服务器四部分组成,应用数据可双向传输。

LoRa 是创建长距离通信连接的物理层或无线调制,相较于传统的 FSK 技术以及稳定性和安全性不足的短距离射频技术,LoRa 基于 CSS 调制技术(Chirp Spread Spectrum)在保持低功耗的同时极大地增加了通信范围,且 CSS 技术数十年已经广为军事和空间通信所采用,具有传输距离远、抗干扰性强等特点。

此外,LoRa 技术不需要建设基站,一个网关便可控制较多设备,并且布网方式较为灵活,可大幅度降低建设成本。

2)NB-IoT

基于蜂窝的窄带物联网(Narrow Band Internet of Things,NB-IoT)成为万物互联网络的一个重要分支。NB-IoT 构建于蜂窝网络,只占用约 180 KHz 的频段,可直接部署于 GSM 网络、UMTS 网络或 LTE 网络,以降低部署的成本,实现平滑升级。NB-IoT 支持待机时长、适合网络要求较多设备的高效连接,同时还能提供非常全面的室内蜂窝数据连接覆盖。目前,NB-IoT 标准已经成熟,端到端产业链也在快速发展,从终端到系统、应用,整个行业都在积极推动产品成熟。3GPP协议中关于 NB-IoT 需要 EPC 核心网支持的功能有相对明确的描述,实际建网时可以采用现网 EPC升级方案,也可以采取全新建网方案。

NB-IoT 具备快捷、灵活的部署方式,支持三种部署场景:在 LTE 频带以外单独部署、部署在 LTE 的保护频带及部署在 LTE 频带之内。NB-IoT 具备以下特点:一是广覆盖,将提供改进的室内覆盖，在同样的频段下，NB-IoT 比现有的网络增益 20 dB，相当于提升了 100 倍覆盖区域的能力；二是具备支撑连接的能力，NB-IoT 一个扇区能够支持 10 万个连接，支持低延时敏感度、超低的设备成本、低设备功耗和优化的网络架构；三是更低功耗，NB-IoT 终端模块的待机时间可长达 10 年。

3. 应用层

应用层根据传递的信息进行处理和应用。从应用场景分析，物联网的应用包括工业、农业、电力、医疗、家居、个人服务等人们可以预见的各种场景，其中包括了云计算、中间件处理、数据挖掘等技术。

1）云计算

物联网和云计算的结合存在多种模式，例如 IaaS 模式、PaaS 模式、SaaS 模式都可以与物联网很好地结合起来。此外，从智能分布的角度出发，边缘计算也是物联网应用智能处理模式的一种典型应用。

PaaS 分为两类：APaaS（Application Platform as a Service）和 IPaaS（Integration Platform as a Service）。APaaS 主要为应用提供运行环境和数据存储，IPaaS 主要用于集成和构建复合应用。人们常说的 PaaS 平台大都指 APaaS，如 Force.com 和 Google App Engine。

在物联网范畴内，由于构建者本身价值取向和实现目标的不同，PaaS 模式的具体应用存在不同的应用模式和应用方向。ISMP/ISAG 是中国电信提出的业务能力开放业务平台。SP/CP 的应用统一通过 ISAG 接入网络，使用中国电信中各个业务引擎提供的能力，通过 ISMP 完成鉴权计费和业务管理功能。通过 ISMP/ISAG，实现 SP/CP 应用的统一业务接入、统一业务门户、统一鉴权计费、统一业务管理、统一内容管理，同时屏蔽底层网络实现的细节和差异。

而传统 IT 厂商正尝试另外一种思路：构建针对物联网应用的开发、部署和运行平台，以实现快速的业务流程定义，加速新业务部署，为各类物联网应用的快速实现、部署和运行提供基础平台。通过云计算 PaaS 模式，可以较好地满足上述需求。客户在一个具备通用应用逻辑组件和界面套件的平台上进行开发，只需要关心与自己业务相关的特定应用逻辑实现和交互界面的搭建，不需要关心通用组件的底层实现方式和运行环境的搭建，极大地简化了应用的开发部署和运行。

云计算和物联网的结合，能够强化后端平台实现"中枢智能"的能力，但在单一集中智能模式下，如果终端和某个集中的后端平台通过广域网络连接，网络传输导致的传输时延和海量终端导致的分析处理时延都是不容忽视的。

在实施基于云计算技术的集中智能的同时，也要在感知层充分依赖基于边缘计算的边缘智能。所谓的边缘计算，是指区别于后端集中智能的、分布于物联网边缘节点的智能计算能力，往往分布于感知层的终端单元内。通过边缘计算，将部分智能处理功能分布到这些终端单元，感知到的数据首先在这些单元进行预处理，然后根据预设的逻辑将结果上传到后台后端平台进行后续的分析处理。

2）中间件

接入物联网中的各个物体因其具有各自独特的标识、物理或虚拟属性，以及使用不同智能接口结构等，个体之间存在着许多本质差异及异构特性。要将海量的、有着异构属性的物体无缝地接入并整合到复杂的信息网络当中进行相互通信，必须由一个统一的技术架构和标准的软件体系对此进行支撑。物联网中间件应运而生，已涌现出许多优秀的解决方法及实现案例。

中间件是位于操作系统层和应用程序层之间的软件层，能够屏蔽底层不同的服务细节，使软

件开发人员更加专注于应用软件本身功能的实现。物联网中间件是位于数据采集节点之上、应用程序之下的一种软件层，为上层应用屏蔽底层设备因采用不同技术而带来的差异，使得上层应用可以集中于服务层面的开发，与底层硬件实现良好的松散耦合。物联网中间件提供了一个编程抽象，方便应用程序开发，缩减应用程序和底层设备的间隙。物联网中间件主要解决异构网络环境下分布式应用软件的通信、互操作和协同问题，提高应用系统的易移植性、适应性和可靠性，屏蔽物联网底层基础服务网络通信，为上层应用程序的开发提供更为直接和有效的支撑。

目前物联网中间件体系结构并不明确统一，大部分物联网中间件的研究是基于传统的无线传感网络或 RFID。中间件技术发展至今，主要经历了三个阶段：从最初的应用程序中间件阶段过渡到后来的架构中间件阶段，再到更为成熟的解决方案中间件阶段。随着物联网应用的普及和研究的深入以及 Internet 的发展，中间件技术主要呈现三个方面的趋势。首先，中间件越来越多地向传统运行层渗透，提供更强的运行支撑，特别是分布式操作系统的诸多功能，正逐步融入中间件；其次，应用软件需要的支持机制越来越多地由中间件提供，中间件不再局限于提供适用于大多数应用的支持机制，那些适用于某个领域内大部分应用的支持机制，也开始得到重视；最后，物联网中间件必将与云计算结合，实现全面虚拟化，虚拟化是实现资源整合的一种非常重要的技术手段。

3）数据挖掘

物联网将现实世界的物体通过传感器和互联网连接起来，并通过云存储、云计算实现云服务。物联网具有行业应用的特征，依赖云计算对采集到的各行各业、数据格式各不相同的海量数据进行整合、管理、存储，并在整个物联网中提供数据挖掘服务，实现预测、决策，进而反向控制这些传感网络，达到控制物联网中客观事物运动和发展进程的目的。

数据挖掘是决策支持和过程控制的重要技术手段，它是物联网中重要的一环。物联网中的数据挖掘已经从传统意义上的数据统计分析、潜在模式的发现与挖掘，发展成为物联网中不可缺少的工具和环节。

物联网中的数据挖掘面临着一些新的挑战。物联网的计算设备和数据在物理上是天然分布的，因此要采用分布式并行数据挖掘，需要云计算模式。物联网任何一个控制端均需要对瞬息万变的环境进行实时分析并作出反应和处理，需要云计算模式和利用数据挖掘结果。多源、多模态、多媒体、多格式的数据存储与管理是控制数据质量和获得真实结果的重要保证，需要基于云计算的存储。

物联网的分布式特性，决定了物联网中的数据挖掘具有以下特征：高效的数据挖掘算法，算法复杂度低，并行化程度高；分布式数据挖掘算法，适合数据垂直划分的算法、重视数据挖掘多任务调度算法；并行数据挖掘算法，适合数据水平划分、基于任务内并行的挖掘算法；保护隐私的数据挖掘算法。

9.3.3 物联网的应用

物联网用途广泛，遍及智能交通、环境保护、政府工作、公共安全、平安家居、智能消防、工业监测、环境监测、老人护理、个人健康、花卉栽培、水系监测、食品溯源、敌情侦查和情报收集等多个领域。下面简单介绍几种物联网的典型应用。

1. 智能家居

智能家居（Smart Home），又称智能住宅，如图 9-4 所示，是指利用先进的计算机技术、嵌入式系统技术、网络通信技术和传感器技术等，将家中的各种设备（照明系统、环境控制系统、安防系统、智能家电等）有机地连接在一起。智能家居让用户采用更方便的手段来管理家庭设备，比如，通过无线遥控器、电话、互联网或语音识别控制家中设备，根据场景设定设备动作，使多个设备形成联动。智能家居内的各种设备相互之间可以通信，不需要用户指挥也能根据不同的状态互动运行，从而在最大程度上给用户提供高效、便利、舒适与安全的居住环境。

图 9-4　智能家居

2. 智能交通

物联网时代的智能交通系统，包括信息采集、信息发布、动态诱导、智能管理与监控等环节，通过对机动车信息和路况信息的实时感知和反馈，在 GPS、RFID、GIS 等技术的支持下，实现车辆和路网的"可视化"管理与监控。交通指挥中心可以实时显示交通流量、流速、占有率等实时运行数据，并自动检测出道路上的交通事故和拥堵状况，进行实时报警与疏导，智能交通系统还可以实时遥测汽车尾气等污染数据，辅助空气质量的监测等。

3. 智能医疗

智能医疗是在卫生信息化建设的基础上，应用物联网相关技术，通过健康和医疗相关设备和系统间的信息自动集成及智能分析与共享，建成统一便捷、互联互通、高效智能的预防保健、公共卫生和医疗服务的智能医疗保健环境。智能医疗利用最先进的物联网技术，实现患者与医务人员、医疗机构、医疗设备之间的互动，逐步达到信息化。智能医疗系统的目标是为病人提供实时动态的健康管理服务，为医生提供实时动态的医疗服务平台，为卫生管理者提供实时的健康档案动态数据。

9.4　人 工 智 能

随着信息技术的飞速发展，如今人工智能（Artificial Intelligence，AI）在计算机领域得到了愈加广泛的重视和应用，并在机器人、经济政治决策、控制系统等领域得到了更加迅猛的发展。美国斯坦福大学人工智能研究中心的尼尔逊教授对人工智能下了这样一个定义："人工智能是关于知识的学科——怎样表示知识以及怎样获得知识并使用知识的学科。"而美国麻省理工学院的温斯顿教授认为："人工智能就是研究如何使计算机去做过去只有人才能做的智能工作。"这些说法反映了人工智能学科的基本思想和基本内容，即人工智能是研究人类智能活动的规律，构造具有一定智能的人工系统，研究如何让计算机去完成以往需要人的智力才能胜任的工作，也就是研究如何应用计算机的软硬件来模拟人类某些智能行为的基本理论、方法和技术。

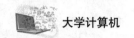

9.4.1 人工智能概述

近十多年来，现代信息技术，特别是计算机技术和网络技术的发展已使信息处理容量、速度和质量大为提高，计算机能够处理海量数据，进行快速信息处理，软件功能和硬件实现均取得长足进步，这使得人工智能获得更为广泛的应用。网络化、机器人化的升级和大数据的参与促使人工智能走进科技、经济和民生等更多应用领域。

1. 人工智能的定义

和许多新兴学科一样，人工智能至今尚无统一的定义，要给人工智能下个准确的定义是非常困难的。人类的自然智能（人类智能）伴随着人类活动时时处处存在。人类的许多活动，如下棋、竞技、解算题、猜谜语、讨论、编制计划和编写计算机程序，甚至驾驶汽车和骑自行车等，都需要"智能"。如果机器能够执行这种任务，就可以认为机器已具有某种性质的"人工智能"。下面是部分学者对人工智能概念的描述，可以看作他们各自对人工智能所下的定义。

人工智能是那些与人的思维相关的活动，诸如决策、问题求解和学习等的自动化（Bellman，1978 年）。

人工智能是一种计算机能够思维，使机器具有智力的激动人心的新尝试（Haugeland，1985 年）。

人工智能是研究如何让计算机做现阶段只有人才能做得好的事情（Rich Knight，1991 年）。

人工智能是那些使知觉、推理和行为成为可能的计算的研究（Wintson，1992 年）。

广义地讲，人工智能是关于人造物的智能行为，而智能行为包括知觉、推理、学习、交流和在复杂环境中的行为（Nilsson，1988 年）。

Stuart Russell 和 Peter Norvig 则把已有的人工智能定义分为 4 类：像人一样思考的系统，像人一样行动的系统，理性地思考的系统和理性地行动的系统（2003 年）。

可以看出，这些定义虽然都指出了人工智能的一些特征，但用它们却难以界定一台计算机是否具有智能。因为要界定机器是否具有智能，必然要涉及什么是智能的问题，但这却是一个难以准确回答的问题。所以，尽管人们给出了人工智能的不少说法，但都没有完全或严格地用智能的内涵或外延来定义人工智能。

人工智能学科研究的主要内容包括知识表示、自动推理和搜索方法、机器学习和知识获取、知识处理系统、自然语言理解、计算机视觉、智能机器人、自动程序设计等方面，研究内容十分丰富。

人工智能的应用领域包括自然语言理解、数据库的智能检索、专家系统、机器定理证明、博弈、机器人学、自动程序设计、组合调度、感知等非常广泛的方面。

在文艺创作方面，人们也尝试开发和运用人工智能技术。"人静风清，兰心蕙性盼如许。夜寒疏雨，临水闻娇语。佳人多情，千里独回首。别离后，泪痕衣袖，惜梦回依旧——《点绛唇》"，这首词就是厦门大学周昌乐教授的计算机程序自动而作。作词是门创作艺术，只有少数古典文学家能驾驭，作为现代科技核心代表的计算机程序进入这个领域，未免让人觉得有些诧异，但不可否认的是，上面的这首词写得还是挺中规中矩的，至少外行看来，与人的作品没有明显的区别。这个作词程序的基本原理是，通过分析《全宋词》，把句子打碎成词语，归纳出其中的高频词汇，再按宋词格式创作新词。

2. 人工智能的诞生

20 世纪的信息技术，尤其是计算机的出现，以机器代替或减轻人的脑力劳动，形成了人工智能这一新兴学科。计算机科学促进了对人工智能领域的研究，这些研究旨在寻求如何使机器以更加智能化的方式运算。人工智能主要研究用人工的方法和技术，模仿、延伸和扩展人的智能，实现机器智能。

一般认为，人工智能思想的萌芽可以追溯到德国著名数学家和哲学家莱布尼茨提出的"通用语言"的设想。这一设想的要点是：建立一种通用的符号语言，用这个语言中的符号表达"思想内容"，用符号之间的形式关系表达"思想内容"之间的逻辑关系。于是，在"通用语言"中可以实现"思维的机械化"这一设想可以被看作对人工智能最早的描述。

计算机科学的创始人图灵被认为是"人工智能之父"，他着重研究了一台计算机应满足怎样的条件才能被称为"有智能的"。1950 年，他提出著名的"图灵实验"。

几乎在图灵上述工作的同时，冯·诺依曼从生物学角度研究了人工智能。从生物学的观点看，智能是进化的结果，而进化的基本条件之一是"繁殖"。为此，冯·诺依曼构造了称之为元胞自动机的具有"繁殖"能力的数学模型。元胞自动机的基础就在于"如果让计算机反复地运用极其简单的运算法则，那么就可以使之发展成为异常复杂的模型，并可以解释自然界中的所有现象"。一个典型的元胞自动机是由分布在一个规则格网中的许多元胞所构成的系统。在系统中每一个元胞取有限的离散状态，遵循同样的作用规则，依据确定的局部规则做同步更新。大量元胞通过简单的相互作用而构成系统的动态演化。不同于传统的数学模型，元胞自动机不是由严格定义的物理方程或函数确定，而是用一系列模型构造的规则构成。冯·诺依曼的工作为后来人工智能中的一条研究路线（人工生命）提供了重要的基础。

1943 年，心理学家 McCulloch 和数学家 Pitts 提出了神经元的数学模型，现在称之为 MP 模型。1944 年，Hebb 提出了改变神经元连接强度的 Hebb 规则。MP 模型和 Hebb 规则至今仍在各种神经网络中起重要作用。

1948 年，美国科学家维纳等创立了"控制论"（cybernetics），研究动物和机器中的控制和通信的共同规律，在生物科学与工程技术之间架起了学术桥梁，开拓了从行为模拟观点研究人工智能的园地。

1956 年夏季，年轻的美国数学家和计算机专家麦卡锡、数学家和神经学家明斯基、IBM 公司信息中心主任朗特斯特、贝尔实验室信息部数学家和信息学家香农共同发起，在美国的达特茅斯（Dartmouth）大学举办了一次长达两个月的研讨会，认真热烈地讨论用机器模拟人类智能的问题。会上，由麦卡锡提议正式使用"人工智能"这一术语。这是人类历史上第一次人工智能研讨会，标志着人工智能学科的诞生，具有十分重要的历史意义。

由上可知，人工智能是伴随着科技的发展和社会的需求而出现的。人们研究人工智能的初衷，是想让计算机同人脑一样具有智能，为人类社会做出更大的贡献。同时，智能化也是自动化发展的必然趋势；智能化是继机械化、自动化之后，人类生产和生活中的又一技术特征。另外，研究人工智能也有助于探索人类自身的奥秘。通过计算机对人脑进行模拟，探索和发现人类智能活动的机理和规律，从而揭示人脑的工作原理。

3．人工智能的发展

1）形成时期（1956—1970 年）

人工智能的诞生震动了全世界，人们第一次看到智慧通过机器产生的可能。1963 年美国高等研究计划局（ARPA）投入两百万美元给麻省理工学院，开启了新项目 Project MAC。该项目培养了一大批早期的计算机科学和人工智能人才，他们对这一领域的发展产生了深远的影响。

1965 年，被誉为"专家系统和知识工程之父"的费根鲍姆（Feigenbaum）所领导的研究小

组开始研究专家系统，并于 1968 年研究成功第一个专家系统 DENDRAL，用于质谱仪分析有机化合物的分子结构。后来又开发出了其他的一些专家系统，为人工智能的应用研究做出了开创性的贡献。

1969 年召开了第一届国际人工智能联合会议（International Joint Conference on AI，IJCAI），标志着人工智能作为一门独立的学科登上了国际学术舞台。此后，IJCAI 每两年召开一次。1970 年《人工智能》国际杂志创刊。这些事件对开展人工智能国际学术活动和交流、促进人工智能的研究和发展起了积极的作用。

在人工智能取得了"热烈"发展的同时，也遇到了一些困难和问题。从 20 世纪 70 年底开始，对人工智能的批评越来越多。一方面，由于一些人工智能研究者"被胜利冲昏了头脑"，盲目乐观，对人工智能的未来发展和成果做出了过高的预言，而这些预言的失败给人工智能的声誉造成了重大伤害。同时，许多人工智能理论和方法未能得到通用化、未能得到推广和应用，专家系统也尚未获得广泛的开发。因此，看不出人工智能的重要价值。另一方面，科学技术的发展对人工智能提出了新的要求甚至挑战。

2）知识应用时期（1970—1988 年）

费根鲍姆研究小组自 1965 年开始研究专家系统，并于 1968 年研究成功第一个专家系统 DENDRAL。1972—1976 年，他们又开发成功 MYCIN 医疗专家系统，用于抗生素药物治疗。此后，许多著名的专家系统被相继开发出来，为工矿数据分析处理、医疗诊断、计算机设计、符号运算等提供了强有力的工具。在 1977 年举行的第五届国际人工智能联合会议上，费根鲍姆正式提出了知识工程（knowledge engineering）的概念，并预言 20 世纪 80 年代将是专家系统蓬勃发展的时期。

事实果真如此，整个 20 世纪 80 年代，专家系统和知识工程在全世界得到迅速发展。专家系统为企业等用户赢得巨大的经济效益。例如，第一个成功应用的商用专家系统 R1 于 1982 年开始在美国数字装备集团公司（DEC）运行，用于进行新计算机系统的结构设计。到 1986 年，R1 每年为该公司节省 400 万美元。到 1988 年，DEC 公司的人工智能团队开发了 40 个专家系统。更有甚者，杜珀公司已使用 100 个专家系统，正在开发 500 个专家系统。几乎每个美国大公司都拥有自己的人工智能小组，并应用专家系统，或投资专家系统技术。在 20 世纪 80 年代，日本和西欧也争先恐后地投入对专家系统智能计算机系统的开发，并应用于工业部门。其中，日本 1981 年发布的"第五代智能计算机计划"就是一例。在开发专家系统的过程中，许多研究者获得共识，即人工智能系统是一个知识处理系统，而知识表示、知识利用和知识获取则成为人工智能系统的三个基本问题。

3）集成发展时期（1988 年至今）

20 世纪 80 年代后期，各国争相进行的智能计算机研究计划先后遭遇了严峻的挑战和困难，无法实现其预期目标。这促使人工智能研究者们，对已有的人工智能和专家系统的思想和方法进行反思。研究者们发现，已有的专家系统存在缺乏常识知识、应用领域狭窄、知识获取困难、推理机制单一、未能分步处理等问题，这同时也反映出人工智能和知识工程的一些根本问题，如交互问题、扩展问题和体系问题等都没有得到很好的解决。对存在的问题的探讨和对基本观点的争论，有助于人工智能摆脱困境、迎来新的发展机遇。

20 世纪 80 年代后期以来，对机器学习、计算智能、人工神经网络和行为主义等研究深入展开。有别于符号主义的连接主义和行为主义的人工智能学派也乘势而上，获得新的发展。不同人工智能学派间的争论推动了人工智能研究和应用的进一步发展。以数理领域为基础的符号主义，从命题逻辑到谓词逻辑再到多值逻辑，包括模糊逻辑和粗糙集理论，已为人工智能的形成和发展做出了历史性的贡献，并已超出传统符号运算的范畴，这也表明符号主义在其发展中也在不断地寻找新的理论、方法和实现途径。

传统人工智能（称为 AI）的数学计算体系仍不够严格和完整。除了模糊计算外，近年来，许多模仿人脑思维、自然特征和生物行为的计算方法（如神经计算、进化计算、自然计算、免疫计算和群计算等）已被引入人工智能学科。我们把这些有别于传统人工智能的智能计算理论和方法称为计算智能（Computational Intelligence，CI）。计算智能弥补了传统 AI 缺乏数学理论和计算的不足，更新并丰富了人工智能的理论框架，使人工智能进入一个新的发展时期。人工智能对不同的观点、方法和技术的集成，是人工智能发展所必需，也是人工智能发展的必然。在这个时期，值得特别关注的是神经网络的复兴和智能真体（Intelligent Agent）的突起。现在，对神经网络的研究出现了 21 世纪以来的一次高潮，特别是基于神经网络的机器学习获得很大发展。近 10 年来，深度学习（Deep Learning）的研究逐步深入，并已在自然语言处理等领域获得广泛的应用。这些研究成果活跃了学术氛围，推动了机器学习的发展。

产业的提质改造与升级、智能制造和服务民生的需求，促使机器人学向智能化方向发展，一股机器人化的新热潮正在全球汹涌澎湃，席卷全球。智能机器人已成为人工智能研究与应用的一个蓬勃发展的新领域。人工智能已获得了越来越广泛的应用，深入渗透到其他学科和科学技术领域，为这些学科和领域的发展做出了功不可没的贡献，并为人工智能理论和应用研究提供了新的思路和借鉴。

进入 21 世纪，互联网的蓬勃发展带来了全球范围电子数据的爆炸性增长，人类迈入了"大数据"时代。与此同时，电脑芯片的计算能力持续高速增长。在数据和计算能力指数式增长的支持下，人工智能的算法也取得了重大突破。2016 年，谷歌旗下 DeepMind 公司的 AI 系统"阿尔法狗"在和世界围棋冠军李世石的"划时代大战"中获得了胜利，它的改进版在 2017 年战胜了当时世界排名第一的中国围棋选手"柯洁"。这一系列成果让我们看到了人工智能、机器人领域的光明前景。

世界各国的政府和商业机构纷纷把人工智能列为未来发展战略的重要部分。习近平总书记在 2018 年 10 月 31 日政治局第九次集体学习时强调要"推动我国新一代人工智能健康发展"。2021 年 7 月 8 日至 7 月 10 日，2021 世界人工智能大会在上海以线下线上结合的方式召开。《人工智能标准化白皮书（2021 版）》发布，白皮书指出，在政产学研用各方共同努力下，我国人工智能产业发展成果显著。人工智能创新能力不断增强，图像识别、智能语音等技术达到全球领先水平，人工智能论文和专利数量居全球前列。人工智能产业规模持续增长，京津冀、长三角、珠三角等地形成了完备的人工智能产业链。人工智能融合应用不断深入，智能制造、智慧交通、智慧医疗等新业态、新模式不断涌现，对行业发展的赋能作用进一步凸显。

9.4.2　人工智能研究的基本内容

人工智能学科有着十分广泛和极其丰富的研究内容。不同的人工智能研究者从不同的角度对人工智能的研究内容进行分类。因此，要对人工智能研究内容进行全面和系统的介绍，是比较困难的。下面综合介绍一些得到诸多学者认同并具有普遍意义的人工智能研究的基本内容。

1. 知识表示

世界上的每一个国家或民族都有自己的语言和文字，它是人们表达思想、交流信息的工具，促进了人类的文明及社会的进步。人类语言和文字是人类知识表示最优秀、最通用的方法，但是人类语言和文字的知识表示方法并不适用于计算机处理。

人工智能研究的目的是要建立一个能模拟人类智能行为的系统。为达到这个目的就必须研究

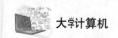

人类智能行为在计算机上的表示形式，只有这样才能把知识存储到计算机中去，供求解现实问题使用。

对于知识表示方法的研究，离不开对知识的研究和认识。由于目前对人类知识的结构及机制还没有完全研究清楚，因此关于知识表示的理论及规范尚未建立起来。尽管如此，人们在对智能系统的研究及建立的过程中，还是结合具体研究提出了一些知识表示方法。

知识表示方法可以分为符号表示法、连接机制表示法。

（1）符号表示法适用各种包含具体含义的符号，以及各种不同的方式和顺序组合起来表示知识的一类方法，主要用来表示逻辑性知识。

（2）连接机制表示法是用神经网络表示知识的一种方法。它把各种物理对象以不同的方式及顺序连接起来，并在其间互相传递及加工各种包含具体意义的信息，以此来表示相关的概念和知识。相对于符号表示法而言，连接机制表示法是一种隐式的知识表示法。在这里，知识并不像在产生式系统中表示为若干条规则，而是将某个问题的若干个知识在同一个网络中表示。因此，特别适用于表示各种形象性知识。

目前使用得较多的知识表示方法有：一阶谓词逻辑表示法、产生式表示法、框架表示法、语义网络表示法、状态空间表示法、神经网络表示法、脚本表示法、过程表示法、Petri 网络表示法及面向对象表示法等。

2．机器感知

感知能力是指通过视觉、听觉、触觉、味觉、嗅觉等感觉器官感知外部世界的能力。感知是人类获取外部信息的基本途径，人类的大部分知识都是通过感知获取，然后经过大脑加工获得的。如果没有感知，人们就不可能获得知识，也不可能引发各种智能活动。因此，感知是产生智能活动的前提。

所谓机器感知就是使机器（计算机）具有类似于人的感知能力，其中以机器视觉和机器听觉为主。机器视觉是让机器能够识别并理解文字、图像、物体等；机器听觉是让机器能够识别并理解语言、声响等。

机器感知是机器获取外部信息的基本途径，是使机器具有智能不可缺少的组成部分，正如人的智能离不开感知一样，为了使机器具有感知能力，就需要为它配置上能"听"、会"看"的感觉器官，对此人工智能中已经形成了两个专门的研究领域，即模式识别与自然语言理解。

3．机器思维

记忆与思维是人脑最重要的功能，是人有智能的根本原因。记忆用于存储由感知器官感知到的外部信息以及由思维所产生的知识；思维用于对记忆的信息进行处理，即利用已有的知识对信息进行分析、计算、比较、判断、推理、联想及决策等。思维是一个动态的过程，是获取知识以及运用知识求解问题的根本途径。

所谓机器思维是指对通过感知得来的各个外部信息及机器内部的各种工作信息进行有目的的处理。正如人的智能来自大脑的思维活动一样，机器智能主要也是通过机器思维实现的。因此，机器思维是人工智能研究中最重要、最关键的部分。它使机器能模拟人的思维活动，能像人那样既可以进行逻辑思维又可以进行形象思维。

4．机器学习

知识是智能的基础，要使计算机有智能，就必须使它具有知识。人们可以把有关知识归纳、整理在一起，并用计算机可接受、处理的方式输入计算机中，使计算机具有知识。显然，这种方法不能及时地更新知识，特别是计算机不能适应环境的变化。为了使计算机具有真正的智能，必须使计算机像人类那样，具有获得新知识、学习新技巧、并在实践中不断完善、改进的能力，最终实现自我完善。

机器学习（Machine Learning）就是研究如何使计算机具有类似于人的学习能力，使它能通过学习自动地获取知识。计算机可以直接向书本学习，通过与人谈话和对环境的观察学习，并在实践中实现自我完善。

机器学习是一个难度较大的研究领域，他与脑科学、神经心理学、计算机视觉、计算机听觉等都具有密切的联系，依赖于这些学科的共同发展。因此，经过近些年的研究，机器学习研究虽然已经取得了很大的进展，提出了很多学习方法，特别是深度学习的研究取得了长足的进步，但并未从根本上解决问题。

5．机器行为

人的行为能力表现在能够通过手、脚及发音器官等，对外界作出反应，采取具体的行动。与人的行为相对应，机器行为指智能系统（计算机、机器人）具有的表达能力和行动能力，如对话、描写、刻画以及移动、行走、操作和抓取物体等。研究机器的拟人行为，是人工智能的高难度任务。机器行为与机器思维密切相关，机器思维是机器行为的基础。

9.4.3　人工智能对人类的影响

人工智能的发展对人类及其未来产生深远影响。这些影响涉及人类的经济利益、社会作用和文化生活等方面。

1．人工智能对经济的影响

人工智能系统的开发和应用，已经为人类创造出可观的经济效益，专家系统就是一个例子。随着计算机系统技术水平的提高和价格的继续下降，人工智能技术必将得到更大的推广，产生更大的经济效益。

以专家系统为例，成功的专家系统能为用户带来明显的经济效益。用比较经济的方法执行任务，而不需要有经验的专家，可以极大地减少劳务开支和培养费用。由于软件易于复制，所以专家系统能够广泛地传播专家知识和经验，推广应用数量有限的、昂贵的专业人员及其知识。

某些领域的专业人员难以同时保持最新的实际建议，而专家系统却能迅速地更新和保存这类建议，使终端用户从中受益。

人工智能也在推动计算机技术的发展。人工智能研究已经对计算机技术的各个方面产生并将继续产生较大的影响。人工智能应用需要繁重的计算，由此促进了并行处理和专用集成片的开发，算法发生器和灵巧的数据结构获得应用，自动程序设计技术对软件开发产生了积极影响。所有这些在研究人工智能时开发出来的新技术，推动了计算机技术的发展，进而使计算机为人类创造更大的经济效益。

2．人工智能对社会的影响

人工智能在为用户带来经济利益的同时，其发展也引发或即将引发一些新问题。

1）就业问题

由于人工智能能够代替人类进行各种脑力劳动，将使一部分人不得不改变他们的工种，甚至造成失业。人工智能在科技和工程中的应用，会使一些人失去介入信息处理活动的机会，甚至不得不改变自己的工作方式。

2）社会结构的变化

人们一方面希望人工智能和智能机器能够代替人类从事各种劳动，另一方面又担心它们的发展会引起新的社会问题。实际上，近年来社会结构正在悄悄发生着变化。"人-机器"的社会结构，终将为"人-智能机器-机器"的社会结构所取代。智能机器人是智能机器之一。现在和将来很多本来有人来承担的工作将由机器来完成，因此，人们将不得不学会与有智能的机器相处，并适应这种变化了的社会结构。

3）思维方式和观念的变化

人工智能的发展与推广应用，将影响人类的思维方式和传统观念，并使他们发生改变。例如，传统知识一般是印在书本报刊或杂志上，因而是固定不变的，而人工智能系统的知识库的知识却是不断修改、扩充和更新的。又如，一旦专家系统的用户开始相信系统的判断和决定，他们就可能不愿多动脑筋，变得懒惰，并失去对许多问题及其求解任务的责任感和敏感性。

4）心理上的威胁

人工智能还会使一部分人感到心理上的威胁，或称精神威胁。一般认为，只有人类才具有感知精神，而且以此与机器相区别。如果有一天，这些人开始相信机器也能够进行思维和创作，那么他们就会感到失望，甚至会感到威胁。他们担心：有朝一日，智能机器的人工智能会超过人类的自然智能，使人类沦为智能机器和智能系统的奴隶。

5）技术失控的危险

任何新技术的最大危险莫过于人类对它失去控制，或者是它落入了那些企图利用新技术危害人类的人手中。也有人担心机器人和人工智能的其他制品威胁人类的安全。人工智能技术是一种信息技术，我们必须保持高度警惕，防止人工智能技术被用于反人类和危害社会的犯罪（有人称之为"智能犯罪"）。同时，人类也有足够的智慧和信心，研制出防范、检测和侦破各种智能犯罪活动的智能手段。

6）法律问题

利用人工智能的相关技术，不仅代替了人的一部分体力劳动，也代替了人的某些脑力劳动，有时甚至行使着本应由人担任的职能，这免不了引起法律纠纷。例如，医疗专家系统万一出现失误，导致医疗事故，怎么来进行处理，开发专家系统者是否要负责任，专家系统使用者应当负什么责任等。可以预料将会出现更多的与人工智能应用有关的法律问题，需要社会在实践的基础上从法律角度对这些问题给出解决方案。

3．人工智能对文化的影响

人工智能不但可能改变人的思维方式和传统观念，还可能对人类文化产生更多的影响。

1）改善人类知识

在重新阐述人类历史知识的过程中，哲学家、科学家和人工智能学家有机会努力解决知识的模糊性以及消除知识的不一致性。这种努力的结果，可能有助于知识的某些改善，以便能够比较容易地推断出令人感兴趣的新的真理。

2）改善人类的语言

根据语言学的观点，语言是思维的表现和工具，思维规律可以用语言学方法加以研究，但人的下意识和潜意识往往"只能意会，不可言传"。由于采用人工智能技术、综合应用语法、语义和形式知识表示方法，有可能在改善知识的自然语言表示的同时，把知识阐述为适用的人工智能形式。随着人工智能原理日益广泛传播，人们可能应用人工智能概念来描述他们生活中的日常状态和求解各种问题的过程。人工智能能够扩大人们交流知识的概念集合，为人们提供一定状况下的可选择的概念，描述人们所见所闻的方法以及描述人们信念的新方法。

3）改善文化生活

人工智能技术为人类文化生活打开了许多新的窗口，例如图像处理技术必将对图形艺术、广告和社会教育部门产生深远的影响，现有的智力游戏机将发展为具有更高智能的文化娱乐手段。

习　题

一、选择题

1. 将平台作为服务的云计算服务类型是（　　）。
   A．IaaS　　　　　　B．PaaS　　　　　　C．SaaS　　　　　　D．以上都不是

2. 与大数据密切相关的技术是（　　）。
   A．蓝牙　　　　　　B．云计算　　　　　　C．博弈论　　　　　　D．Wi-Fi

3. 大数据应用需依托的新技术有（　　）。
   A．大规模存储与计算　　　　　　　B．数据分析处理
   C．智能化　　　　　　　　　　　　D．三个选项都是

4. 物联网的一个重要功能是促进（　　），这是互联网、传感器网络所不能及的。
   A．自动化　　　　　B．智能化　　　　　C．低碳化　　　　　D．无人化

5. 连接到物联网上的物体都应该具有四个基本特征，即：地址标识、感知能力、（　　）、可以控制。
   A．可访问　　　　　B．可维护　　　　　C．通信能力　　　　　D．计算能力

6. 1997 年 5 月，著名的"人机大战"，最终计算机以 3.5 比 2.5 的总比分将世界国际象棋棋王卡斯帕罗夫击败，这台计算机被称为（　　）。
   A．深蓝　　　　　　B．IBM　　　　　　C．深思　　　　　　D．蓝天

二、填空题

1. 云计算按照是否公开发布服务可分为：_____、_____和_____。

2. 大数据的 4V 特征分别是_____、_____、_____和_____。

3. _____技术是一种新兴的近距离、复杂度低、低功耗、低传输率、低成本的无线通信技术，是目前组建无线传感器网络的首选技术之一。

4. AI 是英文单词_____的缩写。

5. 科学研究的三大方法是理论、实验和计算，对应的三大科学思维分别是理论思维、实验思维和_____。

三、简答题

1. 简述云计算的主要特点。

2. 简述大数据的数据管理方式。

3. 简述物联网的体系结构。

4. 简述人工智能研究的基本内容。

5. 简述移动互联网的典型应用。

参 考 文 献

[1] 王移芝，鲁凌云，许宏丽，等. 大学计算机[M]. 6 版. 北京：高等教育出版社，2019.

[2] 蒋加伏，张林峰. 大学计算机[M]. 6 版. 北京：北京邮电大学出版社，2020.

[3] 龚沛曾，杨志强. 大学计算机基础简明教程[M]. 3 版. 北京：高等教育出版社，2021.

[4] 董卫军. 大学计算机[M]. 2 版. 北京：电子工业出版社，2020.

[5] 嵩天. Python 语言程序设计基础[M]. 2 版. 北京：高等教育出版社，2014.

[6] 董付国. Python 程序设计基础[M]. 2 版. 北京：清华大学出版社，2018.

[7] 汤小丹，王红玲，姜华. 计算机操作系统：慕课版[M]. 北京：人民邮电出版社，2021.

[8] 谢希仁. 计算机网络[M]. 8 版. 北京：电子工业出版社，2021.

[9] 孙宇熙. 云计算与大数据[M]. 北京：人民邮电出版社，2017.

[10] 刘云浩. 物联网导论[M]. 4 版. 北京：科学出版社，2022.